植物生殖寻幽探秘

杨弘远 著

科学出版社

北京

植物有性生殖是植物一生中最为曲折、复杂与深奥的发育过程，是当代植物发育生物学领域中的前沿研究热点，并与农业中的育种、栽培以及高新技术密切相关。本书是一本融合了学术性与通俗性的科学普及读物。书中以新的视野，在概括植物有性生殖研究简史和有性生殖在进化与个体发育中的主要事件的基础上，重点介绍了植物生殖生物学研究的四大内容，即从微观角度分别以细胞生物学、实验生物学、分子生物学方法研究生殖过程机理，兼及从宏观角度研究传粉生物学的主要成就。

本书行文深入浅出、通俗易懂，图解与照片简明精致、色彩美观。适合植物学、发育生物学、遗传育种、生物技术等专业的高等院校师生与科研院所的研究人员阅读；其他不同年龄与学历层次的读者亦可从中培养对植物有性生殖的好奇心和兴趣。

图书在版编目（CIP）数据

植物生殖寻幽探秘 ／杨弘远著. —北京：科学出版社，2009
ISBN　978-7-03-024976-0

Ⅰ.植…　Ⅱ.杨…　Ⅲ.生殖－植物学－研究　Ⅳ.Q945.6

中国版本图书馆CIP数据核字（2009）第115855号

责任编辑：莫结胜／责任校对：陈玉凤
责任印制：赵　博／装帧设计：北京美光制版有限公司

科学出版社 出版
北京东黄城根北街 16 号
邮政编码：100717
http://www.sciencep.com

涿州市般润文化传播有限公司印刷
科学出版社发行　各地新华书店经销
＊

2009年9月第　一　版　开本：787×1092　1/16
2025年3月第二次印刷　印张：12 1/4
字数：290 000
定价：98.00 元
（如有印装质量问题，我社负责调换）

前言

　　长久以来我就想写一本关于植物有性生殖的书。在我心目中，这本书应当有别于其他同类读物，既非一本教科书，亦非一般科普读物，而应是一部兼具浓厚学术性而又较为深入浅出的著作，不妨归为现时所谓"学术科普"一类。在几十年的教学与研究生涯中，我深深懂得了"与其授人以鱼，不如授人以渔"的道理。科学知识不断更新，永无止境。教科书的宗旨是向学生提供一幅偏于静态的、较为成熟的知识画面，而较少动态地展现人类探索自然奥秘的思路历程。科学史类著作则翔实地记述科学发展长途中的大小事件，严肃有余而不免趣味性和启发性有所欠缺。现有科普读物大都偏重于向大众传播科学知识，通俗易懂而在提高学术水平上不予深究。我心目中的这本著作，应当具有既开拓知识、提高学术性而又启发思考、引人入胜的功能，所以用"植物生殖寻幽探秘"作为书名。我的奢望是，这本书可以适合不同的读者群体：渴望入门本学科的青年学子；专攻本学科某一方面而对其他方面稍感陌生的内行专家；非本学科但对植物生殖有好奇心的广大读者。这一追求能否达到目标，只有留待读者们日后评说了。

　　近代植物生殖生物学发端于17世纪末对传粉的研究。从19世纪20年代起，研究由宏观步入微观层次，于是诞生了植物胚胎学。20世纪前半叶，植物胚胎学分成 3 个分支：描述胚胎学、比较胚胎学与实验胚胎学。从20世纪后半叶至今，又演进为现代的植物生殖生物学。由胚胎学到生殖生物学，占主流地位的是细胞、分子水平的微观研究。正因为如此，迄今同类著作的内容大多限于从大、小孢子发生起到胚和胚乳发育为止的范围。其实，当今植物有性生殖研究还有另一个从17世纪古典研究延续下来的大分支，即以宏观研究为主、但也日益引入细胞与分子研究手段的传粉生物学。后者一般处在胚胎学与生殖生物学主流之外。但这并不意味着它不重要，而是由于微观与宏观两套研究体系至今仍处于分割状态，一时难以弥合。基于以上认识，我尝试在本书中加入介绍传粉生物学的一章，旨在促进两大体系学者们之间的沟通。

本书分为6章。第1章浅谈本学科发展的来龙去脉。第2章先从系统发育角度介绍植物有性生殖演化进程中的几件里程碑式事件；再从个体发育角度简述有性生殖过程中的主要环节。以下各章是书的主体。我将植物有性生殖的研究划分为四大"板块"，介绍宏观的传粉生物学（第3章），以及分别从细胞生物学（第4章）、实验生物学（第5章）、分子生物学（第6章）等角度对有性生殖进行微观研究的内容。就事物的本来意义而言，现代植物生殖生物学中的任一专题均应包含细胞、实验、分子等多方面的研究，但从历史发展来看，却是分别从不同角度、以不同方法入手进行探索的相对独立的体系；即便时至今日，也并非每一课题都充分体现了多学科综合研究的性质。所以，尽管分成四个"板块"带有一定的人为性，但分开来叙说更有利于梳理不同的研究思路，何况在叙说中"此中有彼，彼中有此"，前后呼应，交相印证，未尝不可在一定程度上弥补人为分割的缺陷。

科学发展离不开研究技术的进步，一部科学进步史同时也是一部研究技术进步史。我在上述四个"板块"的开头，均专门安排一节，介绍有关研究技术的基本原理、方法及其演变概略，以便初学者在切入每章的主题之前，对该领域研究成就的方法学背景有所了解。否则便是只知其"然"而不知其"由"。例如，在"细胞板块"的开头介绍样品制备与显微观察技术的演变，在"实验板块"之初介绍从活体实验到离体实验、从器官组织操作到细胞原生质体实验操作的方法演变，在"分子板块"之初介绍研究与生殖发育有关的基因表达的基本原理与方法，为后文的主题做出铺垫。

作为一部学术著作，不可人云亦云，更切忌东抄西摘，拼凑包装，而应有著者独到的见地。然而个人的知识究竟有限，我虽然从事了几十年的植物生殖生物学教学与研究，所专长者也不过其中一二而已。因此我认为，写作首先是一个整理过去所学和重新汲取新知识的机会。这本书凝聚了我多年来的思索体会、教学经验和新近迈入陌生领域的学习心得，包括对历史精华的挖掘、对发展思路的梳理，也包括本人对某些定论的思辨。这并非意味着我的所有见解都正确，但至少是通过个人严肃思考所获，写出来抛砖引玉，供读者讨论。

定位于学术性科普著作，本书追求科学性与趣味性的统一，即在阐述科学概念、科学精神、科学方法、科学知识时，力图删繁就简，以尽可能浅显的文字、通俗的比喻以及简明美观的图解增强阅读兴趣，减少阅读疲劳。此外，本书还创作了一种模式，即在各章的标题和"楔子"中，以通俗的提法代替惯常的科学术语。特别是第3章到第

6章，遐想研究者在大自然中参观游览的旅程，先是"漫游神奇的传粉天地"（宏观的传粉生物学），接着"探访深奥的微观世界"（细胞层次的研究方向），继而"开启巧妙的实验宝库"（实验性研究方向），最后"登临绚丽的分子舞台"（分子层次的研究方向），以收增添乐趣且前后贯连之效。

需要声明的是：既然本书的主要功能是培养兴趣、启迪思考和向读者展示一幅动态的研究画面，而不着重引证资料的巨细无遗，那么，也就没有必要在行文中列举有关的原始作者与文献出处。除对本学科发展做出过划时代贡献的少数先行者外，一般只以"研究者"称呼；书末只列主要参考文献。书中77幅插图中约一半系著者的同伴周嫦教授用电脑绘制的彩色图解，一概免注绘图者姓名；另一半多为来自各方的彩色照片，则一律注明出处。书末附索引，以便读者查考文中的相关段落。读者如欲了解本学科更详细的知识，请查阅其他教材与专著。

有性生殖是植物个体发育中最为复杂、曲折与奥妙的过程；植物生殖生物学是一门既深奥又有趣的科学。钻研这门学问，犹如攀登深山，备感峰回路转，曲径通幽，令人惊叹造化之神奇和先行者们勇攀高峰的勇气与智慧。前方还有许多未解的谜团，犹如云遮雾障，留待后人继续探索。

杨弘远

2009年3月

致谢

本书撰写过程中得到多位学术同行的支持与帮助：周嫦教授通读了初稿全文并提出了意见，她还费了很大工夫学习与运用Coreldraw软件精心绘制了39幅彩色图解，使本书大为增色。在书中采纳的38幅照片中，多承美国斯坦福大学Dr R. D. Siegel，德国尼斯植物生物多样性研究所Prof W. Barthlett，北京师范大学任海云教授，本学院黄双全、谢志雄、孙蒙祥、赵洁教授与彭雄波博士、郭荆哲博士热情赠予珍贵照片；蔡南海院士、许智宏院士与刘春明教授、瞿礼嘉教授分别同意复制他们在论文与书籍中的图像，对说明正文中的相关内容大有帮助。由于本人对传粉生物学知之甚少，在这方面获益于黄双全教授提供有关资料，使我在学习融会之后得以撰写出第3章。书中，我最没有把握的是第6章。为此，本室孙蒙祥教授及时地介绍在*Sex Plant Reproduction* 2008年专辑上发表的最新综述论文，加上我近几年来所收集的国内外有关专著和论文，使我学习后壮胆不少。其中第1节关于基因及其表达调控的基本知识，我根据以往掌握的分子遗传学知识，加上新近通读D. Clark所著的*Molecular Biology*(第2版，2005)全书后，加以消化、吸收和简化，写成初稿，然后请女儿杨进博士与本室郭荆哲博士分别阅读提出了重要修改意见。尽管我已尽力，但自知仍不免有谬误之处，希望读者原谅。对于上述各位同行以及尚未提及的朋友们的大力支持，著者在此一并表示诚挚的谢忱。我还要感谢助手彭伟先生在打字、扫描、复印以及电脑技术方面所付出的辛勤劳动。我特别对本书责任编辑莫结胜女士在合作中周到而高效的工作作风表示钦佩。

本书由国家自然科学基金委员会"高等植物生殖生物学研究"创新研究群体出版经费资助出版。

著　者

2009年4月

武汉大学生命科学学院

植物发育生物学教育部重点实验室

前　言

致　谢

卷首语 1

第1章 纵览植物生殖生物学 2

1. 启蒙 3
2. 传粉生物学的兴起 4
3. 植物胚胎学的诞生 6
4. 植物胚胎学的分支 9
   描述胚胎学 9
   比较胚胎学 10
   实验胚胎学 13
   细胞胚胎学 16
   分子胚胎学 16
5. 植物生殖生物学往何处去? 17
6. 本书的写法 18

第2章 鸟瞰植物有性生殖 19

1. 植物有性生殖进化大事记 20
   配子的性别分化 20
   世代交替:植物界演唱的独本剧 21
   花粉和传粉:种子植物的新生事物 25
   双受精:被子植物的专利 25

花和果实：被子植物的标识   26

2. 被子植物生殖过程一瞥   27

小孢子发生与雄配子发生   27

大孢子发生与雌配子发生   29

传粉与受精   29

胚乳发育   30

胚胎发育   33

第3章　漫游神奇的传粉天地   35

1. 科学家是怎样研究传粉的？   36

2. 异花传粉与自花传粉：各有所长   38

3. 植物避免自交的种种策略   39

空间隔离   40

时间隔离   40

生理隔离   40

4. 花朵拿什么招引昆虫？   41

大打广告，推销自己   41

鱼目混珠，以假乱真   42

巧设机关，请君入瓮   43

制造热量，宾至如归   44

5. 花粉御风而行   47

6. 花粉随波逐流   49

第4章　探访深奥的微观世界   51

1. 研究方法推陈出新   52

取样与固定   53

整体封藏与切片   53

观察与摄影   55

并非多余的话   58

2. 世代交替关头的除旧布新   58

细胞质的嬗变   59

细胞壁的嬗变   59

3. 极性导致不对称分裂   60

  小孢子分裂   61

  合子分裂   62

4. 雄性生殖单位与雌性生殖单位   62

  雄性生殖单位与精细胞二型性   62

  何谓雌性生殖单位？   64

5. 细胞骨架在受精过程中的作用   66

  细胞骨架与花粉管生长   66

  细胞骨架与雄性细胞的运动   68

  细胞骨架与雄性细胞的形态变化   69

6. 钙在受精过程中的作用   72

  钙与花粉管生长   73

  雌蕊组织中的钙   73

  钙与卵的激活   75

7. 受精过程中的质外体   77

  柱头质外体   77

  花柱质外体   77

  珠孔质外体   79

  胚囊质外体   79

8. 生殖系统中的短命组织   80

  绒毡层：花粉的看护   80

  反足细胞与助细胞：胚囊中的短命组织   81

  胚柄：胚的"连体兄弟"   82

  短命组织的共同特征   82

  程序性细胞死亡：短命组织的归宿   85

  强势组织与弱势组织之间的博弈   86

第5章　开启巧妙的实验宝库   87

1. 实验方法精益求精   89

  营养繁殖·克隆   89

  植株再生的内因：细胞全能性   89

  植株再生的外因：分离与培养   90

从单细胞到植株的体外发育旅程 92

2. 花粉保存 94

花粉的寿命 94

如何延长花粉寿命？ 95

3. 花粉数量对受精的影响 96

限量授粉实验说明了什么？ 97

大量花粉的生理影响 97

多花粉管入胚囊与多精入卵：旧话重提 98

4. 花粉蒙导 100

混合花粉授粉 101

花粉壁蛋白的发现 102

5. 花药培养与花粉培养 103

单倍体：沙里淘金 103

花药培养中的发育途径 105

游离花粉培养：细胞水平上的操作 107

花粉缘何转向雄核发育？ 107

6. 花粉原生质体与脱外壁花粉的操作 108

如何摆脱花粉的外壳？ 108

脱壁的花粉也有两条发育途径 109

潜在的基因工程受体 111

从"配子－体细胞杂交"到"花粉－体细胞杂交" 112

7. 雄配子原生质体操作 112

分离生殖细胞与精细胞的方法 113

分离产物的前景如何？ 115

8. 未传粉子房与胚珠的培养 115

诱导雌核发育的诀窍 116

雌核发育来自何种细胞？ 116

9. 胚囊与雌配子原生质体的操作 119

游离的胚囊令人耳目一新 119

再接再厉，攻克雌性细胞的分离 120

培养雌性原生质体的尝试 121

10. 离体授粉和离体受精 122

从雌蕊手术到子房内授粉 122

离体授粉（试管受精） 123

离体受精是实验技术的一次飞跃 124

借助离体受精系统探索受精的奥秘 126

11. 胚胎培养和合子培养 127

从成熟胚到幼胚再到原胚的培养 127

合子培养：一个全新的起点 130

烟草合子体外发育模式的细胞学解析 131

合子的转化 132

第6章 登临绚丽的分子舞台 133

1. 原理与方法浅说 134

何谓基因？何谓基因表达？ 134

基因表达的调控 136

基因是怎样分离出来的？ 138

基因的确认 140

基因工程 140

模式植物拟南芥 142

2. 成花诱导与花器官发育 143

长日照植物和短日照植物 143

叶片中有光周期的"传感器"和控制中心 144

花器官发育的基因控制 146

3. 雄性细胞发育的基因控制 148

哪些基因角色在小孢子发生过程中表演？ 149

雄配子体发育过程中众多基因依次登台 150

4. 雌性细胞发育的基因控制 152

胚囊发育的复杂性 152

控制大孢子发生与雌配子体发育的基因纷纷显露 153

5. 自交不亲和：从生理、遗传到分子研究 154

两个经典假说 154

遗传学与生理学研究的交汇 156

自交不亲和反应中的分子角色 157

6. 受精过程的分子解析 158

哪些分子导引花粉管的定向生长？ 159

双受精中的配子识别 160

受精前后基因表达的变化 161

7. 胚胎发育：形态发生的分子机理 162

拟南芥的胚胎发育故事 163

合子的激活启动了胚胎发生机器的运转 165

合子的极性与不对称分裂 166

苗尖与根尖分生组织的活动 167

8. 胚乳发育的细胞与分子历程 168

胚乳缘何启动发育？ 169

从多核体到细胞 169

胚乳的组织分化与功能演替 171

主要参考文献 172

结束语 176

索引 177

你大概对植物开花结实的现象习以为常，却很少对这一现象下隐藏的有性生殖的本质问个究竟。

你也许曾学过植物有性生殖方面的知识，但觉得平淡无奇、枯燥乏味。

这是因为，你没有真正体会到植物有性生殖的神奇奥妙，不知道前人为了破解其中隐藏的一个个谜团，曾经付出过多大的努力，经历过多少的艰辛，尝到了多大的快乐。

其实，植物有性生殖的内涵丰富多彩，引人入胜，只要我们怀揣一分好奇心，在学习与研究中多问几个为什么，兴趣就会油然而生。

你不妨试试，随着本书踏上一条寻幽探秘之路，到这片新天地去领略一番自然的风光。希望你会对植物生殖生物学这门学问多一丝乐趣，多一缕亲切，多一分激情。

在本书的众多读者中，也许将有人从此和这门学问结下不解之缘。没准，你就是其中一位！

有道是：

春华秋实乃自然，
雌雄分合天道常。
欲问个中玄机妙，
科学探幽入奥堂。

第 1 章

纵览植物生殖生物学

植物生殖生物学（plant reproductive biology）究竟是一门什么样的学科?这门学科在历史长河中是如何发展变化而至今长盛不衰的?

我们无意过多地纠缠于学科之间的界线，因为随着科学的发展，相邻学科不断互相渗透与融合，在老学科的基础上不断冒出新的生长点，以致到了今天，学科之间的界线日渐模糊，此中有彼，彼中有此。但有一点不变：植物生殖生物学是以研究植物有性生殖规律为目的的一门学科。

我们也无意以编年史的方式，巨细无遗地表述这门学科的历史。我们只是想穿过历史的浓雾，跟随着前人的足迹，体验他们如何艰难跋涉，以无穷的探索精神与科学方法，去发掘在"开花结实"这一表面看来十分平常的现象下所蕴藏的丰富的知识宝库。

我们试图将本学科划分为四个"板块"分开介绍，这主要基于学科发展由宏观到微观、由描述到实验、由细胞水平到分子水平的阶段性演变。实际上，时至今日，各个"板块"之间互相碰撞、互相融合，从不同角度、以不同方法综合性地研究同一问题，已经成为时代的风貌，我这样分而述之，实在是有利有弊，但也算是一个特色吧。

1. 启蒙

人类自从进入农耕社会以后，就要学习如何与植物的传宗接代打交道，从而逐渐认识到植物有性生殖的重要。据考证，远在近3000年前，中东地区的古叙利亚人就知道为海枣花进行人工授粉。这由现在保存的一面浮雕所证明。浮雕上栩栩如生地镌刻了一个神像，手持海枣的雄花为雌花进行授粉（图1-1）。尽管带有神话色彩，但这的确是有关植物传粉的首次文物考证。而有关传粉的文字记载，恐怕最早可以

图 1-1　人工授粉的最早记录（引自Stanley and Linskens, 1974）

公元前883-859年，古叙利亚Ashrirnasir-pal二世国王的王宫中有一面浮雕，上面镌刻着一个有双翅的神像，他站在海枣树前，左手持洒水罐，右手持雄花序为雌花序人工授粉。该浮雕现保存于纽约一所艺术博物馆内。

回溯到距今1500多年的我国南北朝时期。当时一位农学家贾思勰编写了一部流传千古的农学巨著《齐民要术》，其中"种麻子篇"有一段关于种植大麻的原文是："既放勃，拔去雄，若未放勃去雄者，则不成子实。"这里需要解释一下："勃"是花粉，"雄"是指雄株。这句话的意思是，只有当花粉散出以后才可收割雄株，否则雌株便不能结实。可见，当时人们已经认识到以下几点：第一，植物也有雌、雄性别；第二，大麻是雌、雄异株植物，雄株产生花粉，雌株结实；第三，雄株与雌株间存在着传粉，而传粉是结实的必要前提。

上述两个例证表明，在中东和华夏两个人类文明的发源地，都在农业生产实践中对植物传粉结实有了初步的认识，并开始在生产中加以利用。

然而，生产实践是理性认识的唯一源泉吗？这样看就过于简单化了。生产实践固然是理论产生的重要源泉，但绝非唯一的源泉。人类既有物质层面的需求，又有精神层面的需求。探索未知，追求真理是人与其他动物的分水岭。自然科学的伟大功能不限于满足人的物质需求，还以科学精神、科学方法与科学知识渗透到社会活动的一切领域，而科学实践则是推动科学发展的主要动力。任何一门学科从它诞生之日起，就遵循自身发展的规律，通过假设、实验求证与修正、然后提出新的理论等基本模式不断求索，曲折前进。植物生殖生物学也不例外。

另外还有一点：科学发展的规律常常是"分久必合，合久必分"。任何一门学科都不可能孤立地发展，而是在与相邻学科的不断碰撞、不断融合中，冒出新的"生长点"。这些生长点开始时很弱小，犹如"小荷才露尖尖角"，但积聚了旺盛的生命力，迟早会崛起为新的分支学科。学科交叉的重要性便在于此。植物生殖生物学的发展长河中，在不同的历史阶段上先后和其他学科交叉、融合，派生新的分支学科，以后各分支之间又互相整合，从而提升到一个又一个新的台阶。

下面我们就来对植物生殖生物学的发展线索理出一个头绪。

2. 传粉生物学的兴起

以实验的方法研究植物传粉，始于17世纪末的欧洲。当时有一位学者在一些雌雄异株植物上进行雌株隔离实验，证明雌株在没有雄株的情况下不能单独结实。他将实验结果写成一篇题为《植物的性》的论文，详细描写了花的各种器官，指出雄蕊是雄性器官，雌蕊是雌性器官。到了18世纪，另一位学者观察到昆虫传粉现象，并以隔离传粉昆虫、人工授粉、自然传粉三者的对比实验，证明人工授粉可以达到与昆虫传粉相等的结籽效果；以后又通过人工授粉方法在多种植物中开展杂交实验，培育出一些杂种，从而开辟了杂交育种技术的先河。其后不久，又一位学者发表了《在花的结构和受精中发现自然之谜》的著作，揭示了花的特征和传粉昆虫的相互关系，提出了"花为昆虫传粉而设计"的创新性理论。这些先驱者们(请恕我没有在此一一列出他们的姓名)以他们敏锐的观察、严格的实验和精辟的理论总结，奠定了后世传粉生物学（pollination biology）的基础。

在上述许多研究者相继努力探索的基础上，到了19世纪后期，达尔文（Darwin）对植物传粉生物学做出了划时代的贡献。他先是选择兰科植物作为研究对象，揭示了兰花对虫媒传粉各种奇妙的适应技巧，在其《兰科植物的受精》一书中进行了系统的阐述，提出了自然选择导致花的构造适于异花受精的观点。不久，他又推出了《植物界异花受精和自花受精的效果》这部巨著[*]。这是达尔文最伟大的三部著作之一（另外两部著作：《物种起源》揭示了生物界的自然选择作用，奠定了进化论的基石；《动植物在家养下的变异》创立了人工选择理论）。该书基于对多达30科、52属、57种以及许多变种与品系的长达30年的翔实研究，其中包括不少人工实验研究，得出了"异花受精一般对后代有益、自花受精时常对后代有害"的结论。这一理论的影响是极为深远的。我们今天在农业生产中广泛应用的杂种优势理论，就是来源于达尔文当初提出的异交有益观点。

写到这里，著者要提出以下几点看法供大家讨论：

第一，达尔文的书名用的术语是"异花受精"和"自花受精"，而不是我们目前常用的"异花传粉"和"自花传粉"，这是有道理的，因为传粉只是界定一种行为，而受精则着重其效果。达尔文本人也指出该书内容"主要不是讨论异花受精的方法，而是讨论异花受精的结果"，换句话说，他的理论重点是对后代的遗传影响。再说，我们当今使用的"异花"和"自花"的概念本身也存在模糊之处。从原文词语看，其实"cross fertilization"应译为"异体受精"或"异株受精"，"self fertilization"应译为"自体受精"或"自株受精"，这才符合它们本来的生物学含义。因为，严格地说，同株异花受精属于自花受精而不属于异花受精的范畴，所谓"异花传粉"并不包括同一株上不同花朵之间的传粉。另一方面，自花传粉不一定导致自花受精，这也是非常明显的，否则就和后文中将要介绍的"自交不亲和"现象相冲突了。总之，长久以来学术界已经习惯于使用"异花传粉"和"自花传粉"的术语，但这只应视为约定俗成，而不应承认其概念的准确性。

第二，达尔文提出的异交有益、自交有害理论，是否反映了植物界的普遍性，还是有一定的片面性？与达尔文同时代以及在他之后的一些学者通过对很多典型的自花受精植物的研究，指出它们在相当长时间内并不退化，反而这种方式具有它自身的一些优点，所以认为不应对谁有益、谁有害持绝对的观点。生物界的多样性也包含繁殖方式的多样性是千真万确的，我们在认识异花与自花受精的利弊上确实应持辩证的思维。然而，正是达尔文本人在做出上述结论时，写的是"一般有益"与"时常有害"。不要小觑了"一般"、"时常"这样的状语，它告诉我们，达尔文本人并没有将"有益"与"有害"绝对化。达尔文在学术上的严谨还表现在，他承认自己限于当时的科学水平，有许多不能解决的疑团。他写到："我们不知道……为什么某些物种的许多个体在杂交时得益匪浅，而其他的在杂交时却得益极小，……为什么由杂交得出的好处有时单单表现在营养系统上，有时单单表现在生殖系统上，而通常则显露在两个系统上。……还有其他很多这样暧昧不清的事实，所以我们对生命之谜只好望而生畏。"这段话的原文相当长，在此只摘引其中的片段，已不由得对这位伟大科学家的虚怀若谷的胸襟和求索不止的精神生出由衷的敬仰。

---

[*]《植物界异花受精和自花受精的效果》一书发表于1876年，中译本是根据1916年的第二版翻译，于1959年面世的。

传粉生物学在达尔文时代掀起了第一次研究高潮，以后有几十年相对冷落的时期，直至20世纪的后半叶又重新兴旺起来。之所以走入低潮，大概是由于科学的发展使传粉受精的研究转向应用人工授粉技术于遗传育种。之所以后来又恢复生机，主要是由于传粉涉及植物与动物两大生物类群，以及与无机环境的关系，从而逐渐融入生态学的体系，因此后来有人提出生殖生态学（reproduction ecology）的名称。不过，生殖生态学的涵盖面超过传粉生物学，例如，合子与种子休眠也是适应环境的结果，虽与传粉无关，也属生殖生态学范畴。另一方面，也由于传粉对被子植物花的进化（还有对昆虫的进化）起了重要的促进作用，因此传粉融入了植物进化生物学(evolutionary biology)的研究体系。

到达尔文时代为止，传粉生物学仅仅停留在花朵外部特征及生殖行为的研究，还没有更进一步深入到生殖过程的内部变化中去。而探索者们的兴趣自然会由表及里、由浅入深，他们会去追问在花的内部究竟发生了什么。这就导致植物胚胎学的诞生。

3. 植物胚胎学的诞生

"工欲善其事，必先利其器"。要了解植物生殖过程的内在变化，单凭肉眼是办不到的，必须借助显微镜这个利器。其实，显微镜早已发明，并且由此发现了细胞，导致19世纪的另一项开创性理论"细胞学说"的诞生。而利用显微镜首次揭示植物生殖的内在过程，也可以追溯到19世纪的20年代，远在达尔文之前。那么，为什么包括达尔文在内的众多学者，在他们研究传粉生物学的时候不去利用这项新成就，以致二者竟然彼此长时期互不通气？唯一可供解释的原因在于当时的时代特征。19世纪是近代自然科学蓬勃发展、群星灿烂的时代，各门学科、各项重大发现与发明风起云涌，然而当时学科间的信息交流还很不畅通，尤其是学院式的研究风气使学者们往往潜心于自己的学术研究领域，"两耳不闻窗外事"。这种情况以当今的信息社会的眼光来看是不可想象的。学科间过于严格的分工使植物生殖生物学奔上两股道：一股是继承传粉生物学偏于宏观的研究，另一股是开拓微观的植物胚胎学研究。两股道愈走离开愈远，直到如今，传粉生物学家和植物胚胎家几乎仍然是"鸡犬之声相闻，老死不相往来"。这是后话。

1824年的一天，一位意大利天文学家、数学家阿米齐（Amici），用他自制的显微镜观察一株普通的草本植物马齿苋。制造显微镜是他的业余爱好，正是这一特长使他在无意中有了惊奇的发现，有幸成为另一个本来毫不相干的学科植物胚胎学的开辟者，他观察马齿苋的柱头时，忽然看到附着在柱头上的花粉粒伸出一根小管，然后小管插进柱头。这个偶然发现的现象引起了他本人和其他植物学家的兴趣，并在其他许多植物中得到了证实。过了几年，阿米齐又追踪到这种被称为花粉管的小管穿过花柱，进入胚珠，并最终导致胚的形成。

花粉管进入胚珠以后如何导致受精与胚的形成呢？当时这还是全然未知的领域。为了解释这一疑点，竟然在长达20年的时间内产生了两个持对立观点的派别。一派植物学家主张，花粉管的尖端在胚囊中变成"胚泡"，成为未来胚的起点。另一派以阿米齐为代表，则认定胚囊中事先就存在胚的"芽泡"，而花粉管的进入只不过刺激了"芽泡"的发育。前一派观点曾一度占流行地位。直到后来荷夫迈斯特（Hofmeister）以他在几十种植物中描绘的400多幅精细的图画，得出完全支持阿米齐观点的结论，这场论战方告结束。"芽泡"原来就是我们现在熟知的卵细胞。这一场争论现在看来显得有些可笑，但在当时却是严肃认真的，不然他们双方也不至于耗费那么多精力去求证。这表明在探索未知的长途中为了搞清哪怕一个细节，也是多么地费周折；也告诉我们，在学术争辩中，占上风的多数派观点并不一定代表真理，只有经过严肃认真的实验求证，才能揭示事物的真相。阿米齐在发现花粉管和胚的起源方面所做的贡献，使他无愧于被后世推崇为植物胚胎学的创始人。从此，对植物生殖的研究开始迈入微观的层次，植物胚胎学成为一门新学科。

以后几十年间，植物胚胎学家们对花粉与胚囊的形成以及胚胎发育过程做了大量系统的显微观察，基本上摸清了有性生殖前后这两个过程的脉络，唯一剩下受精这个中心环节有待阐明。揭示受精过程难度很大，因为卵细胞和精细胞很微小，特别是精细胞，受精的过程又不易捕捉，以当时简陋的显微镜和落后的制片技术，实在是一大难题，所以直到19世纪的最后几年才得以突破。先是在裸子植物中观察到精卵融合，这得益于裸子植物有较大的雌、雄配子以及较缓慢的发育过程。随后在被子植物中也看到精卵融合现象。但进入胚囊的另一个精子命运如何尚不得而知。1898年，俄国植物胚胎学家纳瓦申（Nawaschin）解决了这一疑点。他在两种百合科植物（一种百合和一种贝母）的胚囊中发现，花粉管释放的两个精子，一个和卵细胞结合，另一个和悬浮于中央细胞中的两个极核结合，这就是轰动当时植物学界，而现今在所有植物学教科书中无不提及的"双受精"（double fertilization）现象。一年以后，法国学者吉纳（Guignard）同样在两种百合中观察到双受精现象，并且提供了关于这两个融合过程的精确绘图。现今植物学书籍中引用的百合双受精插图就是吉纳手绘的原图（图1-2）。在吉纳的论文发表数月后，英国的萨根（Sargant）重新检查了他本人原先制作的百合胚珠切片，再次证实了双受精现象。接下来两年内，众多研究者在其他许多被子植物中同样证实了双受精现象，记录的名单中包括16科、60种植物。至此，双受精作为被子植物的普遍特性才得到完全证明。双受精的发现使被子植物生殖的前后两段过程得以连贯，从而勾画出一幅完整的图景，并且为胚乳的起源找到了科学的解释。关于双受精的重要意义，我们在下一章中还将谈到。

现在要说的是，我们重温双受精的发现史，可以得到什么启发呢？我认为有以下两点值得提出来讨论：

第一点，科学发现尊重首创。纳瓦申是发现和发表了双受精现象的第一人，他的首创权理所当然地受到后世的尊重。今天一提到双受精，无不认为是纳瓦申发现的。然而，和他几乎同时，还有吉纳及萨根也观察到了双受精现象。在科学史上这类"英雄所见略同"的例子很多。那么，对他们的贡献是否也应给予公正的尊重呢？再者，在双受精第一次被揭示后仅仅两三年内，又有许多研究者在更多的植物中证实了双受精的存在，那么，对这些研究者们的贡献又应该如何看待呢？倘若没有他们的努力，怎能知道双受精是被子植物的共同特性呢？

写到这里，我想涉及一个更广泛的问题：科学界流行的一种观点，即认为科学发现"只有第一，没有第二"。这种观点如此深入人心，以致形成当今愈演愈烈的抢先发表研究成果的风气。人们将自己特别重要的研究成果，尽可能抢先发表于高影响度的杂志上，因为如若

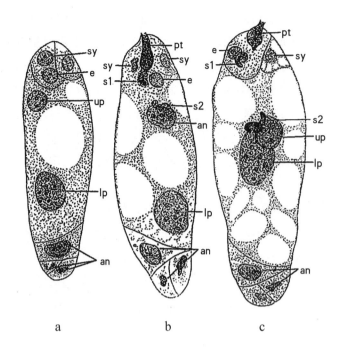

图 1-2　被子植物双受精的最早绘图

（引自雷加文 2007，最早由Guignard发表于1899年）

吉纳以十分精美的绘图首次描绘了纳瓦申稍先发现的百合双受精过程。a．成熟胚囊的构造。b．花粉管进入胚囊，一个精核进入卵细胞，另一精核与一个极核接触，助细胞之一解体。c．一个精核与卵核结合，另一精核与两个极核结合。

an：反足细胞；e：卵细胞；lp：下极核；pt：花粉管；s1：与卵结合的精核；s2：与极核结合的精核；sy：助细胞；up：上极核。

迟一步被"所见略同的英雄"抢了先，似乎就失去价值了。出于尊重首创权，这样看和这样做似无可厚非，但这是否就体现了真正的学术公平呢？也许，像基础数学这类依靠公式推导的精密科学，"只有第一"是有道理的。可是生物学的情况却复杂得多。生物种类的多样性、生物学实验方法的多样性、生物生理状态与环境条件的千变万化，使一项发现的成立，要通过多位研究者应用多种方法在多种实验条件下对多种实验对象进行研究的共同努力。双受精在被子植物中的广泛确认便是一个绝佳的例证，因为如果没有同时代众人的工作，还不能确认双受精在被子植物中普遍存在的规律。从这个角度来看，所谓"没有第二"的观点显然有失偏颇。

第二点，双受精现象最初被三位学者发现，都是以百合科植物为研究材料，乍一看来似乎是偶合，其实有其必然性。这是由于百合的胚珠与胚囊较大，卵细胞与精子也较明显，以当时的显微技术水平，其优点十分明显。如果换用其他材料，恐怕就不那么容易突破了。要知道，19世纪末，不但显微镜很低级，而且样品制备还是依靠徒手切片啊！

从这里可以看出生物学中"模式材料"的重要性。模式材料是针对某一类研究所经常采用的实验对象。它们可能有经济价值，但多数情况下没有、也不要求有经济价值。它们的作用是在基础研究中充当先锋与代表的角色。从古至今，通过模式材料产生重大发现的例子不胜枚举。孟德尔发现遗传规律，是以豌豆为实验对象。后来知道，他所关注的红花与白花、圆粒与皱粒、黄粒与绿粒等相对性状的等位基因，碰巧分布在豌豆的7对染色体上，这才能在杂交子二代中出现"9∶3∶3∶1"的自由组合规律。事实上，孟德尔也在其他植物中做过杂交实验，结果并不如豌豆那样有规律。摩尔根之所以能开创细胞遗传学，在很大程度上倚仗果蝇为材料，因为果蝇具有繁殖周期短，易于在玻璃皿中饲养，染色体数目少而便于观察，易于突变等优点，所以尽管它没有什么经济价值，却为遗传学做出巨大贡献并且至今长盛不衰。生物学中不同分支学科采用的模式材料还很多，如大肠杆菌、线虫、斑马鱼、小白鼠等等，都是当今生物学界所熟知的，植物发育生物学和生殖生物学中的热门模式材料是一种很不起眼、没有直接经济用途的十字花科野草——拟南芥，本书后面还会详加介绍。大自然赐予的这些模式生物，是人类探索生命现象的无价之宝，绝不可等闲视之！

4. 植物胚胎学的分支

在20世纪的大部分时间内，植物胚胎学由单一的学科逐渐向不同的方向发展。这种学科的分化是胚胎学与相邻学科互相渗透、融合的结果。马赫胥瓦里（Maheshwari）在他1950年出版的《被子植物胚胎学入门》这本经典著作中，总结出20世纪前半叶胚胎学的三个分支：描述胚胎学、比较胚胎学与实验胚胎学。从那时以来，过去了半个多世纪，学科又有新的发展变化，学者们又先后提出了细胞胚胎学、分子胚胎学、生殖生物学等新的学科名称。依著者所见，这些名称并不都很恰当，但由于它们比较简练而又无更恰当的名称可以取代，所以姑且用之。现在我们就试图将它们理出一些线索。

描述胚胎学

植物胚胎学的研究对象是有性生殖过程，所以首要任务是弄清这个过程本身的细节，否则其他无从下手。描述胚胎学（discriptive embryology）是整个植物胚胎学的基石。可以说，从植物胚胎学诞生以来一百年间，胚胎学家们都在从事这项工作，当时所采用的研究方法是切片、光学显微镜观察加手工描图。由于涉及的植物种类较多，发现了在各个发育环节中存在许多共性，也存在着许多细节上的歧异。学者们将它们归纳成各种类型，例如：小孢子发生的同时型与连续型，小孢子四分体的四面体型与左右对称型，绒毡层的腺质型与周缘质团型，雄配子体的二细胞花粉型与三细胞花粉型，雌配子体发生的各类单孢子、双孢子与四孢子胚囊型，花柱的闭合型与开放型，受精的前有丝分裂型与后有丝分裂型，胚胎发育的各种胚型，胚乳发育的核型、细胞型与沼生目型，等等，都是通过描述胚胎学研究所获得的成果。以上说明，虽然被子植物的有性生殖基本过程是相同的，但在发育细节上存在着多样性。如果我们在研究某种植物之前不先了解它的具体发育情况，那就无从着手，甚至在研究时会闹出一些笑话。信手拈来一个例子：植物学教科书中经常讲胚乳是三倍体，这是基于两个单倍体的极核和一个单倍体的精核结合的结果。可是我们还应当知道，自然界中还存在其他倍性的胚乳，这是由于有些胚囊型中只有一个极核，另一些胚囊型中却有多个极核的缘故（图1-3）。其中，最初发现双受精现象的百合与贝母所属的贝母型胚囊，虽然也只有两个极核，但其中一个较小的核是单倍体核，另一个较大的核是三个核事先融合而成的三倍体核，而受精后便形成五倍体的胚乳，这就是一特例。再举一个例子：植物学教科书中为简化起见，常说合子分裂产生的两个细胞，其中顶细胞以后分裂发育成胚体，基细胞发育成胚柄，实际情况并非全然如此。多数植物的基

9

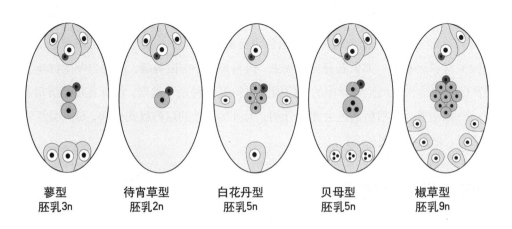

蓼型	待宵草型	白花丹型	贝母型	椒草型
胚乳3n	胚乳2n	胚乳5n	胚乳5n	胚乳9n

图 1-3　胚乳倍性的多样性

在被子植物中占大多数的蓼型胚囊，2个极核与1个精核受精形成3n胚乳。其他还有不少胚囊型，由于极核数目不等，少至1个（待宵草型），多至8个（椒草型），因而受精后形成的胚乳染色体倍性有2n、5n、9n等不同情况。其中，贝母型虽然也只有2个极核，但其中1个极核为3n，另一个为1n，所以受精后胚乳为5n。图中橙色示极核，红色示精核，每个核中的黑点表示染色体单倍性。

细胞在不同程度上参加胚体的构成。最易忽略的例子是研究胚胎发育的经典材料荠菜和当代研究胚胎发育分子机理的模式材料拟南芥所属的十字花型，由基细胞横向分裂产生的一列细胞中，最靠近合点端一个细胞（胚根原）参加了胚体的形成并在其中起重要作用（参看第6章图6-10）。

比较胚胎学

在对多种植物生殖过程进行描述性研究的基础上，自然而然会对形形色色的变化进行比较研究，为植物分类寻找胚胎学上的依据。于是一门植物胚胎学与植物分类学交叉的分支学科比较胚胎学（comparative embryology）就形成了。约翰孙（Johansen）在1950年出版了《种子植物胚胎学》一书，列举了各种胚胎发育的基本型及亚型，并对它们的特点做了详细的描述。他企图从胚胎发育上寻找分类和进化的依据，但他通过研究却发现，同一胚型既见于某些双子叶植物又见于某些单子叶植物，从而提出这两大类植物没有区别的观点。这一观点的片面性显而易见，因为它只注重胚胎发育早期的模式，而忽视了尽人皆知的双子叶植物与单子叶植物在胚胎分化后期的巨大差别，"一叶障目"，"见树不见林"。在胚型上寻求分类依据的企图虽然失败了，但我们应当承认作者通过大量劳动提供了丰富有用的参考资料。和该书同年出版的马赫胥瓦里的著作，视野就开阔得多，不仅局限于胚型，而且关注整个生殖过程中的各个环节和各种细胞组织。不过，从生殖过程中寻找植物类群间的差异，看来主要表现在大的类群之间，像苔藓、蕨类、裸子植物与被子植物这些大的分类单位之间，确实存在巨大的差异，并且这些差异确实反映出系统发育的规律。而在较小的类群之间，差异就小得多，甚至看不出差异。这表明外部形态的多样性和内部发育的相对稳定。尽管如此，这个方向的努力没有停滞不前，还是做出了不少新贡献。下面举几个例子：

芍药属有几种植物，胚胎发生的早期模式和一般被子植物不同，倒有几分像裸子植物。合子最初几次分裂不形成细胞壁，而是形成众多游离核，后者分布到合子的周边，在那里形成细胞，然后由这些细胞产生若干胚的原基，其中最终只有一个成熟的胚（图1-4）。这种迄今被认为在被子植物中绝无仅有的现象，说明了什么呢？芍药属属于毛茛科，也有人主张将它独立为芍药科，是较原始的被子植物之一。它的早期胚胎发生与裸子植物类似，似乎暗示它和裸子植物有密切的亲缘关系，说不定是这两大类群之间的过渡类型。不过仍有不少疑问有待澄清：和芍药相近的其他类群是否存在同样的现象？除胚胎发生模式外，是否还有其他特征支持它与裸子植物的相似？特别是，这种亲缘的相近是否得到分子鉴定的支持？在这些疑问得到解答之前，单凭胚胎发生早期模式一点，难免会导致以偏概全的误解。

裸子植物买麻藤目的麻黄属与买麻藤属中有些植物存在"双受精"现象，是近十多年来植物胚胎学界中的一个热门话题。实际上，买麻藤目植物中一个精子与腹沟核融合的现象，早在20世纪初期就曾有过报道，只是当时没有引起足够重视，直到近来才被重新研究（图1-5）。学者们寄希望于确认买麻藤目与被子植物的密切亲缘关系。除了"双受精"外，买麻藤目植物还有一些形态解剖特征接近于被子植物，如具有其他裸子植物没有的导管和网状叶脉，以及其中某些种类缺乏颈卵器等。该目作为裸子植物中的进化类型早已获得公认，似乎"双受精"的研究将它进一步推向被子植物的祖先是顺理成章的。可惜的是，21世纪以来的最新分子生物学研究结果表明，买麻藤目和同属裸子植物的松柏类植物更为亲密，而和被子

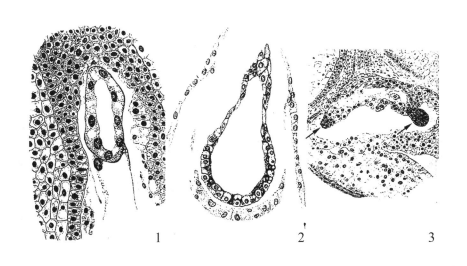

1　　　　　　2　　　　　　3

图 1-4　芍药的胚胎发育（引自Yakovlev and Yoffe 1957）
芍药作为被子植物中的较低等类型，其胚胎发育模式与一般被子植物不同而带有裸子植物的特征。合子以游离核方式分裂形成多核体原胚(1)，然后组建成多细胞(2)，在此基础上形成多个胚原基(3)，最终只有一个胚原基分化成胚。

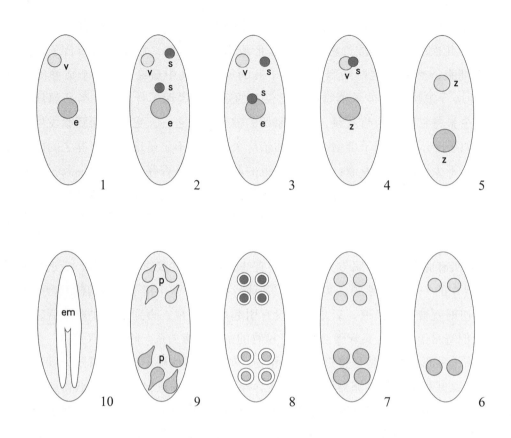

图1-5 麻黄属的双受精与胚胎发育

（引自胡适宜2002，并将二图合并改绘，但最初由 Friedman 发表于1990年和1994年）

裸子植物的高等类型买麻藤目中也有类似双受精的现象。图解示麻黄属的双受精（1～5）与胚胎发育（6～10）过程。颈卵器中的卵核（e）和腹沟核（v）分别与两个精核（s）融合后，均形成合子（z）。两个合子分别进行游离核分裂，在合点端与珠孔端各产生4个游离核，然后形成细胞。每个细胞继续分裂，发育成原胚。最终在种子中只有一个原胚分化成熟。在此过程中，第二受精的产物不是胚乳而是超额的合子与原胚，和被子植物的双受精截然不同。

植物的亲缘关系则疏远得多。加之买麻藤目的第二受精产物和被子植物的胚乳在各方面相去甚远，而更像是孪生的胚，因此断言被子植物胚乳由它起源还为时过早。

胚柄是被子植物有性生殖产物中最具分类价值的构造之一。胚柄是由合子分裂产生的基细胞衍生的，具有支持胚体、分泌活性物质以及吸收营养物质促进幼胚发育的功能。关于胚柄的生理功能，我们将留待第4章再叙，这里只谈谈它的形态特征及其分类价值。在各种植物中，胚柄形形色色，从单细胞到多细胞及多核体，从微不足道到十分显著，从形态简单到极为繁复，有些还派生出种种稀奇古怪的吸器。豆科植物的胚柄十分多样。在豆科的三个亚科中，苏木亚科与含羞草亚科缺乏胚柄，而蝶形花亚科的胚柄则极为复杂*。

---

* 有些分类系统将蝶形花亚科、苏木亚科和含羞草亚科分别列为单独的科。

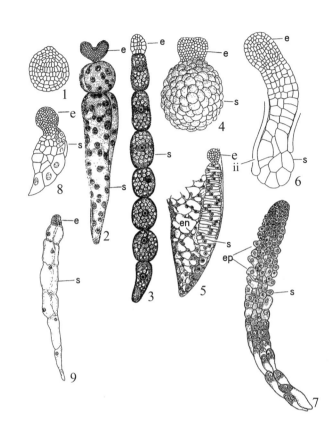

图 1-6 豆科植物的胚柄多样性（引自雷加文2007）

豆科植物的胚柄形态多种多样，可作为鉴定种属的特征之一。

1．相思树属。2．香豌豆属。3．芒柄花属。4．金雀儿属。5．羽扇豆属。6．菜豆属。7．猪屎豆属。8．槐属。9．鹰嘴豆属。（以上仅列属名。）

e：胚；en：胚乳；s：胚柄。

花样百出的胚柄成为它们所属植物种属的显著标识（图1-6）。

花粉的形态，尤其是外壁上的雕纹和萌发孔的特征具有种属的特异性，成为植物分类的重要"指纹"（图1-7）。不仅如此，花粉外壁主要成分孢粉素对酸、碱、高温、高压有很高的抗性，现在还没有发现哪一种酶能够将它分解，因此花粉能在地层中长久保存下来，成为古生物学与地质学研究的绝佳材料。有一门专门学问称为"花粉分析"，就是列举各种植物花粉的特征以便鉴别。我们也可以将它看作由比较胚胎学中独立出来的一个专门学科。

关于比较胚胎学的例证，我们仅仅点到为止。在本书中，这一分支学科将不列为专章介绍，因此在前面多讲几句。

实验胚胎学

什么是实验胚胎学（experimental embryology）？首先我们要弄清"实验"的含义。所谓"实验"，有两种不同的含义。广义的"实验"包括科学研究中所采用的各种观察、测量、试验等技术方法。例如，胚胎学中所采用的样品制备，显微观察、显微测量等，分子生物学中所采用的DNA、RNA、蛋白质分析，PCR、RAPD等，遗传学中所采用的杂种分析、突变体筛选、转基因等，都算是实验方法。我们常讲"自然科学是实验科学"就是这层意思。狭义的"实验"则不同，它是专指那些人工干预生物自然特性的方法，亦即在人工设置的特定条件下进行研究的方法。例如，在设定的恒温条件下研究植物的生长发育，在人工配制的培养基上研究某种器官、组织或细胞的生理变化，应用射线或化学试剂刺激机体以观察其反应等。按照这一定义，那些诸如描述胚胎学中所采用的切片、镜检、测绘、摄影等，均被排除

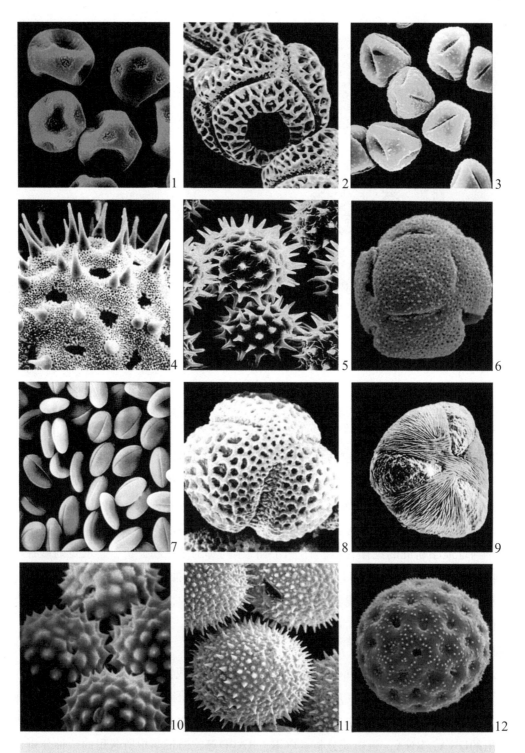

图 1-7　形形色色的花粉外貌（引自布坎南等2004）

花粉的形状、色泽，尤其是外壁表面的雕纹和萌发孔，呈现出极大的多样性，是鉴定植物种类的重要依据。1.车前草。2.锥美斯属。3.毛茛。4.牵牛花。5.牛眼雏菊。6.仙人掌。7.荨麻。8.罂粟。9.枫树。10.豚草。11.蜀葵。12.Aheaahea。为增强视觉效果，图像经过了着色处理。

在外。也就是说，并非一切实验室技术都符合这里所说的"实验"含义。生物学中有一门广为人知的学科，称为实验生物学（experimental biology），便是按狭义的"实验"来界定的。实验胚胎学也就是从实验生物学角度研究胚胎学的分支学科。

马赫胥瓦里认为，实验胚胎学是三个研究方向中最富生命力的方向，这是因为它跳出了单一的形态解剖学的范畴，而与生理学及遗传育种相结合，因而可以用来研究描述方法不能达到的生理机制，并为育种工作注入新的技术手段。他总结了20世纪前50年实验胚胎学的成就，将它们归纳成五方面：受精控制、胚胎培养、人工诱导孤雌生殖、人工诱导不定胚生殖、人工诱导单性结实。从方法学的角度来看，这五方面中，只有胚胎培养属于体外的实验，其他4个均属体内的实验。所谓体内（in vivo）实验，是直接在植株上施加某种影响，例如，当时的受精控制，就是采用柱头或花柱的切除或嫁接然后人工授粉的技术，来影响受精。所谓体外（in vitro）实验（植物学中常称离体实验），是将植物体的某一局部离出来，在人工培养基上研究它的生长发育，通俗地讲，就是利用组织培养方法研究生殖过程。从20世纪50年代到80年代，仅仅30年间，实验胚胎学就已改头换面，基本上以体外研究为主，体内研究逐渐式微。为什么体外实验更受青睐呢？分析起来，大概它有以下几种优点：

第一，可以摆脱整体制约，突出被研究的局部对象。植物体的各种器官、组织和细胞在体内都是彼此联系、互相影响的，都受到整体和其他部分的控制。这种状况，好比一台机器中的各种零件离不开整台机器和其他部件，"牵一发而动全身"，因此很难单独针对它们进行研究。当局部离开整体后，便可以为它设置各种条件，来研究其生理需求和发育变化了。

第二，可以设置稳定的实验条件。植物在自然生长状态下，经常处于外界环境的变动之中，如温度、湿度、光照、肥料等等，经常数日一变甚至一日数变，从而增加研究的困难。而体外实验可以在很小的容器和环境中，做到条件的稳定不变。

第三，可以有针对性地研究各种单一因素的作用。在自然条件下，体内的生理变化受各种因素的综合影响，它们互相交织，难以逐个进行精确的分析。而在体外实验中，则可以在多种因素稳定不变的背景上设置单一因素的变动，如在温度、湿度、光照与培养基基本成分不变的条件下只改变培养基中的某种特定成分，这样来研究后者的作用。

第四，可以有效地引进新技术。在一株植物上施加某项新技术受到很大限制，但在体积与空间大为缩小的体外实验中，就有可能应用许多精密仪器，并且随着实验对象的不断微小化和微量化，研究手段也愈来愈精密化。如细胞融合、激光照射、显微手术、显微探针等等，便有用武之地了。

第五，可以对目标细胞进行生活状态的观察与实验。像受精过程的研究，以往只局限于通过对死细胞的观察来推导活细胞的行为。但若将活细胞分离出来在体外受精，就便于直接观察受精的生活动态，并对其进行各种人工处理。对于单细胞的合子在培养皿中发育成胚的过程，同样可以开展许多有趣的实验。

第六，可以人为地促使细胞朝所希望的方向发育，从而导致一系列细胞工程新技术的诞生。例如，小孢子在体内命定地发育成雄配子体，命定地成为传粉受精的工具，但在体外培养中，可以做到使小孢子竟然发育成胚胎并再生植株。通过花药培养开展单倍体育种，便是基于这一点。这使实验胚胎学不仅作为研究手段，而且可以直接应用于生物技术。

在强调体外实验重要性的同时，当然也不能轻视体内实验，因为在许多情况下，体外发育不能完全反映体内发育的自然状况，最好是二者互相参照，才能较全面地认识生殖的机理。实际上，近十多年来科学家已发现某些适于体内实验的模式材料如蓝猪耳，同时研制出各种适于体内实验的精密手段，体内实验又重振声威。

细胞胚胎学

"细胞胚胎学"（cytoembryology）的提法，最早见于20世纪40—50年代的苏联，当时不少论文与书籍冠以这个名称，而在其他地区则很少使用。也许当初他们是想强调胚胎学与细胞学的结合，但从实际内容看，基本上没有跳出描述胚胎学的窠臼。

真正将细胞生物学方法引入植物胚胎学，因而引发一次重大提升的，是在20世纪60—70年代以后。当时，一方面，应用一般光学显微镜技术已经勾勒出植物生殖过程的"粗线条"，需要进一步深入到"细线条"的描述。电子显微镜技术的引入，使人们从显微层次深入到超微层次，揭示了许多以往看不到的新现象。同时，研究者们已不满足于单纯形态结构描述所达到的"知其然"，而更想追索生殖发育中的"所以然"。各种先进的细胞生物学技术，如细胞化学、荧光显微术、细胞光度术、放射自显影，以及后来更先进的共聚焦激光扫描、激光刻蚀、免疫细胞化学等技术，帮助人们由单纯形态结构研究转向结构与功能关系的研究，从细微结构和细胞成分的角度来探讨有关的功能，以求回答某种性细胞为什么在某一时间与空间行使某种功能，而在另一时间与空间行使另一种功能的问题。举例说，卵细胞在受精前后有哪些超微结构和细胞化学变化？这些变化说明了什么问题？它们是否关系到卵细胞由相对静止状态转变到激活状态，从而启动胚胎发生分裂？

总之，从细胞生物学角度研究胚胎学乃是这一分支学科的特点。植物胚胎学只有发展到这个阶段，才能说是真正与细胞生物学融合，够得上被称为"细胞胚胎学"。尽管这个名称现在很少有人采用，但出于表述的简练，我们在这里暂时加以采用。

分子胚胎学

雷加文（Raghavan）1997年出版了一部厚重的著作，书名是《有花植物分子胚胎学》，概括了20世纪80—90年代应用分子与细胞生物学方法研究植物生殖过程的成就，资料可称丰富。这也许是"分子胚胎学"（molecular embryology）名称的第一次提出。分子生物学技术继细胞生物学技术之后融入植物胚胎学，使当代植物生殖生物学一举跃升到崭新的台阶，同时也使生殖生物学日益融入植物发育生物学，甚至成为后者的一部分。研究基因在发育过程中有序的时空表达，是发育生物学的核心问题，也是生殖生物学的核心问题，这样才使本门学科实现从揭示现象到探讨内在基因控制的转折。在某一过程中基因表达发生了哪些变化？在变化过程中有哪些分子参与调节？此一过程和其他过程之间有哪些分子相互作用？这样的探索永无止境，目前所显露的信息还只是冰山一角。

和"细胞胚胎学"一样，"分子胚胎学"这一名称也没有被学者们广为采纳，我们也只是出于它的表述比较简洁而暂时借用。

5. 植物生殖生物学往何处去?

我们已经简略地交代了植物生殖生物学的起源与发展历史,交代了传粉生物学的宏观发展方向和植物胚胎学的微观发展方向,也谈到了植物胚胎学中的几个分支方向,希望读者对本学科的"来龙"已经大致清楚了。当前,我们又面临一个新的问题:植物生殖生物学的未来发展"去脉"如何?

要预测未来趋势不是一件轻易的事。古人有言,"远山朦胧近水秀",说的是观赏和描绘风景,总是远处朦胧而近处清晰。预测科学发展可以同样借用这句词语。根据当前的状况推测不久将来的发展也许较为清晰具体,而对较遥远的将来多半只能以"朦胧"二字形容。

自然科学总的发展呈现相反而相成的两种走势:一方面,随着科技的进步,学科分支愈来愈细,愈来愈专门化;另一方面,在解决重大科学问题时,学科之间的互相渗透和交叉愈来愈密切,学科间的界线愈来愈模糊,这种表面上像是"二律背反"的现象,隐藏着一个深层次的原因,那就是,科学的飞速进步使得现代科学家不再能像19世纪以前那样成为一人涉足多个领域的"博物学家",而必须将自己造就成为某一个研究方向的专家;但解决重大科学问题又必须有众多不同的专家参与,从多个视野、多种角度,以多种方法攻

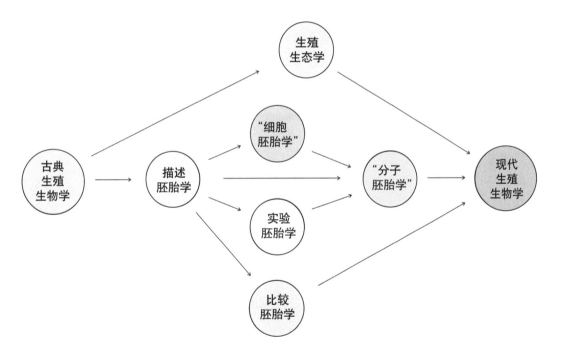

图 1-8 植物生殖生物学的发展历程

从古典生殖生物学发展到现代生殖生物学,经过一系列学科间的交叉融合:显微镜技术的应用使有性生殖研究由宏观层次进入微观层次,由此诞生了植物胚胎学;在描述胚胎学的基础上,分别与细胞生物学、实验生物学、分类学融合,形成3个不同的分支;以后,又与分子生物学、发育生物学融合,形成现代的以微观研究为主体的综合性生殖生物学。另一方面,古典生殖生物学与生态学融合,也发展成现代的传粉生物学与生殖生态学。然而,宏观与微观研究方向进一步的融合有待今后发展。

关。例如，研究植物生殖生物学，往往需要综合应用分子生物学、细胞生物学、遗传学、生物化学以及形态学与解剖学等方面的知识，才能揭露深层次的机理，取得高水平的研究成果。在有些情况下，还需要借助化学、物理学、数学与计算科学的某些手段，实行大学科间的协作。

按照这个总的指导思想，未来的植物生殖生物学发展趋势应是由学科分支走向综合，以期逐步揭开遮掩生殖过程奥秘的面纱，洞察各个生殖环节的机理，正所谓"分久必合，合久必分"。

现在让我们以图解方式对植物生殖生物学发展历程的来龙去脉做一个初步的总结（图1-8）。

6. 本书的写法

从第3章开始，本书将就几个专题分别介绍现代植物有性生殖研究的内容。如前所述，描述胚胎学已经相对过时，而细胞胚胎学、分子胚胎学等称呼并非公认，所以下面几部分将不冠以这些分支学科的名称，只是根据它们的特点给出较为通俗的标题。我们拟将当代植物有性生殖的研究内容切成4个"板块"：第1个板块是偏重宏观角度的传粉生物学研究（第3章）；第2个板块是应用细胞生物学方法于生殖过程的研究（第4章）；第3个板块是应用实验生物学方法于生殖过程的研究（第5章）；第4个板块是应用分子生物学方法于生殖过程的研究（第6章）。每一板块内部自成体系，但并非清一色，而是彼此之间有所交叉，呈现分中有合、合中有分的态势。

科学的进步在很大程度上取决于研究者的思路，即善于提出问题。爱因斯坦曾经说过："想象力比知识更重要，因为知识是有限的，而想象力可以创造出新的东西，推动世界进步，并且也是知识进步的源泉。"他又说："提出问题往往比解决一个问题更重要，因为解决问题也许仅是一个数字上的或实验上的技巧而已。而提出新的问题、新的可能性，从新的角度去看旧问题，却需要有创造性的想象力，它标志着科学的真正进步。"在本书的以下各部分中，我们将力求梳理出学者们的思路历程，而不过多介绍具体的繁琐的知识。

提出了问题之后，接着还需要选择解决问题的途径。好比要过江，就要选择是从桥上去，还是坐轮渡，甚至是穿行过江隧道。科学的进步在很大程度上也依赖于研究技术的进步。本书将在各个部分的开头，以一定篇幅交代相关的实验技术，但不是去编实验技术手册，而是将重点放在介绍技术方法的进步，以及各种方法的特点和用武之地。

"与其授人以鱼，不如授人以渔"。我们将本着这一宗旨，力求为读者提供一把打开植物生殖奥秘金库的钥匙，这正是著者在书名中缀上"寻幽探秘"一词的本意。让我们循着先行者们的足迹，去踏访这片神奇的土地吧。

第2章

鸟瞰植物有性生殖

生物之为生物，是因为它们具有非生物所不具有的一些自然属性。生物最基本的自然属性：一为个体生存，即通过新陈代谢，通过与外界环境的物质、能量和信息的交换，以求生存、生长与发育；二为种族延绵，即将个体的遗传信息传给后代，代代相传，"自我复制"。古人对此早有朴素而精辟的见解。《孟子·卷十一·告子章句上》中有短短的四个字："食色性也。"尽管说的是孟子和告子讨论人类的天性，但我们可以将"食色性也"的含义引申为对所有生物自然属性的绝妙表述。"食"，就是生物为了个体生存要从环境中摄取营养；"色"，就是泛指生物通过性行为生殖后代。

谈到植物有性生殖，人们立刻会想起"开花结实、传宗接代"这个最通俗而又最精练的提法。人们更会联想到，植物正是通过有性生殖给我们人类提供了主要的农产品。粮食、油料、棉花、水果等等，多数来自有性生殖所产生的果实与种子。还会联想到，植物的品种改良（育种）也必须通过生殖过程来实现。所以，植物有性生殖与农业生产和人类生活息息相关。

有性生殖的含义究竟是什么？和动物相比，植物的生殖有哪些特点？植物在漫长的进化过程中，其生殖结构与生殖行为经历了哪些里程碑式的发展变化？植物有性生殖包括哪些发育环节？要弄清这些有趣而又重要的问题，我们这里在植物学教科书的基础上做些提纲挈领的概括，对植物有性生殖来一番"鸟瞰"。

本章分为两部分：前一部分，是从系统发育的角度聚焦于植物有性生殖进化过程中几个里程碑式的变化；后一部分，是从个体发育的角度扫视被子植物有性生殖的基本过程，为以后各章提供一个总的框架。

1. 植物有性生殖进化大事记

植物和动物一样都进行有性生殖，它们有许多共同点：都有雌、雄性别分化；都产生雌性细胞（雌配子、卵细胞）和雄性细胞（雄配子、精细胞）；都有性行为（受精）；都通过性细胞的结合产生合子（受精卵）；都由合子分裂发育成胚胎。然而植物也有许多与动物不同的生殖特点。随着进化的演进，各种植物类群的生殖特点不断发展变化，到了被子植物（有花植物），生殖的进化达到顶点。我们介绍植物生殖的特点时，以被子植物为重点，同时也要从进化的角度动态地看待这些特点是如何逐步形成的。

配子的性别分化

植物界的有性生殖是从配子的分化开始的。在现存的低等藻类植物中就可以看到配子分化的演变过程（图2-1）。单细胞的衣藻发育到一定时候产生两种配子，它们在形态大小上看不出差别，但在生理上有所差别。这时两种配子还不能以"雌"、"雄"相称，但已出现性的差异，通常用"＋"、"－"表示。两种配子融合以后形成合子，称为"同配生殖"。配子的进一步分化表现在大小上出现差别：一种配子体形较大，可称为雌配子；另一种体形较小，可称为雄配子。这种配合称为"异配生殖"。同配与异配生殖的两种配子都具有运动器官鞭毛，都能在水中游动。配子进一步分化表现在，雌、雄配子不仅在大小上，而且在形态结构与运动性能上出现明显的差异：雌配子（卵细胞）比雄配子大许多，贮存丰富的营养物质，并且丧失赖以运动的鞭毛；雄配子（精子）仍具有鞭毛，能够游向卵细胞与之结合。这种生殖方式称为"卵式生殖"。从高等藻类到苔藓、蕨类和种子植物都实行卵式生殖。在这方面，植物界和动物界的进化可谓"殊途同归"。

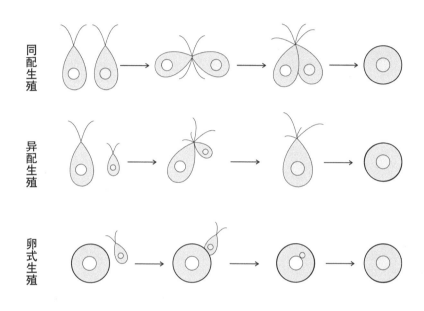

图 2-1　从同配生殖、异配生殖到卵式生殖

在植物进化过程中雌、雄配子的分化，可以从现今藻类中窥见端倪。起初是两个形态大小相同而生理上已有分化的配子相互融合（同配生殖）；然后，雌配子与雄配子大小悬殊，但形态与运动性能上依然相似（异配生殖）；最后，雌配子进一步增大体积，丧失运动能力，雄配子保持鞭毛，游向前者与之受精（卵式生殖）。陆生高等植物一律行卵式生殖；裸子植物中的松柏类以上至被子植物，雄配子丧失鞭毛，丧失自主运动能力。

世代交替：植物界演唱的独本剧

植物有世代交替（alternation of generation），而动物则没有，或没有典型的世代交替现象。所谓世代交替，是指植物生活史中包括孢子体（sporophyte）和配子体（gametophyte）两个世代，它们在植物的生命长河中不断循环往复，周而复始地进行下去。孢子体世代由合子开始，由它发育而成的胚胎和个体，所有细胞均为二倍体。孢子体产生孢子母细胞，后者经过减数分裂，产生单倍体的孢子。孢子分裂发育成配子体，其所有细胞均为单倍体。配子体产生雌、雄配

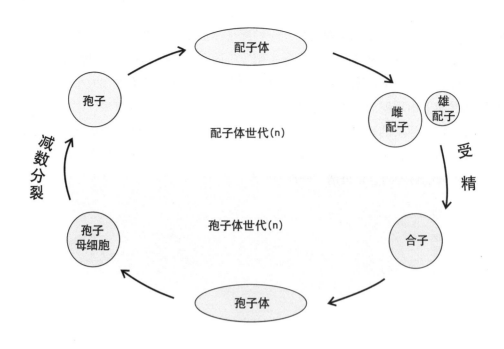

图 2-2　植物的世代交替

大多数植物的生活周期中包括孢子体世代(2n)与配子体世代(n)的交替。二者以减数分裂与受精划界：孢子体通过减数分裂产生孢子，进入配子体世代；配子体通过雌雄配子受精产生合子，进入孢子体世代。如此周而复始，延续种族的生命。从高等蕨类植物开始，孢子与配子体出现雌雄分化。从裸子植物到被子植物，配子体进一步退化为"寄生"在孢子体中。

子，二者通过受精形成合子，又恢复成二倍体（图2-2）。

陆生植物从苔藓到蕨类，再到裸子植物和被子植物，都有世代交替，但每一类群的世代交替特点有所不同。简单地说，苔藓植物是配子体占优势，孢子体"寄生"在配子体上；蕨类植物转而孢子体占优势，配子体很微小，但独立生活；到了种子植物（裸子植物与被子植物），孢子体占绝对优势，配子体退化为只有在显微镜下才看得清楚，并且"寄生"于孢子体上，以致人们若不从世代交替角度看问题，往往会忽略配子体作为一个世代的存在。

有两点必须说明：

第一，在世代交替中伴随着核相交替，即染色体倍性的交替，因此通常将孢子体世代称为二倍体世代，将配子体世代称为单倍体世代。但严格说来却不准确。且看，动物没有世代交替，却有核相交替，即由二倍体的个体通过减数分裂产生单倍体的配子，又由配子受精形成二倍体的合子。在这里同样有二倍体→单倍体→二倍体的交替，不过缺少像植物中那样的由孢子到配子体的环节，因而动物没有什么孢子体、配子体。在植物中也有些特殊情况，世代交替和核相交替彼此分割。例如，在无融合生殖中有一种类型，由于缺乏正常的减数分裂，结果产生的孢子、配子体和卵细胞都是二倍体而非单倍体。无融合生殖中还有一种类型，单倍性的卵细胞不经受精而形成孢子体，这样的孢子体是单倍体而非二倍体。所以，世代交替与核相交替的概念是不可以混同的（图2-3）。

第二，有些书籍中将孢子体世代称为无性世代，配子体世代称为有性世代。这种说法的理由是：在植物进化史中，孢子繁殖属于无性繁殖，那么，将产生孢子的孢子体看作无性世代似乎合乎逻辑。同理，根据配子体产生配子是有性生殖的开始，认为配子体等同于有性世代似也合乎逻辑。其实，这种平行概念只适用于苔藓和蕨类，并不适用于种子植物。因为种子植物的孢子本身已经出现性的分化：大孢子具有雌性特征，小孢子具有雄性特征。种子植物的孢子和孢子植物的孢子，虽然在起源上一脉相承，但在功能上已经有了质的区别：它不再承担繁殖新个体的任务，而是在有性生殖这台长戏中扮演新的角色。不仅如此，就连孢子体上的花器官也带两性特征。我们不是常说雌花、雄花、雌蕊、雄蕊吗？换句话说，植物进化到了这个阶段，性分化逐渐趋于提前，由配子提前到孢子，更进一步提前到花器官。那么，仍然坚持孢子体为无性世代的观点反而显得牵强了。

为什么我们要不厌其烦地在世代交替的概念上兜圈子呢？为什么学习植物生殖生物学要从了解世代交替的演化入手呢？这是因为，世代交替是了解植物有性生殖的入门，否则便无

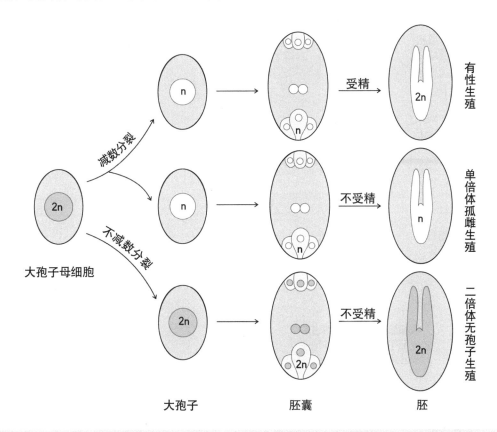

图 2-3　世代交替并不一定和核相交替相关

在正常情况下，配子体与配子为单倍体，孢子体为二倍体。但无融合生殖中有些类型不遵循上述规律。其中，单倍体孤雌生殖虽然产生单倍体的雌配子体和雌配子，但后者不受精，产生单倍体胚；二倍体无孢子生殖由于缺乏正常减数分裂，产生的大孢子、雌配子体和雌配子是二倍体。前例说明孢子体世代不一定都是二倍体；后例说明配子体世代不一定都是单倍体。

从领会生殖过程中的时间和空间变化，同时也无从理解被子植物生殖生物学中经常交互使用的同义语。这还不是最重要的。最重要的是，许多生殖过程中的现象和机理，只有从世代交替角度才能深刻理解，例如，常说的"配子体'寄生'在孢子体上"，就形容了前者对后者的既依存又对抗的关系。在第4章中，我们将会回到这个问题上展开讨论。

写到这里，我们还要谈谈一个有关的话题：什么是"性细胞"？

在动物中，卵子和精子是性细胞，概念十分明确。而在植物中，由于世代交替的复杂性，"性细胞"的概念变得模糊了，除卵细胞和精细胞（雌、雄配子）是严格意义上的性细胞外，往往将其他一些带有性别特征的细胞也称为性细胞。这样，就有了广义的性细胞概念，它涵盖了从大、小孢子到雌、雄配子体的发育过程中的一系列细胞。例如，我们通常把花粉称作雄性细胞，把胚囊中的细胞称作雌性细胞。中央细胞尤其有理由列为性细胞，因

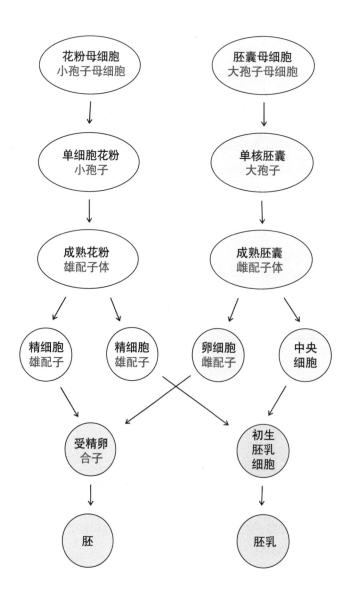

图 2-4 被子植物的有性生殖过程

描述被子植物的有性生殖过程，有两套平行的术语：一套是从被子植物本身的角度命名，也是通常采用的术语，在本图解中以黑字表示；另一套是从系统发育的角度命名，见于植物胚胎学专业书籍，在图解中以红字表示。两套名词可以混用。

为它有受精的性行为。上述各种"性细胞"都有以下共同特点：第一，体积微小，必须在显微镜下才能观察；第二，发育时期短暂，和孢子体的发育时期相比微不足道；第三，深藏于孢子体植株内部，高度依赖后者的保护与营养，几乎和孢子体浑然一体。这一广义的性细胞概念应用起来也很顺当。谁能说花粉传授到柱头上不属于性行为，花粉不就是性细胞呢？所以，严格的植物学意义上的"性细胞"与广义的约定俗成的"性细胞"在文献资料中经常混用，也就不足为奇了。

现将描述被子植物世代交替的两套平行术语的对应关系总结为图2-4，供读者比较。

花粉和传粉：种子植物的新生事物

植物由海洋登陆后，地上部分脱离水域，导致营养器官发生根、茎、叶的分化。但在相当长的历史阶段内，其受精过程仍离不开外界的水域。苔藓和蕨类植物的精子要在薄层水域中游向卵细胞，与之会合发生受精。因此，它们的精子依然保留着运动器官——鞭毛。

进化到裸子植物以后，随着孢子体进一步发达，配子体进一步退化，以及雌、雄配子体进一步分化，便应运而生地出现了新型的小孢子——花粉。花粉需要被传送到胚珠上，萌发出花粉管，花粉管生长到雌配子体中，释放其中所含的精细胞，然后才能和卵细胞受精。这样，受精脱离了外界水域，精细胞的运动器官也就逐渐退化了。如果说在较低等的裸子植物类型苏铁类与银杏中，精细胞仍然保存鞭毛，那么，较高等的裸子植物松柏类与买麻藤类中，精细胞就彻底丧失了鞭毛。由此可见，从裸子植物开始，增添了新的构造：花粉和花粉管，而在受精之前也就添增了新的步骤：传粉和花粉管生长。

进化到被子植物，情况又有变化。一是雌、雄配子体更加退化：在裸子植物中含有众多细胞的雌配子体，到被子植物退化为仅含少数细胞的胚囊；花粉也进一步退化为仅含两三个细胞的简单构造。二是花粉不再直接落到胚珠上，而是落到新出现的构造雌蕊的柱头上，萌发出花粉管，然后穿过花柱进入子房，再到达胚珠和胚囊。

无论是裸子植物的花粉被传送到胚珠上，或是被子植物的花粉被传送到柱头上，都必须经过传粉。除了自花传粉无需借助外力外，异花传粉都必须借助外在媒介，于是出现了虫媒、风媒、水媒等传粉方式。尤其是虫媒这种主要的传粉方式，不仅涉及植物本身，而且还涉及动物界的昆虫，二者在长期进化过程中发生既互相依存、又互相矛盾的复杂关系。研究这种相互关系导致一门分支学科传粉生物学的产生，将在第3章详细介绍。

双受精：被子植物的专利

人们一谈及受精，就立刻想到精卵融合，整个动物界和大多数植物类群都是如此。只有进化到被子植物才出现双受精现象，就这一点而言，被子植物在进化中比最高等的动物走得更远。尽管裸子植物的最高等类群买麻藤目中也有所谓的"双受精"，但和被子植物的双受精相比，其性质与后果全然不同。对此，已在第1章的"比较胚胎学"中有所阐述（参看图1-5）。

双受精是被子植物中的独特现象，它的产物之一胚乳也是被子植物中独有的构造。裸子植物雌配子体成熟时也有贮存营养的功能，这种组织也被称为"胚乳"，但性质上和被子植物的胚乳"风、马、牛不相及"。第一，裸子植物的"胚乳"是在受精以前就积累营养物质，而被子植物的胚乳则是在受精后才产生的，只是在受精以后才积累大量养分，从而避免了受精失败时养分的无谓浪费。第二，大多数被子植物的胚乳是三倍体组织，在一定程度上带有"杂种"的性质。它和二倍体的胚共处一室，对于胚的早期发育起着极为重要的作用，这是裸子植物的"胚乳"所不具备的优越功能。以往，甚至直到现在，有些书籍中将胚乳定性为贮藏组织，强调它在种子萌发过程中向胚供应养料的作用。其实，有许多植物的成熟种子中并没有胚乳，它们的养料贮存在子叶中，种子萌发时幼苗是靠子叶供应养料，像常见的豆类和瓜类种子就是这样。那么，将胚乳视为贮藏组织的观点就未免以偏概全了。实际上，种子发育早期的胚乳本身并没有贮存多少养料，而是作为幼胚与胚珠组织间的媒介，将养料吸收和转运给幼胚；此外它还能分泌激素等活性成分，促进幼胚发育。胚乳之于胚，就好比保姆之于婴儿一样，关怀备至。因此，与其说胚乳是贮藏组织，毋宁说它是幼胚的"哺育组织"（nurse tissue）更为确切。

花和果实：被子植物的标识

花是被子植物的标识，被子植物因此也称为有花植物。裸子植物也有"花"，但那是全然不同的构造。一朵典型的花具备4种花器官，它们由外而内分别是花萼（由萼片组成）、花冠（由花瓣组成）、雄蕊、雌蕊（由心皮组成）。它们都是叶的变态，愈向内轮，变态程度愈高：花萼仍有叶片的绿色；花冠有叶形而无叶色；至于雄蕊和雌蕊，外观全然不像叶片，只在内部解剖学特点上才体现出叶的结构。它们着生在花柄顶部的花托上。有时许多花集生在一起，组成花序。有些花或花序的外围还有另一种形式的变态叶（苞）包围，例如：玉米雌花序外包着多重苞叶，起保护花序的作用；红鹤芋的亮丽的红色苞叶起引诱昆虫传粉的作用，也被人类用于观赏。各种植物的花、花序和苞叶形形色色，多姿多彩，是自然选择与人工选择的结果。

一朵花有4种构造，是典型的情况。实际上并非一定同时具备。有的花只有一层花被（花萼或花冠），有的花只有雄蕊或只有雌蕊（单性花），有的花有重瓣现象，其中多数的花瓣是由雄蕊转变而来的，像月季花、重瓣樱花就是这样。现在知道，4种花器官之间都可以互相转变，因为它们都受一组称为"同源异型基因"的基因所控制。如果其中某个或某些基因发生突变，那么某个或某些花器官就随之向另一种花器官转变。第6章将对花器官的基因控制机理再做介绍。

开花以后是结实，即由雌蕊的子房（有的还加上其他组织）形成果实。果实也是被子植物独有的构造。裸子植物中虽然也有"球果"，但其实那是孢子叶球，与被子植物的果实是两码事。裸子植物的种子是裸露的，而被子植物的种子包藏在由子房壁发育而成的果皮内。两类植物由此命名，确实名副其实。果实起保护、营养以及散布种子的作用，是植物进化中的又一杰作。

果实和种子是植物繁殖的工具，也是人类的主要食物资源。大米、白面等粮食来自种子中的胚乳；豆油、菜油、花生油等食用油来自胚的子叶；棉花来自种子表皮上的毛；多滋多味的各种水果也大多来自果实。可以毫不夸张地讲，整个农业经营的主要目标便是获得优质高产的种子和果实。再者，种子既是植物生殖的终产物，又是发育的新起点。播种育苗是作物栽培一连串措施的第一环节。另一方面，种子的选择也是培育作物新品种的起点。总之，农学中的两大支柱——栽培学与育种学，都和种子打交道。

需要提醒的是，从农业实践的角度看来，种子是个体发育的起点，即使一般植物学书籍，也多按"从种子到种子"的顺序安排章节。但从生物学的角度来看，植物个体发育的起点是合子。合子是孢子体的第一个原始细胞，胚胎发育是个体发育的第一阶段。这有点像我们通常将婴儿出生看作人生的起点，而其实生命的起点应从受精卵开始算起一样。

2. 被子植物生殖过程一瞥

上面谈了从系统发育角度来看植物界有性生殖进化中的几个里程碑。现在让我们转入从个体发育角度简单介绍被子植物的生殖过程。植物生殖过程涵盖大、小孢子发生，雌、雄配子发生，传粉受精，胚和胚乳的发育，涉及老一代孢子体、配子体和新一代孢子体三个阶段；包含众多的器官、组织与细胞的分化，它们在不同时间和空间条件下的变化，它们各自的生理功能，以及它们之间的种种相互作用。在正常情况下，所有这一切都是严格有序地运行的。可以说，生殖发育是植物一生中最复杂、最曲折、最奥妙的发育阶段。

以下的叙述有些像植物学教材中生殖章节的简缩本，很多读者比较熟悉，涉及的专门名词也比较密集，读来可能枯燥乏味。但这是整个植物胚胎学的基础知识，也是本书第4、5、6章三章的基础，因此不得不说。请读者耐心看下去。

小孢子发生与雄配子发生

在幼小花药中分化出众多小孢子母细胞（microspore mother cell），又名花粉母细胞（pollen mother cell）。它们和花药中其他体细胞一样是二倍体细胞，但它们不再进行有丝分裂，而是转入连续两次的减数分裂，产生4个单倍体小孢子，它们起初被一种称为胼胝质[*](callose)的多糖黏合在一起，称为小孢子四分体（microspore tetrad）或花粉四分体。经过短暂的间隙期，胼胝质壁溶解，4个小孢子游离出来，分散在花粉囊中。这时，每个小孢子含一个细胞核，故称为单核花粉或单细胞花粉。至此，小孢子发生过程即告完成。

接着，每个游离小孢子进行一次有丝分裂，产生2个子细胞。值得注意的是，这次分裂与一般分裂不同：不是产生两个大小均等的子细胞，而是产生两个大小悬殊的子细胞，所以叫做"不对称分裂"(asymmetric division)或"不均等分裂"(unequal division)。较小的子细胞称为生殖细胞[**](generative cell)，较大的一个则称为营养细胞(vegetative cell)。起初，生殖细胞被胼胝质包围并黏附于花粉壁内侧。不久，胼胝质溶解，生殖细胞就整个儿沉浸到营养细胞中而被后者包围，形成一种"细胞中有细胞"的奇特现象。这时的花粉称为二细胞花粉或二核花粉，是雄配子体的初级阶段。有些植物（如禾本科、十字花科、菊科）的花粉发育继续进行，生殖细胞再行一次有丝分裂，产生一对精细胞（sperm cell），即雄配子。这时花粉由3个细胞构成，即一个营养细胞中包含两个精细胞，称为三细胞花粉(tricellular pollen)或三核花粉，至此雄配子发生过程完成，花粉逐渐成熟。但在更多的植物（如蔷薇科、豆科、茄科）中，花粉成熟前不再分裂，而是停留在二细胞阶段，称为二细胞花粉（bicellular pollen）或二

---

[*] 此处"胼胝"音pián zhī，不可误读为bīng dǐ。
[**] 此处"生殖细胞"（generative cell）特指花粉中产生精细胞的母细胞，和一般的生殖细胞（reproductive cell）泛指生殖系统中各种细胞的含义不同。

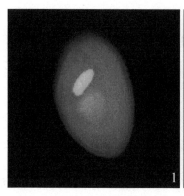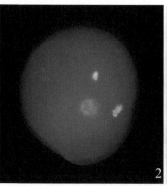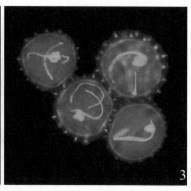

图 2-5　二细胞花粉与三细胞花粉（引自杨弘远1988）

被DNA特异荧光染料H33258染色的花粉经冬青油（水杨酸甲酯）透明，可清楚地显示其中的细胞核。生殖核与精核呈明亮荧光，营养核荧光较暗。1．石蒜的二细胞花粉。2．玉米的三细胞花粉。3．向日葵的三细胞花粉，其一对精子呈细长形，盘绕于花粉粒中。

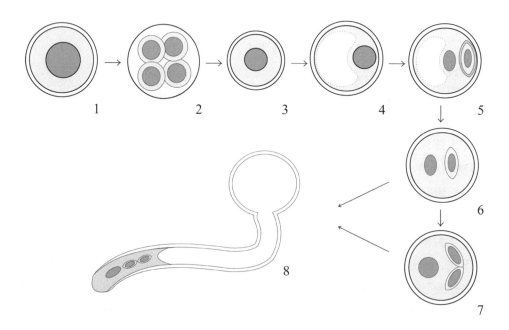

图 2-6　小孢子发生与雄配子发生过程

小孢子母细胞（花粉母细胞）(1)通过减数分裂产生小孢子四分体（花粉四分体）(2)；四分体的胼胝质壁溶解后，4个小孢子游离出来(3)，至此完成小孢子发生过程。雄配子体发育从游离小孢子（单细胞花粉）开始，小孢子核由中位移至边位，出现大液泡，形成极性状态(4)；小孢子第一次有丝分裂是不对称的，产生一个较小的生殖细胞与一个较大的营养细胞(5)；生殖细胞起初紧贴花粉壁，以后由于其胼胝质壁溶解，游离到营养细胞中(6)；是为二细胞花粉。在一部分植物中，生殖细胞分裂为一对精细胞，花粉成熟时为三细胞状态(7)；在另一部分植物中，花粉成熟时停留在二细胞状态，待传粉后萌发成花粉管，生殖细胞才在花粉管中分裂(8)。

核花粉（图2-5）；它们要待花粉萌发出花粉管以后，在花粉管中方才进行生殖细胞分裂，产生精细胞。所以，这类植物的雄配子发生过程是在花粉管中完成的。

有必要注意二细胞或三细胞花粉的两种含义：一种含义指成熟花粉的两种类型；另一种含义是指花粉发育的两个时期，二者不可混淆。例如，三细胞花粉类型的发育经历二细胞时期，却不可将其误解为二细胞类型。

图2-6示小孢子发生与雄配子发生过程。

大孢子发生与雌配子发生

在幼小胚珠中分化出的大孢子母细胞(macrospore mother cell, megaspore mother cell)又名胚囊母细胞(embryo sac mother cell)。与一个花药中含有众多小孢子母细胞不同，一个胚珠中通常只产生一个大孢子母细胞。大孢子母细胞进行连续两次的减数分裂，产生4个单倍体大孢子，组成大孢子四分体(megaspore tetrad)。它们同样被胼胝质壁包围。但和小孢子四分体不同，大孢子四分体中通常只有1个大孢子发育，称为"功能大孢子"；其余3个解体（当然，也有些植物的2个或4个大孢子均发育的情况）。至此，大孢子发生完成。

功能大孢子长大成单核胚囊，又经三次游离核分裂，先后形成二核、四核与八核胚囊。然后在游离核之间产生细胞壁，组成细胞，进入成熟阶段。多数植物的成熟胚囊是一个七细胞八核的结构。胚囊发育有多种类型，七细胞八核只是其中一种典型情况，称为蓼型(Polygonum type)胚囊。还有其他许多类型含有比这种类型或多或少的细胞，这里就不详细介绍了。

这7个细胞在胚囊中呈现极性分布。为了说明这一点，有必要先交代胚珠的极性。胚珠由其基部被称为合点(chalaza)的部位产生珠被，后者向上包围珠心，在顶部会合形成珠孔(micropyle)。珠孔极即顶极；合点极即基极。胚囊位于胚珠核心，它的极性和胚珠一致：珠孔端为顶极；合点端为基极。胚囊成熟时，珠孔端坐落着3个细胞，即1个卵细胞(egg cell)和2个助细胞(synergid)，合点端坐落着3个反足细胞(antipodal cell)，中部被1个称为中央细胞(central cell)的大细胞占据。中央细胞包含2个单倍体核，称为极核(polar nucleus)，其他细胞各含1个单倍体核。因此7个细胞中含有8个单倍体核。至此，雌配子发生过程即告完成。

图2-7示大孢子发生和雌配子发生过程。

传粉与受精

花粉成熟以后，以各种方式被传送到雌蕊的柱头上，但由花粉落在柱头上到将雄配子释放到胚囊中进行受精，还有一段过程。这段过程所耗的时间或长或短，因植物而异。长的可达数月之久，例如，有些兰科植物，花粉成熟时，大孢子发生尚未开始，只是在传粉以后，大孢子发生和雌配子发生才被诱导，当花粉管经一至数月时间到达胚囊时，后者刚好准备受精。有些木本植物，晚秋开始传粉，冬初花粉管长至花柱基部，在此处停留过冬，来春重新生长进入胚珠，由传粉到受精需时半年之久。与此形成反差的是，禾本科与菊科植物的花粉管生长时间很短。例如，水稻传粉后约1.5h进行受精。菊科中的橡胶草，由传粉到受精仅需15～30min。但是，这个时段无论长短，都是受精必经的前奏曲，对于是否能顺利完成受精意

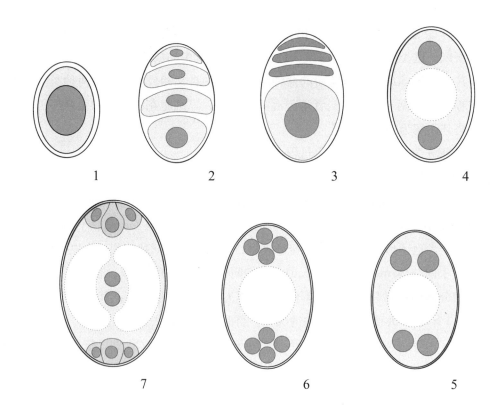

图 2-7　大孢子发生与雌配子发生过程

大孢子母细胞(胚囊母细胞)(1)通过减数分裂产生纵列的大孢子四分体(胚囊四分体)(2)。其中,珠孔端的3个大孢子相继退化,仅余合点端1个发育为功能大孢子(3),亦即单核胚囊。至此大孢子发生过程即告完成。单核胚囊经3次游离核分裂,依次产生二核胚囊(4)、四核胚囊(5)与八核胚囊(6)。然后开始细胞形成:珠孔端的2个核组成一对助细胞,1个核成为卵细胞;合点端的3个核组成3个反足细胞;珠孔端与合点端各有1个核相向移动,悬挂于大液泡中,是为极核。成熟胚囊为七细胞八核结构。以上是蓼型胚囊的典型发育过程,其他胚囊型并非如此。

义重大。我们以后将在不同章节中详细介绍。

在多数植物中,花粉管沿柱头→花柱→子房→胚珠→胚囊的路径行进,经由珠孔进入胚囊的两个助细胞之一,在其中释放一对精细胞。精细胞经过短途转移,从助细胞合点端抵达卵细胞和中央细胞之间的位置。然后,它们背道而驰,一个精细胞向中央细胞方向移动,与之受精;另一个精细胞向卵细胞方向移动,与之受精。这个过程虽然仅在胚囊内狭小的空间与短暂的时间内完成,但包含许多微妙、精细的变化,称得上丝丝入扣,且容第4章与第6章再细细道来。

图2-8示传粉受精的大致过程。

胚乳发育

双受精的产物是一对"双生子"。卵细胞受精的产物是幼胚的起点——合子(zygote)。受精的结束和合子的形成意味着由配子体世代重新转变为新的孢子体的世代。中央细胞受

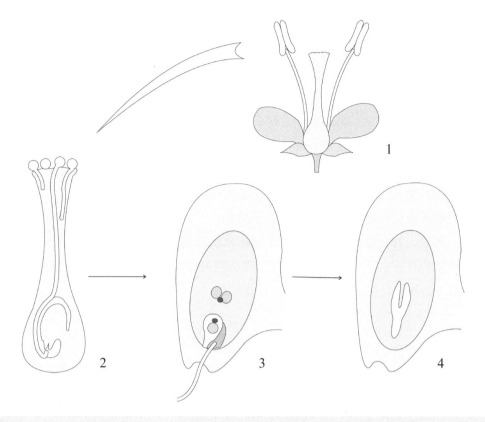

图 2-8 传粉与受精

花粉以某种方式被传送到雌蕊柱头上，萌发花粉管，花粉管通过柱头、花柱、子房生长到达胚珠（1、2）。然后经由珠孔钻进胚囊，在一个助细胞中释放一对精细胞（图中红色）。其中一个精细胞趋向卵细胞，与之融合成为合子；另一个精细胞趋向中央细胞，与之融合成为初生胚乳细胞（3）。受精后，合子发育为胚（图中黄色），初生胚乳细胞发育为胚乳（图中蓝色）。

精一般包含一个单倍性的精核与两个单倍性极核融合，其产物称为初生胚乳细胞(primary endosperm cell)，即胚乳发育的起点。尽管双受精几乎同时进行，但胚乳发育较胚胎发育抢先一步，以保证幼胚的营养供应，这具有重要适应意义。

胚乳发育有3种类型：最常见的是核型(nuclear type)，其次是细胞型(cellular type)，较罕见的是沼生目型。这里只着重讲前两种类型。所谓核型胚乳，是指胚乳最初经过一段游离核分裂，当游离核在胚囊的周边铺满一层后，才开始形成细胞，并由周边向中央逐渐推进，最后占领整个中央细胞的空间。禾本科植物具有典型的核型胚乳，它的外面一至数层细胞分化成具有分泌功能的糊粉层(aleurone layer)，内部细胞则积累淀粉等贮藏物质。我们食用的大米、面粉，就是取自含淀粉的成熟胚乳细胞。豆科、十字花科、葫芦科等的核型胚乳命运有所不同：它们的胚乳游离核不形成或形成很少的胚乳细胞，也很少积累养分，就被胚的子叶消化吸收，到种子成熟时胚乳仅留残迹。所谓细胞型胚乳，是指初生胚乳细胞从第一次分裂起便是细胞分裂，缺乏游离核阶段。像茄科的番茄、烟草，玄参科的金鱼草，菊科的向日葵，均属这种类型。图2-9示胚乳发育的类型。

胚乳对胚的发育有重要作用，它从一开始便是胚的"哺育组织"。胚不能自己制造养料，其养料只能来自母体。具体说来，胚的养料供应主渠道是由珠柄输导组织将来自母体的养料运往胚珠合点端，然后通过胚乳吸收，转运给胚。还有一部分养料是来自胚珠转变为种子过程中胚乳对珠心与珠被组织的消化、吸收与转运。因此，胚乳可以说是介于新孢子体和老孢子体之间的养料转运站。另一方面，胚乳也制造生长激素等活性物质，促进胚的生长发育。没有胚乳，胚的发育是无法善始善终的，胚对胚乳的高度依赖性有许多事例为证。在自然界中有一些胚胎发育不全的情况，例如，有些兰科植物，胚的发育停顿在不分化的状态，直至种子成熟仍然如此。究其缘由，主要是胚乳发育不良所致。还有，许多无融合生殖植物的卵细胞不受精形成胚，但中央细胞却常需受精形成胚乳，以辅助胚的成长，这种情况叫做"假受精"。再次，在远缘杂交、异花传粉植物强制自交以及某些不正常条件下，胚乳失去正常功能，结果导致胚也停止发育甚至夭折。第5章将讲到，在这种情况下，将停止发育的幼胚人工分离后进行培养，往往可以挽救濒于夭折的胚。

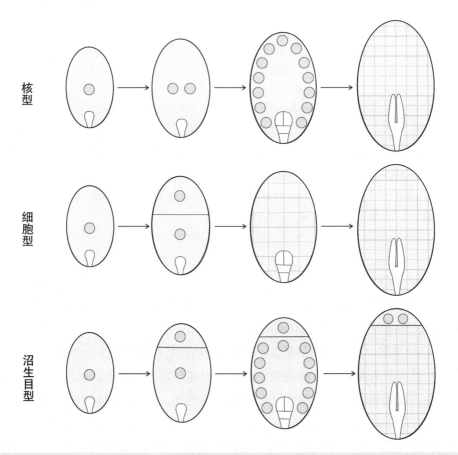

图 2-9 胚乳的发育类型

胚乳发育有三种类型。核型胚乳是从初生胚乳细胞第一次分裂起经过一段游离核分裂期，当游离核布满胚囊周边后，再进入细胞形成期。细胞型胚乳是从初生胚乳细胞第一次分裂起即为细胞分裂，不经游离核期。沼生目型介于以上二者之间，初生胚乳细胞分裂成两个细胞，以后大细胞经过游离核阶段，最后形成细胞；小细胞的核不分裂或仅分裂几次。

胚胎发育

合子的第一次分裂标志着新一代个体发育的起始。大多数植物的合子第一次分裂都是横向的和不对称的，由此产生的两个子细胞在大小与性质上有显著差别：位于合点极的一个细胞

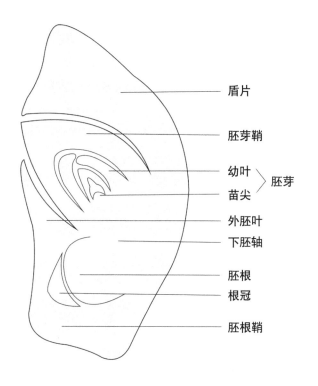

盾片

胚芽鞘

幼叶 ⎫
苗尖 ⎬ 胚芽

外胚叶

下胚轴

胚根

根冠

胚根鞘

图 2-10 稻胚的构造

水稻的胚可以作为单子叶植物禾本科胚的代表。稻胚的基本结构和双子叶植物胚相同，也包括苗尖、子叶、下胚轴、胚根四部分。不同点在于：只有一片子叶（盾片），位于胚的顶端；苗尖位于一侧，且在胚成熟时已长出数枚幼叶，总称胚芽；此外，胚芽与胚根外方各有胚芽鞘与胚根鞘包被；侧面有一舌状突出物外胚叶。

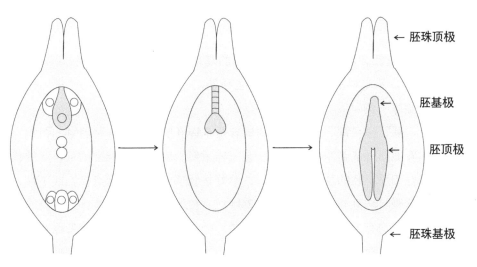

← 胚珠顶极

胚基极

胚顶极

← 胚珠基极

图 2-11 胚与胚珠的两极恰好相反

胚珠以合点端邻近珠柄，故此端为基极，而与之相对的珠孔端为顶极。与此相反，卵细胞与合子是以珠孔端为基极，合点端为顶极。相应地，合子的分裂产物胚柄朝向珠孔端，胚朝向合点端，由此发育而成的分化胚，根尖朝珠孔端，是为胚的基极；苗尖朝合点端，是为胚的顶极。可见胚与胚珠的基极与顶极恰好相反。

较小，核质比（即核与质在细胞中所占的比例）较大，细胞质较浓厚，这个细胞称为顶细胞(apical cell，terminal cell)；位于珠孔极的一个细胞较大，核质比较小，常有一个大液泡，这个细胞称为基细胞(basal cell)。这两个细胞的未来命运也相差很远：顶细胞连续分裂形成胚体*；基细胞除可能参加部分胚体组成外，主要形成胚柄。二者的分化真乃"差之毫厘，失之千里"！

胚发育的早期，细胞数目增多而形态上尚未分化，整体呈球形。球形胚连同其基部的胚柄(suspensor)称为原胚(proembryo)，这是胚胎发育的第一阶段。注意："原胚"和"胚"的概念不同，前者包括胚柄，后者单指胚体。以拟南芥为例：顶细胞分裂两次产生4个胚细胞，称为四分胚（亦称四分体）；由基细胞分裂几次产生一列细胞，其中除最顶端一个细胞参与胚体构成外，其余均组成胚柄；四分胚和胚柄两部分合称原胚。

胚胎发育的下一阶段是胚的分化。双子叶植物与单子叶植物胚的分化模式区别很大。双子叶植物可推拟南芥为代表。原胚发育到一定时候，其顶端两侧的细胞分裂加速，形成两个对等的突起，致使胚由球形变为三角形，再变为心形。这两个突起就是子叶原基。以后它们继续生长，延伸为两片子叶(cotyledon)。在两片子叶之间、胚的顶端苗尖部位出现一团分生组织，称为苗尖分生组织(shoot apical meristem)。与此同时，在胚的基端胚根部位也出现一团分生组织，称为根尖分生组织(root apical meristem)。而在苗尖和根尖之间的长形区域，则称为下胚轴(hypocotyl)。子叶、苗尖、下胚轴、胚根，组成所有双子叶植物胚的基本结构（参看第6章图6-10）。以后，子叶继续扩展、变形，在部分双子叶植物中贮藏养料，供应种子萌发；苗尖在种子萌发后生枝长叶，成为植物的地上部分；胚根则向地下生长形成根系。

单子叶植物的胚分化可以水稻为代表（图2-10）。它的最大特点是：只有一片位于胚顶端的构造，即其子叶，称为盾片（scutellum）。盾片像一面盾牌介于胚与胚乳之间，起着向胚乳索取养料的作用。另一片子叶在进化过程中退化。在胚的一侧产生胚芽(plumule)和包围其外的笔筒状构造胚芽鞘(coleoptile)；同侧的基部产生胚根(radical)和包围其外的胚根鞘(coleorhiza)。这样，禾本科的胚除有顶、基之分外，还有背、腹之分："背"指朝胎座一侧；"腹"指远离胎座一侧。

弄清"顶"、"基"、"背"、"腹"的概念是掌握胚胎发育中各种器官、组织空间定位的基本知识，正如看地图时认清东、西、南、北一样重要。容易造成混乱的是，胚的顶、基与背、腹，和胚珠恰好相反：胚的顶极（上端），恰好是胚珠的基极（合点极）或下端；而胚的基极恰好是胚珠的顶极（珠孔端）或上端（图2-11）。在胚胎学中的描述、绘图及照片排列方面，以上两种定位方式均有人采用。为了不致弄错，作者应当明确注释；读者也必须准确判断以免迷失方向。为什么说背、腹也会混淆呢？这是因为采用的标准不同：从解剖学上看，胚珠着生在心皮的腹缝线处，相当于叶片的叶缘包拢愈合处，所以从胚珠与子房的关系来看，珠柄与合点是胚珠的腹侧，另一侧为背侧；但就胚珠本身而言，则是将维管束所在珠柄与合点部位定为背侧，另一侧为腹侧。二者恰好相反。例如，米粒的腹侧有一白色区域，是此处胚乳的淀粉不够充实而含空气所致，称为"腹白"，就是按后一标准来定位的。这类称谓上的相悖无所谓孰正孰误，只是往往让初学者无所适从，故此不得不在此多讲几句。

---

* 胚体，又称胚本体(embryo proper)，或简称胚。

第 3 章

漫游神奇的传粉天地

没有人不喜欢花。当你漫步公园赏花或侍弄自家门前的花草时，无不为千娇百媚的花色而动容，为沁人心脾的花香而陶醉。古今中外，多少骚人墨客以花为主题留下生动感人的篇章。但你可曾想过隐藏在花朵华丽外衣之下的还有更神奇的秘密？花，首先是大自然的杰作，它们不是为满足我们人类的欣赏而设计的，而是为采访它们的蜜蜂、蝴蝶，为传送它们的风和水设计的。只是当人类进入文明社会以后，它们才被人引种、修饰，被改造成形形色色的观赏花卉，但那在花的大千世界中仍然只是沧海一粟。

花是传粉受精的载体，开花是结实的前奏曲。花的自然功能归结到一点，就是为了植物的传宗接代。花朵千变万化，万变不离其宗，就是适应这一最终目的。通过开花传粉，植物繁衍了后代，蜂、蝶获得了珍馐美馔，我们人类也收获了粮食、油料和果类这些最基本的食品，可以说三方受益。

不止如此，在漫长的进化过程中，花的诞生、花的进化、传粉昆虫的进化，都是以传粉这个纽带联结在一起。可以毫不夸大地说，没有传粉，就没有今天遍布全球的有花植物，同样也没有今天占地球上全部生物种类一半的昆虫世界。

人类认识植物有性生殖，首先便是对传粉的启蒙认识，到近代又发展成一门学科——传粉生物学。下面，就让我们跟随传粉生物学家们，去漫游一下这个奇妙的传粉世界。我们将在这次旅行中看到许多平日视若无睹或者闻所未闻的奇妙现象，领略一番造化的鬼斧神工。

1. 科学家是怎样研究传粉的？

传粉是通过传粉媒介将花粉传送到柱头上的行为，因此它涉及三种实体之间的关系，一是花粉，二是柱头，三是传粉媒介。广而言之，则涉及植物与以昆虫为主的动物，以及植物与非生物因素（风、水等）之间的关系。就植物与昆虫的关系而言，传粉行为的演变对于生物界这两大类群的进化产生深刻的影响，在这里，影响是双向的。就植物与非生物传媒的关系而言，则只是植物被动地适应风和水的影响，而不可能对后者施加影响，因而这种影响是单向的。研究传粉，也就要从以上几者的相互关系的角度来深入。

古人对传粉的认识，是从肉眼观察开始的。例如，第1章提过，我国古代的农学巨著《齐民要术》中记载，人们通过观察，知道必须在大麻雄株散出花粉以后才能收割雄株，否则雌株不能结实，可见当时他们已经认识到花粉从雄株传给雌株的必要性。近代传粉生物学研究同样需要肉眼观察，但在许多情况下还要依靠先进的仪器设备如高精度的照相机、摄像机、显微镜、夜视镜等，来观察花朵性状与昆虫口器的细节，以及动态地追踪花粉或昆虫的运动轨迹。

但仅仅观察还是不够的，还需要依靠实验方法来确认花和传粉者之间的相互关系。第1章也提过，17世纪的科学家就开始采取人工去雄、隔离等实验方法，证实花粉从花药传送到雌蕊的柱头是受精结实的必要前提。近代，实验方法更频繁地用于阐明花的各个部分在传粉中的作用。以下举几个例子。

蓝果树科珙桐属的珙桐，是我国一种名贵的观赏树。它的观赏价值在于花有2枚大形苞片。苞片早期是绿色，开花时变成白色（图3-1）。许多白色的苞片好似鸽子栖息于树端，因此珙桐俗称"鸽子树"。那么苞片在开花中起什么作用呢？近年来我国研究者对此进行了实验。他们用的方法虽然简单却很能说明问题：用绿纸或白纸替换苞片，然后观测昆虫的访花频率。结果，以白纸代替苞片可以欺骗昆虫前来传粉，而以绿纸代替苞片或去掉苞片时，就不吸引昆虫。这一实验结果表明，只有当花粉已经成熟、苞片变成白色时，苞片才有吸引昆虫传粉的功能。他们还发现，苞片还具有遮雨的功能，因为它像雨伞一样遮住花朵，使花粉不被雨水冲走和损伤。这告诉我们，在珙桐花的进化中，生物因子和非生物因子二者都起重要的选择作用。

图3-1 珙桐的苞片（黄双全教授赠予照片）

珙桐有两片显著的白色苞片，形似鸽翼，有观赏价值。实验研究揭示，苞片有遮蔽雨水保护花朵与招引昆虫传粉的双重功能。

毛茛科乌头属的草乌，花朵具有5枚蓝紫色的萼片和2枚特化成蜜腺叶状的花瓣。经常为草乌传粉的昆虫是红光熊蜂。为了弄清究竟是花的哪一部分吸引红光熊蜂前来采访，研究者在一株植物上人工除去所有花的萼片；在另一株植物上人工除去所有花的花瓣；还有一株不处理作为对照，然后调查红光熊蜂的访问频率。结果，除去萼片的植株，访问频率大为降低，而除去花瓣者与对照植株相近。这就说明，与一般植物不同，草乌吸引红光熊蜂的主要构造是萼片而非花瓣。

然而就多数植物来说，鲜艳夺目的花瓣是招引昆虫的"招牌"。不仅虫媒的异花传粉植物，而且有些基本上属于自花传粉的植物，像芝麻、蚕豆、豌豆，也有鲜艳夺目的花瓣，它们也有一定的天然异交率。芝麻的天然异交率一般为4%～5%。在人工授粉工作中，芝麻的去雄方法十分简便，只要扯掉花冠，便可以同时除去连生在花冠筒内的雄蕊。但授粉后的隔离却比较麻烦，要给每朵已授粉的花朵套一个小纸袋，纸袋不易扎牢，容易脱落。研究者发现，如果授粉后不套袋，同时去掉同一茎枝上正在开放的相邻花朵，则昆虫很少造访，基本上避免了因天然异交导致的"遗传污染"。芝麻的人工杂交或人工自交，均可采用这种简便的方法。这几例都可以说明实验方法的效果。后文还会提及一些设计得更巧妙的实验。

如果我们想了解昆虫携带花粉究竟能传到多远的距离和什么方向，该用什么方法呢？早年主要采取直接观察法，例如用摄像机追踪昆虫的整个访花过程，然后通过整理录像记录，计算飞行距离与时间。或者绘制样区内的植物分布图，图上划分许多方形小格，标出花的分布情况，通过观察追踪昆虫的访花路线，在图中一一记载，然后计算出昆虫的飞行距离、飞行角度和访问频率。更先进的方法是利用荧光标记技术来追踪花粉的流向。将指定的父本花粉以荧光染料标记后，再检查在一定范围内生长的其他植株柱头上的花粉，如果看到发荧光的花粉，就知道这些花粉已从父本传送到母本了。这就好比在野生动物研究中常用的方法，将佩戴了电子信号设备的鸟兽释放到野外，根据电子信号侦察它们的行动轨迹。花粉当然无法安装电子设备，就以荧光染料代替。以上方法的共同点，是用肉眼或仪器追踪传粉的轨迹，所以不妨统称为直接追踪法。

以后，科学家们又利用现代分子生物学的成果，应用分子工具，例如，用特殊的DNA"指纹"来标记父本植株，然后对一定范围内出现这些分子"指纹"的后代植株进行检测，从而研究基因传播的空间轨迹。和前述直接追踪法相比，这种间接的追踪法尽管需要耐心等待才能从后代分析中得出结论，但避免了应用前一种方法时的耗费精力和不精确性。更重要的是，直接追踪只能看到昆虫传粉的轨迹，而不能确定对受精的影响：传粉媒介所携带的花粉，不一定来自同一植株，也不一定落在同一株的柱头上。昆虫可能携带多种植物的花粉而柱头也可能接受多种植物的混合花粉。究竟哪种花粉参加受精结实，将它们的基因传给后代？这个问题不是直接追踪所能回答的，只有通过对后代的分子鉴定才能得出较为可靠的结论。微观的分子技术渗透到宏观的传粉研究中初显威力，于此可见一斑。

2. 异花传粉与自花传粉：各有所长

植物的传粉方式林林总总、多种多样。总的说来，有异花传粉与自花传粉两大类。我们在第1章中曾经提出一个观点：从含义来看，比较准确的称呼应是异株传粉和自株传粉，更好的称呼是异株受精和自株受精。这里仍然采用异花传粉与自花传粉，是出于尊重约定俗成的术语。

在自然界中，异花传粉植物占多数，自花传粉植物占少数，异花传粉在自然选择中成为优胜者，必然有它的益处。植物从异花传粉中得到两方面的益处，这也是所有生物类型从异体受精中得到的益处。第一，生物在繁殖过程中经常会产生大大小小的突变，其中很多是对生物有害的隐性突变。二倍体细胞含有两两相对的染色体，若是其中一条染色体上发生变异，另一条正常的染色体的存在可以压制相对染色体上的突变基因的作用，使之不显现出来，但若两条染色体都出现突变，则突变的有害性便会显现出来。长期自体交配会纯化相对的染色体，促使突变显现。无性繁殖也有同样效果。而异体交配则可使突变保持隐性状态。第二，异体交配，即通常所称杂交，会导致来自不同亲体的基因发生重组，产生多种多样的后代，它们一般拥有更高的生活力（杂种优势），并且多样的后代个体更能适应环境的变化而被自然选择（适者生存）。这正是达尔文所概括的"异花受精一般有利，自花受精时常有害"的结论。

既然如此，为什么自然界还会保留自花传粉植物呢？倘若没有益处，植物界不是应当百分之百异花传粉吗？实际上，地球上还广泛分布着不少自花传粉植物，野生植物中有，栽培植物中也很多。就拿我们所熟悉的栽培植物举例，水稻、小麦、大麦、豌豆、花生、芝麻都是自花传粉为主，至多只有百分之几的异交率，它们中的优良品种代代相传，往往要相当长时期才出现退化。如果说这是仰仗于人类的呵护，那又如何解释野生状态下的自花传粉呢？这是因为自花传粉毕竟有其优点。第一，异花传粉必须依靠传粉媒介，而依赖别人是需要付出代价的。就虫媒传粉而言，假若气候或其他外界变化造成传粉昆虫锐减，花粉便无法传播，种族的存留便受到威胁。在这种条件下，自花传粉就"任凭风浪起，稳坐钓鱼船"，安然无恙。其次，异花传粉产生多样的后代固然很好，但自花传粉产生的后代较为一致也有好处，有利于迅速形成遗传一致的族群。无性繁殖也有这样的优点，一些野生的禾本草类就是依靠无性繁殖扩大种群空间、占地为王的。在自花传粉植物中，还有一些实行"闭花受精"（cleistogamy）的，它们根本不必开花就完成自体受精，或者在同一株上兼有开花受精与闭花受精的花朵。用这种策略来对付变化无常的外界条件，真可谓"进可攻，退可守"。我国西南山林中有一种奇特的兰花，它具有许多异花传粉的花部特征，并且人工异花授粉可以获得很高的结实率。但它在进化中却转向自花传粉。研究者发现，它在开花时，花药会主动转动360°，越过障碍，将花粉块送到同一朵花的柱头上，酷似动物的交尾行为。研究者认为，这种兰花的奇特习性是由于它生活在干旱、无风而缺乏传粉昆虫的条件下，极端环境迫使它演化出这一繁衍种族的策略。

但自花传粉植物也准备了另一手，就是争取一定比例的异花传粉。实际上，绝对自交的类型很少，大多兼有二种交配模式。在农业中有"常异交作物"之称，意指那些以自花传粉为主但常发生异花传粉的类型，棉花、蚕豆即是如此。甚至随着时间与空间的变化，两种模式可以互变。可见植物的传粉行为是多么富有弹性。我们看到豌豆、蚕豆、芝麻具有鲜艳的花瓣，吸引不少昆虫来访，说明它们依然保存了野生祖先异花传粉的特征。即便像水稻，虽然在花朵即将开放时即已完成自花传粉，但花药仍然伸出花外随风散布花粉，保留着某些野生稻风媒异花传粉的特点。若是水稻不具备这一特点，那么我们今天就无法利用它获取杂交稻种子。

由此可见，异花传粉和自花传粉都是自然选择的杰作，各有利弊。异花传粉总的说来较为有利，但"尺有所短"；自花传粉总的说来较为不利，但"寸有所长"。面对严酷的环境挑战，它们可以互补，也可以互变。我们要用全面的、辩证的、动态的观点看问题，防止片面、绝对与静止的思维逻辑。

3. 植物避免自交的种种策略

既然总的说来异交有利于后代，那么植物采取哪些策略来达到异交呢？有两方面的策略：一方面是千方百计地避免自交；另一方面是千方百计地"讨好"传粉媒介。前者可说是消极防守的策略，后者可说是积极争取的策略。

先谈第一方面。植物在进化过程中形成了各种避免自花传粉的方法。要知道，植物和动物不同，动物能够随意走动，植物则不能。动物界在进化中走上了以雌雄异体的策略避免自交的道路，它们产生的后代都带有一定程度的杂种性质；植物界中则只有少数植物走上雌雄异株的道路，大多数植物的雌蕊与雄蕊共存于同一朵花中（两性花）或同一株上（单性花）。自株的花粉"近水楼台先得月"，如果不加防止，异株受精就难以实现了。植物为了防止自体受精，采取了空间隔离、时间隔离和生理隔离的策略。

空间隔离

空间隔离，最有效的莫过于雌雄异株了。但植物不像动物能够随意运动，倘若雌株与雄株相隔太远，就不容易传粉，这也可能是雌雄异株现象在植物界不占优势的原因。雌雄同株单性花可以在雌花与雄花之间造成一定的空间隔离，增加了异株传粉的机会，不过同株异花传粉的机会仍然相当高，不是上策。还有一种称为"花柱异长"（heterostyly）的策略，即同一种植物具有两类植株：一类植株的花具有长的花柱和短的雄蕊，称为长柱花；另一类植株的花具有短的花柱和长的雄蕊，称为短柱花。只有异型花之间的交配才能有效地结实，而同型花之间的交配则否。实际上这里发生的不仅是空间隔离那样简单，还有深层次的生理原因，留待第6章再作专题讨论。还有一种有趣的花柱卷曲现象，早年已被发现，而在近年被我国研究者重新重视，进行了详细的研究。在姜科的山姜属和其他一些种类中存在这种独特的行为，即开花时有些植株的花柱会向下弯曲（花柱下垂型），另一些植株的花柱会向上弯曲（花柱上举型），交配只有在两种类型的植株之间进行才获得好结果。在这里，很可能空间隔离与时间隔离共同起着避免自交、促进异交的作用。

时间隔离

所谓时间隔离，是指同一株或同一花中的雄蕊和雌蕊成熟时间错开，这叫"雌雄异熟"（dichogamy）。其中雄蕊先熟的情况较为普遍，例如玉米，当植株顶部的雄花序已经成熟散粉时，叶腋的雌花序（即结"玉米棒"的部分）尚未成熟，因而不能接受本株的花粉；而当数日以后雌花序成熟时，本株的雄花序已经衰败，便只能接受异株的花粉了。也有植物是雌蕊先熟，后文将有例证。

生理隔离

就整个被子植物世界而言，生理隔离是最普遍的和最有效的防止自花受精的策略。它的好处是，在任何情况下都可以发挥作用，而无需空间的或时间的隔离。实际上，有不少植物即使具有空间隔离或时间隔离的手段，但同时也有生理隔离作为最后防线，即使本株花粉落在柱头上，也不能导致受精。这种生理隔离的方式，科学上称为"不亲和性"（incompatibility）。

所谓"不亲和"，就是雌蕊拒绝那些生理上不适合的花粉；它的反面是"亲和"，就是接受生理上适合的花粉。雌蕊从柱头、花柱到胚珠，设置了重重关卡，对受欢迎的花粉"开门纳客"，对不受欢迎的花粉"闭门谢客"。列入不受欢迎花粉名单的，一类属于自株的花粉，这叫"自交不亲和"（self-incompatibility），多数异花传粉植物就是依靠这种方式避免自交；另一类属于异种的花粉，这叫"杂交不亲和"（cross-incompatibility），像远缘物种间的传粉时常因杂交不亲和而不能受精结实。植物运用这两手策略，一方面通过自交不亲和防止后代的衰退，另一方面通过杂交不亲和，防止异种的"遗传入侵"，巧妙地保证物种繁荣与物种稳定之间的平衡。

关于杂交不亲和的生理机制，研究不太深入。这是由于远缘杂交组合极其繁多，大至科间杂交或更远缘的杂交，小至亚种间杂交（例如籼稻和粳稻之间的杂交也有一定程度的不亲和），多数为属间或种间杂交，都有不亲和现象，也可能出现不同程度的亲和，因所涉及的植物而异，所以很难找出一个统一的模式。相形之下，对自交不亲和的研究则深入得多。被子植物在进化过程中发展出了比较统一的自交不亲和的遗传与生理模式，几十年来已经揭示得愈来愈清楚，请看第6章的专题介绍。

4. 花朵拿什么招引昆虫?

前面介绍了植物以种种隔离方式避免自交，这是运用消极防守策略达到异交的目的。现在再来看看植物怎样采用积极进攻的手段对付传粉媒介。因传粉媒介不同，既有各种生物媒介，也有各种非生物媒介，植物所采取的对策也各异。先讲动物传粉，再讲风媒和水媒传粉。在动物传粉中，虫媒传粉占主要地位，这是我们介绍的重点。

谈到昆虫采蜜，人们下意识地联想到"蝶恋花"，那是一幅多么温馨浪漫的画面！其实，这只不过是诗人的触景生情罢了。以科学的眼光来看，昆虫与花之间关系的真相是，一方"巧取豪夺"，另一方"尔虞我诈"，既矛盾斗争又相互依存。昆虫为了攫取蜜汁和花粉，花为了借助昆虫传粉，真可谓千方百计，无所不用其极。话说回来，它们这样行事，完全不带主观色彩，完全是在长期进化过程中形成的一种自然现象，或者说是"本能"。所以，我们在洞察了它们之间无情斗争的现实之后，也不要强加以人的伤感。大自然本来就是各种矛盾的统一体，就是生态平衡的体系。

花用什么手段招引昆虫为自己传粉呢？请注意，为了通俗易懂，我们下面所列举的种种手段和策略都是拟人化的提法，花儿本身是不带任何主观愿望的。

大打广告，推销自己

昆虫之所以光顾花朵，是为了取食蜜汁与花粉，而花朵就采取各种"广告"来招引昆虫。首先是用"色"。虫媒花一般具有色彩鲜艳夺目的花冠或其他的花器官，使昆虫在远处一望便知。不同的昆虫对色彩的感受有别。蜜蜂的视觉和人的不同，光谱波长两端的紫外线和红光，合起来被蜜蜂看成一种紫色；七色光的混合在人类看来是白色，而在蜜蜂眼中则是紫绿色；黄花在人类看来都是呈黄色，而蜜蜂却将它区分为三种颜色。蝶类的可见光谱比蜂类更多，当然更超过人类。黄凤蝶最喜爱黄色，其次是蓝色和紫色。有人用不同颜色的纸做实验，证明它偏爱黄色。又用不同颜色的野花做实验，将事先除掉蜜腺的黄花放在有蜜腺的红花一起，结果黄凤蝶仍然宁可徒劳无益地访问不具蜜腺的黄花，于此可见"色"的广告效应之大。有些蛾类喜欢在夜间活动，因此夜间开放的白色花朵最受它们的欢迎。夜行的蝙蝠也是一样。鸟类一般对红色敏感，被蜂鸟传粉的多为红花。不过，以上都不是绝对的，因为：第一，昆虫对花色有较广泛的适应，并非那么专一；其次，"色"只是广告的一种，还有其他吸引昆虫的招数，特别是"香"，它们共同组成了广告。

图 3-2 大花草，世界上最大的花（美国斯坦福大学Dr. R. D. Siegel赠予照片）

生长在苏门答腊岛上的一种热带寄生植物大花草，拥有直径达1m以上的巨大花朵，成熟时散发奇臭，吸引昆虫前来传粉。左图为大花草花朵的顶面观；右图为其侧面观。

所谓"香"，是对各种昆虫而言；对人来讲可能是香，也可能是臭，总之是能吸引昆虫的挥发性气体分子。昆虫的触角就是它们的"鼻子"，能辨别各种气味。有些蛾类，竟能嗅到一千多米以外的气味，闻香而至。如果说，"色"的广告效应是吸引近距离的昆虫，那么，"香"更有远距离的吸引力了。在黑夜，香气也更有益处，像夜来香之类的花，香气便特别浓郁。花的香味，有些来自花瓣，有些来自花粉，有些来自蜜腺。更有少数植物，它们的花会释放出极为难闻的恶臭，像是尸臭或粪臭，但对某些传粉昆虫如蝇类来说，闻起来却是"异香扑鼻"。例如，在印度尼西亚的苏门答腊岛上有一种奇异的植物，属于大花草科，也有人定为大戟科，俗称大花草或大王花，这是一种只生一个巨大花朵的寄生植物，其花直径达一米以上，像一张圆桌般大小，是世界上最大的花（图3-2）。花成熟时散发尸体般的奇臭，能吸引蝇类与甲虫前来传粉。无独有偶，在苏门答腊还有一种天南星科的巨魔芋，它长有世界上最大的花序，也能发出奇臭而招引昆虫（图3-3）。

可是，不论是花色或花香，都只是一种广告，而广告一般是要付出实实在在的代价的。循迹而来的昆虫，会将花蜜、花粉饱餐一顿，临末还会将丰厚的美餐"打包"，带回自己的巢穴，仅仅将一部分花粉带到其他植株上传粉。植物为了异花传粉，所付出的成本是颇为高昂的。有没有不付或少付报酬的广告呢？有，那就需要采取欺骗的手法了。

鱼目混珠，以假乱真

兰科植物是被子植物中最为进化的类型，兰花在吸引昆虫传粉方面更有许多奇招妙计。且不说兰花大多鲜艳夺目，也不说兰花将分散的花粉集合成花粉块，便于昆虫成批量地搬运。这里只说有些兰花竟然发展到学习动物界的拟态技巧，利用鱼目混珠、以假乱真的手段坑蒙拐骗传粉昆虫。有一种兰花不产花蜜，它的外形有点像能产生大量花蜜的一种桔梗科风铃草属植物。二者的颜色在我们人类看来区分明显，然而蜜蜂并不能分辨二者的颜色差异，因而受骗上当，为之传粉，而兰花却不需要回赠以食物。更匪夷所思的是某些兰花伪装成雌蜂，它们的唇瓣的形状色泽以至密布绒毛的整体外貌酷似雌蜂，还能散发酷似雌蜂所散发的性信息素的气味，诱惑雄蜂前来"交配"，顺便带走花粉（图3-4）。这种行为有一个专门名词，称为"拟交配"（pseudocopulation）。有趣的是，采取这种或那种欺骗性传粉策略进行有性繁殖的兰花有许多种，据称占兰花物种总数约三分之一，而且在欧洲、亚洲、大洋洲、美洲各地广为分布，可见兰科植物已将这种拟态发挥到了极致。

巧设机关，请君入瓮

对昆虫来讲，最嗜好的是蜜汁，但对花来讲，若是让蜜汁轻易被昆虫采食，就不一定能保证让它们携带足量的花粉，所以植物总是让蜜腺藏在花的深处，迫使昆虫颇费工夫才能获取。再加上虫媒花的花粉表面黏滞，往往有刺或花纹，容易附着虫体，这样达到植物与传粉昆虫双赢的局面（参看图1-7）。花的形态和虫体大小、口器结构常常密切相关。很早以前，

图 3-3　巨魔芋，世界上最大的花序（德国尼斯植物生物多样性研究所Prof. W. Barthlott赠予照片）

苏门答腊岛上生长着一种奇异的巨魔芋，它的花序常被誉为世界上最大的花，其实是巨大的花序。图中所示的高达3m的尖筒，是它的佛焰苞。内部藏着多数小形花朵。花序散发带有奇臭的热气，吸引昆虫为之传粉。

图 3-4　兰花以拟态欺骗黄蜂
（引自Barrett 1988）

植物也有拟态。一种兰花的唇瓣在大小、形状和绒毛方面与雌黄蜂很相似，使雄蜂误认为是雌蜂而试图与之交配，结果反为兰花进行了传粉。

达尔文见到原产非洲马达加斯加的一种兰花，它具有长达一英尺的距，距的深处有蜜腺，他当时就预测在当地必然生活着一种具有特长吻的蛾类。多年以后，后人果然发现该地有吻长约一英尺的蛾，为该种兰花传粉。不难想象，兰花超长的距和蛾超长的吻，是在漫长的自然选择过程中相互适应、共同进化的结果。

花还会设计种种巧妙的活动机关，帮助其实现虫媒传粉。最有名的例子是一种常见的唇形科植物鼠尾草。这种野花具有唇形花冠，雌、雄蕊都着生在上唇的下面。有意思的是，雄蕊还连着一个"杠杆"，当蜜蜂钻进花冠时，触动杠杆，像踩跷跷板一样牵引雄蕊下垂，使花粉落至蜂背。蜜蜂飞到另一朵花时，背部的花粉自然传送到柱头上，完成异花传粉（图3-5）。类似这种巧妙的设计的例子还很多。

植物还会设计陷阱或牢笼引诱昆虫上当。马兜铃的花具有很长的花冠筒，形似烟斗，筒上密生向下倾斜的倒毛，蜜腺与雌、雄蕊都着生在筒底。它有雌雄异熟的特性，雌蕊先熟，雄蕊后熟。当雌蕊成熟时，小虫嗅到花散发的臭气，顺着向下倾斜的毛进到花筒底部，虫体上原来携带的花粉传送到柱头上。但小虫想爬出花外却受到倒毛的阻碍，一时无法外出。一直等到雄蕊成熟，毛才枯萎，让满载新鲜花粉的小虫钻出，又为另一朵花传粉（图3-6）。类似的情况也见于前文提过的巨魔芋，不过马兜铃是以花朵为牢笼，而巨魔芋则以花序为牢笼，其巨大的佛焰苞内壁上密生倒毛，阻碍觅食昆虫逃出牢笼，只有当囚徒们经过摸爬滚打全身粘满花粉以后，才能出来传粉。看到此处，读者会有似曾相识的感觉：一些食虫植物也设计出类似的陷阱，使昆虫进得去出不来，成为植物的盘中餐；渔人用以捕虾的笼子，同样在笼内设计了许多倒刺。自然的设计与人工的设计何其相似乃尔！

制造热量，宾至如归

花朵竟能自己发热！这可是植物界的奇闻了！人们都以为，自体发热属于恒温动物（温血动物）的专利，连变温动物（冷血动物）也没有这种本领。从没听说过植物界有少数类型，自体发热竟达到鸟类和哺乳类动物的水平呢。讲起来，首先发现神奇的"发热植物"或"自暖植物"的并非植物学家，而是动物生理学家。这有一段故事：

1975年，一批美国动物生理学家举行聚餐会，客人中有一位将赴会途中采到的一株奇异的花序带来给大家赏玩。在参观中，有人发觉这花是温暖的，并且以后愈来愈热，甚至超过人体热度。这激起了在座者极大的好奇心，从此在研究动物生理之余，就抽时间钻研能够自体发热的植物。通过查阅文献，他们了解到早在18世纪末期，便有一位法国研究者报道过一种天南星科植物具有这一功能。天南星科包括我们常见的食用植物芋和魔芋、观赏花卉红鹤芋和马蹄莲，以及上文提过的拥有世界上最大花序、臭不可闻的巨魔芋，它们都有一种共同的标志——包裹在花序外的夺目的佛焰苞（图3-7）。那批动物生理学家所看到的发热植物，也属于天南星科，叫做喜林芋。该科还包括其他一些发热植物，例如臭菘。除天南星科外，也还有一些亲缘很远的植物如番荔枝、某些棕榈科植物，甚至裸子植物中的几种苏铁，都有发热功能，其中最令人意想不到的还有莲（荷花）。亲缘上分布如此之广，表明自体发热功能是在植物界中各自独立进化出来的一种特性。

植物的自体发热程度之高实在不可思议。喜林芋花序中的温度可以不受外界温度的影响，始终维持在超高水平：当环境温度为4℃时，花序温度高达38℃，温差达34℃之多！通过计算，科学家发现喜林芋的一支重125g的花序在10℃下产生的热量功率大约为9W，相当于一只3kg的猫在相同环境中的发热量；而一只重125g的老鼠产生的热量功率仅达2W。臭菘的花序能在寒冬中保持15～22℃达两周之久。令人叫绝的是，这种植物在皑皑白雪的覆盖下，营造了一个温暖的窝，竟使四周白雪融化。

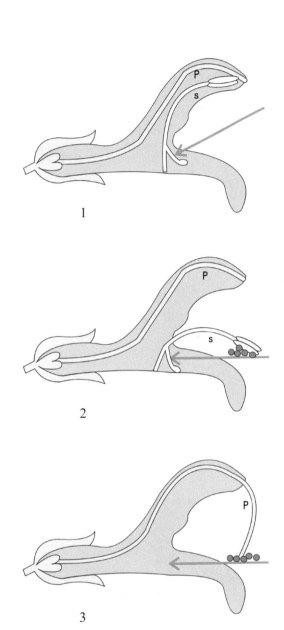

图3-5 鼠尾草的虫媒传粉机制
（改绘自戴伦焰1965）

鼠尾草的雄蕊（s）具有杠杆。当蜜蜂前来采访时，压在杠杆一端（1），致使雄蕊下垂，花粉由花药散出，粘到蜂背上（2）。当蜜蜂造访另一朵花时，此时已伸长与弯曲的雌蕊（p）柱头恰好接触蜂背上的花粉（3）。图中的长箭头表示蜜蜂进入花中采蜜的方向。

图 3-6　马兜铃花（黄双全教授赠予照片）

马兜铃的花有长形而弯曲的花筒，形似烟斗。花筒内壁有许多向下倒生的刚毛。雌、雄蕊与蜜腺位于花筒基部。雌蕊先熟。这些特点有利于昆虫为之异花传粉。具体说明详见正文。

图 3-7　巨魔芋花序的自体发热现象

（德国尼斯植物生物多样性研究所 Prof. W. Barthlott赠予照片）

红外摄像揭示，巨魔芋花序自下而上散发热量，到达顶端时温度高达36℃，借此喷发带有奇臭的蒸气。推测发热的目的是释放臭味吸引传粉昆虫。

植物自体发热的原理是什么？根据已有资料，喜林芋并非全株都能发热，只有花序能发热。而在花序的各个部分中，有育性的雄花与雌花不起发热作用，只有不育雄花才具有发热机制。这种特殊的不育雄花的顶端有许多小孔，氧气由小孔进入内部。花的内部细胞中富含油脂，后者通过强烈的氧化而产生热量。花的细胞还富含在能量代谢中起"发电机"作用的细胞器——线粒体。后来，在臭菘中发现一种特殊蛋白质的基因。这种蛋白质是哺乳动物的线粒体赖以产热的关键成分。

现在回到原先的话题：植物自暖与传粉有什么联系呢？有一种推测是，在寒冷的季节，温暖环境会增进昆虫的活动，从而有利于其运动、觅食、传粉等行为。另一种推测是，高温使花序散发出特殊气息，引诱昆虫前来采食。对喜林芋进行仔细观察后发现，在花序升温时段，佛焰苞开放，让甲虫进入，然后佛焰苞随花序变冷而关闭，将甲虫囚禁在内，迫使它们为雌花传粉，再后又重新开启，放出携带花粉的甲虫为其他花序传粉。以上两种推测并不矛盾，可能同时发挥促进传粉的作用。这就可以解释，为什么所有已发现的自暖植物，其制造热能的器官都在花部这一总的规律。

我们分析了花朵针对昆虫采取的种种策略，另一方面，昆虫当然也针对花朵采取各种对策，这里就不详细说了。总之，围绕着植物传粉和昆虫觅食这两个核心问题，在植物界占统治地位的被子植物，和在动物界种类最多的昆虫之间，展开了一场持久的既相互斗争又彼此依存的博弈，博弈的结果是互利双赢，促进了双方的进化，以致达到它们今天如此繁荣的景况。昆虫"塑造"了花的形态与行为；花也"塑造"了昆虫的形态与行为。这在生物学中称为"协同进化"（coevolution）。值得注意的是，在有些场合，协同进化走向极端，导致某种植物和某种昆虫结下不解之缘，以致缺少任何一方，对方就无法生存下去。经典的例子是一种红三叶草，起初引种到新西兰栽培，只开花不结实，后来专门将为它传粉的丸花蜂运入新西兰，它才顺利受精结实。但以上这种走进进化死胡同的极端情况不多，因为植物是有弹性的，能根据外界变化调整自己的繁殖策略，适应不同的昆虫传粉，甚至还能由异花传粉变为自花传粉。

好了，关于虫媒传粉就说这么多。下面再说植物对于风媒传粉和水媒传粉的适应。请注意，风和水是非生物，不会因植物而变异，当然不存在协同进化，而只有植物单方面的适应，所以讲起来会简单些。

5. 花粉御风而行

传统的观点认为，风媒传粉是比虫媒传粉原始的方式。理由是，裸子植物多行风媒传粉，最典型者为松树，松树花药成熟时，花粉散落一地，铺成大片的黄色粉末，松花粉甚至还能借它天然的气囊乘风漂洋过海。而被子植物的传粉则虫媒占优势，并且出现五花八门的虫媒方式，已如上述。不过新近的研究表明，实际情况恰好相反，虫媒是更原始的类型，而风媒则是后来出现的。据研究，早在一亿多年前的白垩纪早期，甲虫已经在为苏铁传粉，其他裸子植物也可能利用昆虫传粉。当时裸子植物还统治着地球，原始被子植物才刚刚诞生。到白垩纪晚期，被子植物开始繁茂起来，而甲虫也是最早为被子植物传粉的重要媒介。直到第三纪，被子植物渐居优势，同时传粉媒介也多样化起来，包括各种蜂类、蝶类、鸟类以及蝙蝠等等。风媒传粉则属较晚出现。据研究，壳斗科（属于该科的常见植物如栎树与栗树）中有些热带种类明显行虫媒传粉，后来才演变为以风媒为主，还发现了其中由虫媒向风媒转变的个别过渡类型。

既然有虫类帮忙，又何必向风借力呢？这只能说是生物适应环境以繁衍后代的巨大潜力令人惊叹。环境是变化多端的，不依生物为转移。当环境条件变得不利于虫媒传粉时，例如，气候变化引起传粉昆虫趋于绝灭，植物被迫另觅蹊径，求助于其他传粉媒介，或者干脆实行自花传粉。我们在前文介绍自花传粉的优点时曾经提及这一点，现在讲风媒传粉，基本道理是相似的。可以想象，在茂密的热带雨林中，植物不乏多种多样的传粉昆虫，而在干旱寒冷的原野或山区，当昆虫成为靠不住的伙伴，花粉借风传播便有利可图了。这样在漫长进化过程中就逐渐形成一批专司风媒传粉的植物。裸子植物中的松、杉，木本被子植物中的栎、杨，草本栽培植物中的玉米、黑麦，都是著名的风媒传粉植物（图3-8）。

风媒花的特点是：没有鲜艳夺目的花瓣，甚至花瓣退化，没有香气和蜜腺，因为这些赖以吸引昆虫的广告对于风来说毫无意义。雌雄异株的风媒植物每每拥有长而柔软的雄花序（称为柔荑花序），随风摇曳，利于花粉散播。玉米、黑麦等风媒传粉的禾本科植物，雌蕊

图 3-8　玉米花粉散落情况
（谢志雄教授赠予照片）
玉米的雄花序生于株顶，雌花序长在叶腋。雄蕊先熟。花开时，花粉随风飘荡，落到其他植株已经成熟的雌花序柱头上进行传粉。注意图的左方示飘落的花粉。

的柱头扩展呈羽毛状，利于接受花粉。即使像水稻、小麦这样的自花传粉植物，也仍保留其野生祖先具羽状柱头的特点。虫媒花一般不需要太多的花粉，风媒花就须以花粉量多取胜。榛木一个花序含有约400万粒花粉，而全株多达几千个花序。一株玉米可以产生约5000万粒花粉。和虫媒花粉往往黏重、花粉壁常具刺突这种易于附着昆虫的特点相反，风媒花粉大多干燥而轻，表面光滑，利于乘风远扬。

当然，植物要为这些适应风媒传粉的优点付出不菲的代价：大量的花粉乘风而去，不知所终，真正落到柱头上的只是其中少数而已，这有些像动物为了少数卵子受精而浪费数量极其巨大的精子。然而，科学家经研究后得出的看法是，风媒花的花粉传播在一定程度上符合现代空气动力学中微粒传送的规律。花粉也好，其他类似大小的微粒也好，其传送受两种因素影响，一为由它们自身的重力导致的沉降速度，二为风速。风媒花粉的沉降速度一般变化于2~6cm/s，而一般风速度则在1~10m/s的范围。据计算，在一般风速下花粉适于稳定的近距离传送，而随风速加大，才作远距离飞行。这样，花粉命中柱头和微粒撞击目标的原理相当吻合，加上柱头方面也尽量增加捕获花粉的机会，所以在看似盲目浪费的行为下面也隐藏着"两利相权取其重，两害相权取其轻"的法则呢。

6. 花粉随波逐流

人们对水生植物的传粉特点比较陌生，这是因为水生环境使研究者们较难接近，并且多数水生植物的花也不如陆生植物的花那样引人注目。其实，当你了解了它们之后，就会由陌生转为惊叹，从而赞赏大自然的千姿百态。

先要弄清一个概念：水生植物并非都进行水媒传粉。我们习见的一些水生植物如莲、菱、荸荠、水稻，它们的茎、叶、花多树立于水上，传粉是在空气中进行的，和一般陆生植物并无二致。只有那些植物体大部分沉在水面以下的水生植物，才会有水媒传粉的特点，这包括在淡水与海洋中生长的水生植物，而研究较多的当数海洋植物。

18世纪后期，一位植物学家泛舟在意大利的那不勒斯港湾，找到一株大叶藻（名为"藻"，实为有花植物。此外还有不少以"藻"为名的水生高等植物）的花序，带回实验室观察。后来他惊奇地发现，这种海洋植物的花粉形态和陆生植物迥异，呈长丝条形，能在水面漂动，他预言大叶藻一定借助水面传粉。从此激起更多学者对水媒传粉的兴趣。从18世纪末到20世纪末，两个世纪的研究积累，使人们对这类特殊的传粉方式有了比较全面的认识。

所谓水媒传粉，分成水表传粉和水下传粉两大类型。其中又包括多种方式：

一种方式的代表实例是苦草，这是一种雌雄异株植物，雄花成熟后脱离雄株，漂浮在水面上，花瓣反折从而使花朵升高，3个不育的雄蕊像小船上的风帆一样，随风驱动花朵。同时，漂在水面的雌花形成一个凹陷。雄花漂至雌花处，落进后者的凹陷，就将花粉传送到柱头上。这种方式实际上是整朵雄花借助水媒进行传粉。

第二种方式可以说是前一方式的变种。黑藻的雄花漂在水面上，花药成熟后开裂，突然像霰弹枪似的将花粉喷射到空中，如果落到雌花上就达到传粉的目的。

第三种，也是较普遍的方式，像上文提过的大叶藻。另一种海草海蛹也属此类。海蛹的花粉呈丝状，每个花粉粒长度可达3～5mm，直径只有10～30μm。很多花粉漂浮在水面形成絮状，增加了命中雌蕊的机率（图3-9）。

第四种方式可说是第三种的变种。它们的花粉粒不是丝状，而是一般的球形或椭圆球形。但这些花粉被包裹在黏质内，众多花粉被黏质连在一起，漂在水面像竹筏一般，随风驶向雌蕊。

第五种方式属于水下传粉。例如泰莱藻，其花粉呈球形并被黏质包裹，释放到水面以下，随波而流。有些海草同时拥有水表传粉与水下传粉的能力，像大叶藻就属这种情况。

总的看来，水媒传粉植物的花粉大概有以下一些特点。一是多种植物的花粉粒呈长丝形，而仍然保留圆形者多以黏质相连成丝状或组装成筏状。电脑模拟试验证明，长条形的物体比球形的物体在随机运动中更易击中目标。二是这些花粉粒的结构和陆生植物的花粉粒有所区别，它们多缺乏孢粉素外壁，只有类似纤维素内壁的花粉壁，壁表面覆盖一层由糖类和蛋白质组成的薄膜，并被黏质包围。当然也有些水媒植物的花粉具有

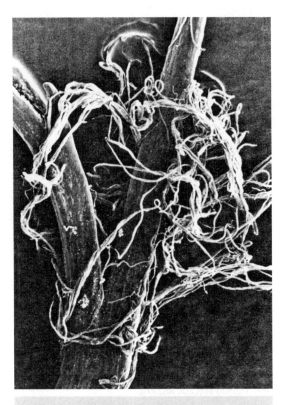

图 3-9   海蛹的丝状花粉黏附在柱头上
（引自Pettitt et al.1981）

海蛹的花粉呈长丝状，是许多海洋植物花粉为适应水环境而进化出来的特点。丝状花粉在漂流时较易捕捉雌蕊柱头为之传粉。扫描电镜图像示分枝的柱头上黏附众多丝状花粉。

外壁。三是水媒植物的花粉具有非凡的耐水性能。一般陆生植物的花粉在水中常因渗透压突然降低而破裂，只有很少数植物的花粉能在水中萌发。而许多水表或水下传粉植物的花粉却能忍受低渗条件，这肯定和它们的结构与生理上的特点有关，但还没有找到具体的原因。

仅靠花粉适应水媒传粉还不够，雌性器官也有相应的措施。前面说过，苦草的雌花像是便于雄花停泊的"船坞"，此其一。有些水生植物的茎在缓缓流动的河水中会来回摆动，努力收集花粉筏，此其二。更有些植物发展出分枝的、丝状的柱头，易于捕捉花粉，颇似禾本科植物羽状柱头适应风媒传粉的情况。

正像鲸、海豚等水生哺乳动物由陆生祖先重新下水一样，水生高等植物也是从陆生植物演化而来的。它们在进化中使自身各个方面都适应了水的环境，包括传粉习性在内。学者们认为，水媒传粉是从风媒或虫媒传粉演变而成。迄今尚未发现在水下环境中虫媒传粉的例子，当然也不排除这种可能性，需要进一步考究。从植物谱系看来，水媒植物的直接祖先应为风媒植物。另一方面，水媒植物的花粉结构与雌蕊形态似乎也更接近风媒而非虫媒的特征。这些都还有待更确凿的研究。

第 4 章

探访深奥的微观世界

我们已经漫游了传粉天地的山山水水，那是一片广阔的天地，有奇花异草，有狂蜂醉蝶，有御风而行的花粉，还有随波逐流的花粉。我们走马观花地浏览了这片神奇的景色，对多姿多彩、千奇百怪的传粉行为流连忘返。但我们仍感到不足，很想知道传粉之后还发生什么故事，才导致最终的结实。于是，我们想起了先驱阿米齐，那位出众的天文学家，是他第一个拿起自制的显微镜，看到了马齿苋花粉在柱头上长出一根小管，小管在花柱中蜿蜒向下，钻进子房，钻进胚珠，钻进胚囊，然后发生了什么事，导致在胚囊中孕育出幼小的胚胎。从此，他由用天文镜仰望浩瀚无垠的宇宙转到用显微镜俯视植物生殖过程中的内部细微变化，开创了一门新的学科——植物胚胎学。如果说，传粉生物学偏重从宏观的角度来研究有性生殖，那么胚胎学就是偏重研究生殖过程的微观世界。

显微镜展现在我们面前的仿佛是一处深不见底的溶洞。我们仿佛像神话故事中描写的那样，将身躯缩为毫末般大小，循着先行者们的足迹，置身于这个神秘莫测的洞穴，经过曲曲弯弯、扑朔迷离的地下迷宫，一步步接近其中隐藏的宝藏。

对于初学者来说，探索植物生殖的微观世界是饶有兴味、丰富多彩的，同时也是晦涩难懂的。肉眼看不见，只能借助显微镜、电子显微镜和其他一些精密仪器；接触到许多平时闻所未闻的陌生的细胞组织和一大堆枯燥的专有名词；它们之间的时间与空间关系让人摸不着头脑。所以读者们只有在感兴趣的地方多看几眼，不感兴趣的地方一晃而过。这一章，我们不打算以教科书的方式按照过程的先后顺序平铺直叙，因为第2章中已经做了梗概的描述，而是选出一些有特色的专题，打破前后顺序，集中地凸显它们的生物学意义，吸引兴趣。读者如欲了解更翔实具体的情节，可参阅胡适宜教授所著《被子植物生殖生物学》（高等教育出版社2005年出版）。

在本章的开头还特意安排了一节，介绍研究细胞胚胎学的基本方法，为切入以后各专题打下基础。正是这些方法帮助先行者们绕过艰难险阻，开辟了通往奥妙微观世界之路。

1. 研究方法推陈出新

研究方法在科学发展过程中的巨大作用无论怎样强调也不过分，可以浓缩成一句话：一部科学进步史，同时也是一部研究方法进步史。所谓研究方法，从抽象的角度讲，包括服务于一定研究目的的一套研究策略，通常称做"方法学"（methodology）；从具体的角度讲，就是指具体的实验技术，包括实验仪器、实验试剂、操作程序等。在实际应用中二者并无严格界限。

先谈方法学。人们想要了解植物有性生殖过程中的细胞学变化，首先要掌握这个过程的来龙去脉，描绘出一幅"粗线条"的图景。应用一般光学显微镜，便可达此目的。从19世纪到20世纪前半叶，描述胚胎学已经基本上解决了这个任务。但进一步追问，在生殖过程所涉及的各个环节、各种细胞内，究竟发生了什么细微的变化，仅仅依靠显微观察就不够了，还需要借助放大倍数更高、分辨率更大的电子显微镜，去认识亚细胞的、超微结构的变化，以描绘出一幅"细线条"的图景。从20世纪后半叶起，植物胚胎学就步入这个阶段。超微结构研究不仅使人们对细胞内部形态结构的变化了解更清楚，而且使人们在认识上产生了质的提升，因为可以从细胞核、细胞质与细胞壁方方面面的超微结构特征，去推断某种细胞在何时何地执行何种功能，这样，就使人们由"知其然"向知其"所以然"的境界深入。同时，随着仪器手段不断更新与多样化，一整套可以统称为细胞化学的实验技术也应运而生，它们可以探知各种化学成分（尤其是DNA、RNA、酶、多糖等大分子）在细胞内的存在（定性）、分布（定位）与数量（定量）的变化规律，从而使生殖过程的形态结构研究上升到结构与功能关系研究的水平，朝阐释"所以然"又前进了一大步。

再谈具体的实验方法。我们知道，研究生殖过程的结构变化，无论是显微结构、超微结构还是细胞化学变化，都要经过样品处理、制片（以切片为主）和观察三个环节。无论实验仪器、试剂、操作程序怎样千变万化，但万变不离其宗，都少不了以上三个环节。罗列各种技术方法的具体操作程序不是本书的任务。以下仅按这三个环节谈谈它们是如何发展进步的。还要声明一点：由于研究方法毕竟不是本书主体，所以本章和以后几章中介绍研究方法的部分不配插图，以免占用过多篇幅。

取样与固定

第一个遇到的问题是取样。首先要注意研究对象的空间和时间位置。比如，想研究花粉发育，就要分期采取从幼小到成熟的花药；想研究受精，就要估计受精过程的大致时间范围，在此期间分批采取子房与胚珠样品。有些植物的受精过程较长，有数天至数月之久，取样可以按小时或天数计；有些植物的受精过程短促到数小时内即已完成，那就必须按分钟计，分批取样，才能捕捉受精的各个瞬间。

采集的样品是新鲜的生活材料，如欲观察其中的生活状态，必须设法直接观察，但更经常的做法是对样品施行化学的或物理学的处理，使之尽可能保持当时的细胞状态，这叫"固定"（fixation）。固定的作用可以用煮鸡蛋或腌制皮蛋来比喻：鲜蛋是溶胶状态的，不能用刀切；煮熟或腌制后变成凝胶状态，便可以切片了。化学固定使用各种固定剂，如光镜观察中常用的酒精、醋酸、福尔马林以及上述药品的种种混合配方，电镜观察中的戊二醛、锇酸等。不过，经过化学固定，细胞已被杀死，结构会发生改变，不可能完全保存生活时的原貌，所以观察结果只能获得近似值。物理固定一般采用低温冷冻，使材料由液态变为固态，犹如豆腐变成冻豆腐那样，也可以保存和切片。这种固定方法的最大优点是能保存那些化学固定剂保存得不够理想的活性蛋白质（如酶），因此在免疫细胞化学研究上大派用场，甚至是不可或缺的手段。这是因为，免疫细胞化学的研究目标是细胞内特定的抗原（主要是蛋白质分子），要通过抗原－抗体反应来对它们进行定位，而抗原很容易在化学固定中遭到不同程度的破坏和流失，从而导致假象。而快速冰冻则可大大减少这方面的损失。

整体封藏与切片

新鲜的或固定的微小样品，可以不经切片直接镜检，例如花粉母细胞、花粉、精细胞、用特殊方法人工分离出来的胚囊、卵细胞、合子等，只有一层或少数几层细胞的厚度，光线可以穿透，将它们整体封藏(whole mount)后光镜检查很方便。甚至含有多层细胞的组织，有时也可整体观察。例如，兰科植物的胚珠十分微小（顺便说一下，兰科属于微子目），常常仅有一层珠被细胞，缺乏珠心组织，可以直接在显微镜下看到内部的胚囊和幼胚。大的胚珠，有数十层外围组织覆盖内部的胚囊，需要经透明剂（例如水杨酸甲酯，俗称冬青油）处理后，才能透视内部结构。整体材料的观察方法有其优点，除制作快捷外，更重要的一点是能显示器官内各个细胞的三维空间关系，使人一目了然地获得自然的立体图像。

但是，在大多数情况下整体封藏的材料毕竟难以洞察内部细胞的状态，这就需要将材料切成薄片才能观察。谈到切片技术的发展，最先可以追溯到徒手切片(free-hand section)。用支持物（如胡萝卜根）夹持新鲜的或固定的材料，以锋利的刀片作重复的切削动作，可以从大量的切片中挑选出比较平整而薄的切片进行观察。可以想象，初期的胚胎学研究就是用这种简单、原始的技术取得了许多重大发现。甚至直到20世纪50年代，个别研究者还在使用徒手切片，观察小麦子房的胚囊，看到其中有生活原生质的运动。后来，在徒手切片的基础上，发明了各种切片机(microtome)，可以控制切片的厚度，并且能获得更薄的、均匀一致的切片。有一种切片机称为"滑走切片机"，多用于为较粗硬的材料制作切片，成为木材解剖学中常用的技术。还有较迟发明的"振动切片机"，可用来制作较厚的新鲜切片。但这些切片技术在植物胚胎学中应用不广。应用最广而流传最久的切片技术是石蜡切片(paraffin section)。

石蜡切片的制作原理是使加热后呈液态的石蜡渗透到材料中，与细胞组织融为一体，冷却固化后，分割成小块，在石蜡切片机上制作切片。为此，有一套繁复的逐步置换程序：首先将固定的材料以不同浓度的酒精（或其他溶剂）逐级脱水，至细胞中的水分完全被无水酒精置换；再用能与酒精混合的溶剂如二甲苯逐步取代材料中所含酒精；最后用能溶于二甲苯的石蜡逐步置换二甲苯；当细胞完全被石蜡浸透后，冷却，包埋成蜡块才能切片。粘贴在载玻片上的切片中充满石蜡，既不能染色又不能观察，所以还必须用二甲苯逐步脱去石蜡，用酒精逐步脱去二甲苯，再还原到水中，方可染色。染色后的切片，又要重复经过脱水、脱酒精的逐级程序达到二甲苯阶段，然后以溶于二甲苯的树胶封藏，才能置于显微镜下观察。你看这个程序包括：上行→下行→再上行往返多次的倒腾，十分费工费时，从开始脱水到制成永久标本，往往需数天之久，而且一步不慎，前功尽弃。

为了简化手续，研究者设计出一些简易制片技术流程。一种常用的方法是整体染色(whole staining)，即材料先以适合的染料染色，再脱水埋蜡。这样制成的切片无需经过下行→再上行的步骤，可以直接用二甲苯脱蜡后封胶。整体染色的效果一般稍逊于切片染色，但在大规模研究中可以大大减轻工作量，提高工作效率。总之，衡量一项实验技术的价值标准，除精确性外还应视其实用性；在许多场合下显得不够"高精尖"的技术，在另一些场合可能用到实处，甚至成为不可代替的方法。由于石蜡切片具有很大的优点，所以虽然以后相继发明了多种新的切片技术，特别是适于制作更精细的半薄切片(semi-thin section)与超薄切片(ultrathin section)的超薄切片机，但它始终长盛不衰，至今仍在众多实验室中占有一席之地；甚至在现代RNA分子原位杂交研究工作中，石蜡切片仍被广泛应用。不过石蜡切片有两点最大的局限性：一是样品制备程序中采用的固定剂、包埋剂、刀具以及切片机运行机制等环节相对粗糙，影响精细的细胞学观察；二是切片厚度受限制，一般难以突破4～5μm的低限，而半薄切片厚度为0.3～2μm；超薄切片更薄至纳米级水平，一般电镜观察要求切出400～700Å（埃）的薄片，这样才能被电子束穿透而成像。针对以上两点，采取了许多技术革新措施，主要有：采用较为柔和、能更好保存细胞细微特征的戊二醛、锇酸，代替酒精、醋酸等作为固定剂；以环氧树脂或水溶性树脂代替石蜡作为包埋剂；以热膨胀操纵系统或微机操纵系统装备切片机，以实现精确的半薄或超薄切片的目的；在刀具革新上以玻璃刀或钻石刀代替石蜡切片机的金属刀，以适应切削坚硬的树胶块；等等。可见，在由固定到切片的全过程中，仪器、试剂与操作方法都不断做出了根本性的革新。

常规的超薄切片为电镜观察提供了有力的样品制作前提，然而并非十全十美，还有不少不足之处。前文讲过，免疫细胞化学要求最大限度地保存细胞中的抗原，在这一点上，快速冰冻方法比化学处理方法远为优越；即使为了观察细胞内部细微结构的自然状态，也是以愈少经受化学处理愈好。为此，相继发明了各种冰冻处理技术，例如冰冻固定、冰冻置换、低温包埋、冰冻切片、冰冻断裂、冰冻刻蚀等等，其中有的用于制作厚切片，有的用于制作半薄切片，有的用于制作超薄切片，而且各有各的样品制作程序和特殊用途，不一而足，读者可参阅《冰冻显微免疫标记技术》（黄炳权 2007）一书。必须指出，冰冻技术并非以物理方法彻底取代化学方法。实际上，在某些环节中仍然免不了采用化学试剂，不过力求做到二者尽可能完美结合。此外，由于冰冻技术需要较昂贵的设备，操作技术难度也较大，所以在常规研究中，以化学处理为基础的切片技术仍占主导地位。

观察与摄影

样品制成后，最后一个环节便是观察。观察离不开光学显微镜（optical microscope，light microscope）和电子显微镜（electron microscope）两大类显微镜。它们都有一个由低级到高级的发展过程。

重点说说光学显微镜。从批量生产商品显微镜到如今，光镜技术大致经过了四个阶段的革新：

第一阶段使用的显微镜，特点是采用外光源和单目镜。在我国，这种显微镜直到改革开放之初仍在不少实验室中使用，现在的年长者大概记忆犹新。外光源，就是利用反光镜由窗外获取自然光，反射到聚光器，再通过标本、物镜、目镜到达人眼。由于目镜只有一个，所以这种显微镜称作单目镜或单筒镜，观察者只能用一眼观察图像。目镜的视野很窄，观察较为吃力。

第二阶段的革新特点可以总结为"外改内、单改双、窄改宽"，即：采用内光源人工照明，以获得不依赖外界光照的、恒定可调的照明光度；光线穿过标本后，由棱镜折射到两个镜筒，进入两个目镜，使研究者可以双目观察，因此称为双目镜或双筒镜；目镜视野大为加宽，成为宽视野显微镜。以上三大革新，加上其他部件如物镜、聚光器等的革新，大大增强了获取图像的效果，同时也减轻了观察者的视觉疲劳。

第三阶段是为了适应各种特殊研究目的，发明了各种有专门用途的光镜，从而使显微镜"大观园"呈现出群星灿烂、异彩纷呈的局面：

倒置显微镜（inverted microscope）：一般的显微镜都是顺置型，即光线通路自下而上为：光源→标本→物镜→目镜。由于标本与物镜距离较近（尤其在使用高倍物镜时），所以只适用于很薄的载玻片与盖玻片。倒置显微镜的设计则是将光源置于标本的上方，物镜置于标本的下方，这样，加大了标本上方的空间距离，使之适于放置组织培养中的培养器皿。此外，顺置镜的成像特点是，标本的上下左右移动方向，与观察者眼中的方向相反，标本向左移，视觉中却是向右移，反之亦然；而倒置镜则加以矫正，使标本的左右方向和人眼中的一致，所以，在倒置镜下可以方便地进行显微操作。这两大优点，使之成为实验胚胎学研究必不可少的工具。

相差显微镜（phase contrast microscope）与干涉差显微镜（Nomarski differential contrast microscope）：一般光镜观察要采用染色的标本，以增加细胞组织的反差。相差与干涉差显微镜利用特殊光学原理，可以使不染色标本提高反差，因而适宜观察生活的或经透明处理的材料。其中，发明较晚的干涉差显微镜克服了相差显微镜观察时在细胞周围出现晕环的缺点，又增强了材料的立体感，呈现浮雕般的视觉效果，现已取代了相差显微镜而广泛应用。

暗视野显微镜（darkfield microscope）与偏光显微镜（polarized microscope）：一般显微镜的视野是明亮的，暗视野显微镜则使视野变成接近黑暗，以便突出标本在暗背景中的线条与颗粒。实际上，即便是明视野显微镜也可通过缩小虹彩光圈造成接近暗视野的效果。偏光显微镜则用来观察某些特殊的结构，例如生物液晶态。这两类显微镜在植物胚胎学中都很少应用。

荧光显微镜（fluorescence microscope）：荧光显微镜技术自从问世以来，一直受到广泛重视而长盛不衰。它的基本原理是利用短波光照射被测物质，以激发后者发射荧光。早在20世纪之初就已在显微镜下看到生物组织在紫外线照射下自发地产生荧光，例如，叶绿体发射红色荧光，花粉壁发射黄色荧光。30年代末期发明了荧光染料，细胞组织经其染色后，在普通显微镜下没有颜色，但经短波光激发后可诱发荧光，从而大大扩展了荧光显微术的应用范围。荧光显微术的优点有很多：一是高度的专一性和灵敏性，能以特殊的荧光染料作为探针检测出标本中含量极微的成分，对其进行定性与定量分析；二是应用低浓度、低毒性的荧光染料，可以对活细胞染色（活体染色）；三是制备样品和观察程序相对简便，适于快速鉴定；四是利用荧光染料作为标记，可以追踪细胞、细胞器或大分子的运动，为细胞工程、基因工程及基因定位提供了有力的辅助手段。在植物生殖生物学研究中，荧光显微术的应用司空见惯，不胜枚举。

多功能显微镜（俗称万能显微镜，universal microscope）：上述各种特殊功能，其实不需要依靠各自独立的专用显微镜，而可以集中于一台显微镜上，使之"一机多能"，既节省购置经费，又便于开展综合性研究。现代的高级显微镜，无论顺置型或倒置型，大多配备多种显微镜附件，只需进行简单切换操作，便可获取同一标本的多种图像，以供对比观察。

有了显微镜还不够，还需要配备获取图像记录的手段。这也有一个发展过程。最早只能用笔将肉眼观察的图像绘在纸上。以后发明了显微描绘器，借助它在纸上投射的影像轮廓，勾勒出观察对象的形貌和各部比例，然后再着力加工，当然比单凭肉眼捕捉信息较为准确。经典的显微绘图为植物胚胎学提供了十分丰富的学术宝藏，至今仍为后学者享用。它们的不足之处是，手绘难免失真和带有观察者的主观误判，个别严重的还会刻意造假，所以后来逐渐被显微照相术所代替。

原始的显微照相机其实比一般照相机简单，它不需要镜头等光学部件，因为显微镜已经具备了光学系统。它只需要一个照相机底座，安装在显微镜的镜筒上，对焦后手动按下快门即可摄取图像。后来又发明了自动控制曝光系统，能依据样品影像的明暗、颜色等参数，精确地计算出曝光时间。这样不仅能拍摄黑白照片，还能拍摄彩色照片；不仅能拍摄明视野图像，还能拍摄暗视野、干涉差、荧光等图像；不仅能拍摄负片，还能摄制用于幻灯播放的反转片。再后来，随着数字技术的问世，数码相机逐渐流行，显微摄影也以CCD*相机取代了传统的胶卷式相机，其优点正如一般数码相机，就不必赘言了。为了减少光电传输中的噪音，在高级显微镜上还设置了在低温条件下工作的冷却式CCD(cooled CCD)，特别适用于摄取高清晰度的荧光显微图像。

光镜技术的第四阶段是发明了一些更精密的、具有更多新功能的新一代显微镜，其中最重要的是共聚焦激光扫描显微镜（confocal laser scanning microscope）。它在荧光显微镜的基础上全面更新，利用激光作为点光源照射标本，在光学焦面上形成微米级的光点。所激发的荧光通过物镜与分光器后，送到探测器。光源和探测器前方各有一个针孔，光点通过一系列透镜同时聚焦到这两个针孔，这便是"共聚焦"的含义。这样，来自光学焦面的光可以汇聚在针孔范围之内，而其他散射光一概被排除在针孔之外。以激光逐点扫描样品，探测器也逐点捕获对应光点的共聚焦图像，并转为数字传至计算机。通过计算机软件进行图像处理后，最终在屏幕上显示整个焦面的图像。如果需要，还可以对样品不同光学焦面的图像进行三维重构，以获得整体三维图像。

共聚焦激光扫描显微镜具有分辨率高、对样品进行断层扫描成像（即"光学切片"）、实时动态观察活体标本、荧光定量分析、对"光学切片"进行三维重构等优点。此外，还可以开发出不少其他附加功能，例如：利用激光作为"光子刀"进行细胞激光显微外科，实现细胞穿孔、细胞器或染色体切除；或利用激光的力学效应形成"光镊"，以钳制细胞器（称为"光陷阱"），以便实现细胞融合或机械刺激；以微弱激光束对活细胞进行长达数小时的定时扫描，可以记录细胞的生活动态；等等。所以，"十八般武艺样样俱全"的共聚焦激光扫描显微镜，标志着现代光镜技术的重大提升，是显微镜技术、激光技术和计算机技术的完美结晶。

关于光学显微镜的进步，就简单叙述到此。生物样品的观察沿着光镜技术走下去，要取得放大倍数与分辨率的大幅提高，终究有一定限度。电子显微镜的问世在这方面是一个里程碑式的革命。它的成像原理与光镜完全不同，即用电子束取代光束照射样品。如果电子束穿透样品，通过电子的衍射和吸附形成图像，就是透射电镜（transmission electron microscope）。如果电子束以特定角度落在样品表面，通过电子的散射和反射形成图像，就是扫描电镜（scanning electron microscope）。这是电子显微镜的两大基本类型，前者用于观察细胞内部结构，后者用于观察样品表面特征。无论透射电镜或扫描电镜，随着技术革新，其观测功能都在与时俱进地提高，此处不再详述。

---

　　* CCD的全称为charge coupled device，意为电荷耦合器件。

并非多余的话

从以上非常简单的介绍，我们看到了显微镜技术层出不穷，令人眼花缭乱、目不暇接的发展变化。然而，工具无论多么先进，总是死的，还要依靠人的运用。研究者在显微镜观察时要慎重判断，不要匆忙下结论。

第一，要防止人工赝象（artifact）"鱼目混珠"。图像中经常出现似是而非的假象，必须仔细鉴别其真伪，不要被假象所"忽悠"。20世纪40－50年代，苏联部分植物胚胎学家受当时错误思潮影响，加上学风不严谨，作出了不少荒谬的结论，如将珠心组织中的异常细胞核误认为是精子，从而声称发现了子虚乌有的所谓"体细胞受精"。国内也曾经有研究者将棉花花粉破裂后流出的物质条带，误认为花粉管，写进了研究论文。类似例子很多，足以为戒。

第二，防止"见风就是雨"的简单化倾向。显微观察凭借切片提供的二维图像，在人脑中转变为三维图像，才能还原本来面目。苏东坡有诗云："横看成岭侧成峰，远近高低各不同。不识庐山真面目，只缘身在此山中。"看切片如同看庐山，必须有立体观、全面观，因而必须观察连续切片，切忌仅仅从一两张切片得出结论。在这方面，石蜡切片技术有一个很大的优点，就是能够制作连续切片。曾经有人在一张组织培养的切片上看到胚珠中含有一个孤立的组织团块，误认为是无融合生殖产生的胚，经过仔细逐张观察连续切片以后，才证明那不过是珠被向内折叠而成的构造。

第三，防止"见树不见林"的局限化思维。不要认为，电镜放大率与分辨率比光镜高很多，观察水平就一定高。其实电镜只看到很小的局部，光镜更能看到全体。在植物胚胎学研究中，首先要通过光镜观察对需要重点观察的对象进行时空定位，然后有的放矢地制取电镜样品；在观察电镜图像时也要十分注意视野的代表性与可重复性，力戒犯"明足以察秋毫之末，而不见舆薪"那种错误。

2. 世代交替关头的除旧布新

高等生物体内的细胞分裂具有有丝分裂、减数分裂、无丝分裂和核内有丝分裂等多种方式。撇开其中无丝分裂与核内有丝分裂两种少见的特殊分裂方式暂且不谈外，在个体发育中规律性地发生着有丝分裂与减数分裂。生物终其一生都是借有丝分裂增殖细胞的，从而维持其二倍性的稳定；只有在有性生殖时期，才借减数分裂产生单倍性的雌、雄性细胞。就有花植物而言，减数分裂发生在特定时期（大、小孢子发生）的特定细胞（大、小孢子母细胞）中。这时，幼小胚珠与花药中原来进行有丝分裂的造孢细胞突然转而启动减数分裂，产生大、小孢子。此后，减数分裂就此结束，又回复到例行的有丝分裂。有趣的是，在进化上分歧如此之大的植物与动物两大类群，以及在进化层次上差别如此之大的低等与高等植物，其减数分裂过程中的染色体行为极为一致，都经过减数第一分裂时期的染色体配对、重组、姊妹染色体分离，减数第二分裂时期的染色单体分离等变化，在此期间，DNA水平也相应地发生2C→4C→2C→1C的变化*。关于这些染色体变化的细节，普通细胞学书籍中早已介绍，这里不必多说。

---

*C是染色单体（chromatid）一词的首字母；C值表示染色单体的DNA含量相对值。

细胞质的嬗变

　　相对细胞核中的变化而言，在花粉母细胞和胚囊母细胞减数分裂期间所发生的细胞质与细胞壁方面的变化，研究滞后很多。这是因为，染色体变化仅靠光镜即可观察，而细胞质与细胞壁的变化还需仰仗电镜、细胞化学等观察手段。至于更深层次的基因表达方面的变化，当然还得借助分子生物学手段了。

　　减数分裂发生在植物由孢子体世代转向配子体世代的关头，这一世代交替的转折，据认为与孢子母细胞中细胞质的深刻变化有关。减数分裂开始以前，由于RNA与蛋白质大量合成，孢子母细胞内的核糖体和细胞器大为增加，预示着减数分裂行将启动。可是一旦减数分裂开始，细胞内的核糖体反而大减，线粒体与质体数目减少，形态变小，结构退化。直到分裂终止，才重新恢复正常。研究者将这种变化称为"细胞质改组"(cytoplasmic reorganization)，其意义在于消除孢子体世代的发育"遗产"，重建配子体世代的发育程序。通俗说来，就是"除旧布新"，除孢子体之旧，布配子体之新。以上解释尽管有些空泛，但却合乎逻辑。要知道，由孢子体转变为配子体，不仅发生细胞质结构上的改变，而且也发生基因表达上的变化。据研究，花粉中含有20 000～24 000个mRNA，远较孢子体细胞中的约30 000个mRNA为少，并且还出现一些特异表达的基因。

细胞壁的嬗变

　　减数分裂期间，细胞壁也发生剧烈的变化：幼小花药和胚珠内的细胞壁都是以纤维素为主要成分，只有大、小孢子母细胞，原来的纤维素壁溶解，代之以胼胝质组成的壁。胼胝质这种成分不止一次地在生殖过程中出现，在大、小孢子母细胞，花粉生殖细胞初期，花粉管，合子和胚乳细胞中，胼胝质都曾一度出现而后又消失。那么，胼胝质是一种什么物质呢？它在生殖过程中起什么作用？这里我们就以它在减数分裂前后的行为作一说明。胼胝质是一种和纤维素成分相近而性质迥异的葡聚糖。在超微结构特征上，它没有纤维素那样的微纤丝结构，而是呈无定形状态；它有一个重要的特点，就是稳定性不高，合成很快，分解也很迅速，所以在减数分裂前突然出现，减数分裂完成以后不久迅即消失，犹如"昙花一现"。关于胼胝质壁的功能有两种解释。有人认为它好比一种"分子筛"，能控制细胞之间的物质与信息交流。这样，被胼胝质壁包围的孢子母细胞，就处于与相邻细胞相对隔绝的状态，在孤立的微环境中进行与众不同的减数分裂。由此产生的四个小孢子，彼此间及外围也被胼胝质包围，成为一个暂时的结合体（图4-1），从而使通过基因重组与分离后遗传上有所不同的小孢子保存一定的独立性。然后，胼胝质很快分解，四个小孢子便分散开来，成为游离的小孢子。只有极少数植物的小孢子四分体，胼胝质不消失，长期保持四分体状态，直至花粉成熟。例如，兰科植物的花粉块，便是由众多保持四分体状态的花粉粒粘结而成，当蜂类前来传粉时，以其整体附着于蜂体进行传粉。然而绝大多数植物中的情形并非如此，如果某种原因致使四分体的胼胝质壁不溶解，则禁锢其中的小孢子不能释放，终致死亡。因此，有人提出另一种简单的解释，认为胼胝质壁主要起"临时隔壁"的作用，它的消散导致了以后小孢子的游离。当小孢子分裂形成生殖细胞与营养细胞时，生殖细胞也一度被胼胝质壁包围。胼胝质一方面使生殖细胞暂时与营养细胞隔绝，另

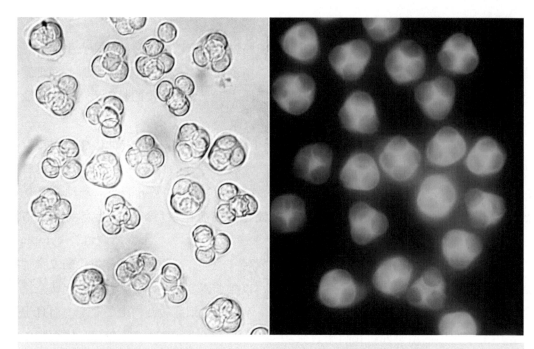

图 4-1　烟草小孢子四分体的胼胝质壁（赵洁教授与陈丹博士赠予照片）

用胼胝质的专一指示剂脱色水溶性苯胺蓝荧光染色，显示烟草四分体中的4个小孢子被胼胝质壁包围并且连为一体。左图为明视野摄影图像；右图为同一视野的荧光显微镜摄影图像。

一方面将生殖细胞粘贴在花粉壁上。不久，胼胝质消散，生殖细胞得以脱离花粉壁，游离到营养细胞之中，成为"细胞中的细胞"。也只有这样，以后由生殖细胞分裂而成的两个精细胞，才能在花粉与花粉管中以及被释放到胚囊以后，以游离状态进行受精。从四分体和生殖细胞两个时期胼胝质壁行为的后果看来，前一时期造就了花粉的游离状态，后一时期造就了生殖细胞及精细胞的游离状态，意义实在非同小可。

3. 极性导致不对称分裂

植物体内细胞的有丝分裂，一般是对称的，即分裂产物是在大小、形态、内含上基本相同的两个子细胞，所以也叫做均等分裂。然而在有些场合，分裂却是不对称或非均等的。在营养器官与生殖器官中都存在不对称分裂，可以举几个常见的例子。在根中，表皮细胞一般行对称分裂，以扩大表皮面积，但部分表皮细胞行不对称分裂，产生一大一小两个子细胞：较大的细胞保持一般表皮细胞的行为；较小的细胞向外形成突起并延伸成根毛。在茎中，韧皮部的细胞以不对称分裂产生两个大小不一的子细胞：大的一个发育成筛管；小的一个发育为伴胞。在叶中，有些表皮细胞通过不对称分裂产生大小不等两个子细胞：大的一个仍为一般表皮细胞；小的一个则发育成气孔保卫细胞。所以，根毛、伴胞、气孔保卫细胞等的分化都是不对称分裂的结果（图4-2）。

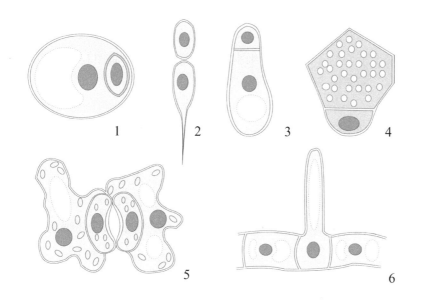

图 4-2　植物体中的不对称分裂

不对称分裂（不等分裂）是导致细胞分化的重要起因，在营养器官与生殖器官中皆有许多例证。

例如：生殖细胞与营养细胞(1)、两个异型的精细胞(2)、顶细胞与基细胞(3)、筛管与伴胞(4)、叶肉细胞与气孔保卫细胞(5)以及根表皮与根毛(6)的分化均起源于不对称分裂。

　　在生殖过程中，不对称分裂最明显的例子有小孢子分裂、生殖细胞分裂和合子分裂。以下先说说小孢子分裂和合子分裂。至于生殖细胞分裂，将在"雄性生殖单位"一节一并阐述。

小孢子分裂

　　由四分体释放出来的小孢子，初期特征是细胞质浓厚，没有大液泡，细胞核居中央位置（单核中位），这时的小孢子还没有出现极性。以后，小孢子从花粉囊的液汁中吸收水分，致使液泡占据细胞大部分空间，将细胞质挤到周边一层，细胞核也由中央移到一侧（单核靠边）。这样，小孢子就呈现极性状态，即一侧为大液泡，另一侧为细胞核。就水稻来说，小孢子极性的表现是以萌发孔为坐标：液泡偏向萌发孔一极（这可以作为水分经由萌发孔流入的佐证）；细胞核偏向与萌发孔相对的一极。这种极性分布意味深远，因为以后小孢子分裂产生的两个子细胞就是按极性定位的：营养细胞位于液泡所在一极，故该极称为"营养极"；生殖细胞位于小孢子核所在一极，故该极称为"生殖极"。小孢子建立了极性以后不久，就开始不对称分裂。这时，纺锤体的轴向总是垂直于而非平行于细胞壁，其结果就产生偏生殖极的生殖细胞和偏营养极的营养细胞。生殖细胞偏于一隅，继承了小孢子较少的细胞质遗产，而营养细胞占据小孢子大部分空间，分配到较多的细胞质以及大液泡。这两个子细胞虽为一母所生，但发育前途极为悬殊：生殖细胞行使名副其实的生殖功能，产生雄配子；

营养细胞哺育生殖细胞，传粉后发育为花粉管，输送精细胞。

我们从以上叙述可以总结出小孢子不对称分裂的来龙去脉：液泡形成→核的移位→极性建立→不对称分裂→两个不同的子细胞→子细胞发育命运迥异（参看图2-6）。简单些讲，就是极性导致不对称分裂，再导致子细胞的分化。

合子分裂

从小孢子分裂一下跳到合子分裂，似乎时序相隔太久，不过从性质来看，两者有一共同点：均为不对称分裂，因此放在一起比较有点意思。

从卵细胞完成受精到合子分裂有一个间歇期，这段时期或短或长，短的以菊科的橡胶草和禾本科的水稻为代表，只有数小时，长的如百合科的秋水仙，第一年秋季受精，次年开春合子才分裂，整个冬季休眠数月之久。过去将这段间歇期称为静止期或休眠期，其实不然。合子并没有静止，也没有休眠（像秋水仙那样因环境影响导致的休眠除外），而是酝酿着深刻的变化。其中一个重要变化是极性的加强。受精前的卵细胞已经存在极性：细胞核位于合点端，液泡位于珠孔端。受精后，极性进一步加强。例如拟南芥，合子的液泡进一步增大，占据整个细胞的三分之二，核进一步移向合点端，整个细胞也显著延长到原来的三倍左右。玉米的情况有些不同：受精前液泡位于合点端，核位于珠孔端，这是许多禾本科植物卵细胞与众不同的特点。但玉米受精后，极性发生逆转，核和液泡互调了位置，变成与一般植物合子的极性一致。与极性建立同时，合子的细胞质与细胞核中还发生其他各种变化，就不多说了，一句话，由受精前相对代谢不活跃状态转变为活跃状态。

合子分裂是植物个体发育的起始，具有非凡的意义。这次分裂一般是不对称的，产生大小不等两个子细胞，其中位于合点一极的顶细胞较小而富含细胞质，位于珠孔一极的基细胞较大而具有大的液泡，其情形与小孢子分裂产生的生殖细胞和营养细胞颇为相似。同样重要的是，这次不对称分裂也决定了顶细胞与基细胞的发育命运：前者发育为胚；后者主要形成胚柄。

不过，并非所有植物的合子分裂都是不对称的。例如，有一种胚型称为"胡椒型"，合子不行横分裂而行纵分裂，见于桑寄生科与胡椒科植物。有些植物如水稻与小麦，合子分裂近于斜向；水稻的顶细胞和基细胞的大小差别不十分明显。拟南芥中有些突变体，合子分裂介于对称与不对称之间。如此等等，虽非多数情况，但足以说明合子分裂的多样性，值得进一步探讨，也说明不可将合子分裂的不对称性观点绝对化。

4. 雄性生殖单位与雌性生殖单位

雄性生殖单位与精细胞二型性

由生殖细胞分裂而成的精细胞，体积微小，在光学显微镜下，由于精细胞的核含浓缩的染色质，染色较深，所以容易辨认。而其细胞质则较稀薄，所以早先很长一段时期曾误认为精子是缺乏细胞质的裸核。当然在光镜下有时也能依稀看到精细胞质的轮廓，但确凿证明精子是细胞而非裸核的是电镜观察。这时不仅看见其细胞质，而且细胞器也十分清楚。以后，电镜观察还发现，一对精细胞之间以及其与营养核之间，并非孤立，而是有联系的，三者共同组成一个联合体，称为"雄性生殖单位"（male germ unit）。在20世纪80年代，应用计算机辅助三维重构技术(computer-assisted three-dimensional reconstruction)，对雄性生殖单位的结构特点了解更清楚了。所谓计算机辅助三维重构技术，包括如下实验步骤：首先要用超薄切片机对花粉进行顺序的切片，这是一项细致而繁重的工作；然后将所获大量切片的二维图像按顺序输入电脑；最后再利用三维重构软件将它们叠加成立体图像，以还原其本来面目。研究结果很有趣：两个精细胞和营养核不仅有联系，而且这种联系是有一定规律的。下面以对雄性生殖单位研究最透彻的一种植物白花丹为例加以说明。

白花丹属于三细胞型花粉，精细胞在花粉成熟前即已形成。由生殖细胞分裂产生的一对精细胞在大小、形状、内含上均有所不同。这都是出于不对称分裂所赐。两个精细胞，其中一个较大，并且一端有一个尾状的延伸物；另一个较小，缺乏尾状物。精细胞和营养核的联系规律是：较大的精细胞以其尾部缠绕营养核，而以另一端与较小的精细胞联结。这一现象称为精细胞二型性(sperm cell dimorphism)或异型性(heteromorphism)。异型的精子在细胞器内含上也有区别：大精子富含线粒体，而小精子则富含质体（图4-3），这种差别是由生殖细胞在线粒体和质体方面的极性分布所致。请记住，精细胞在细胞器方面的二型性和后文即将谈到的倾向受精密切相关。

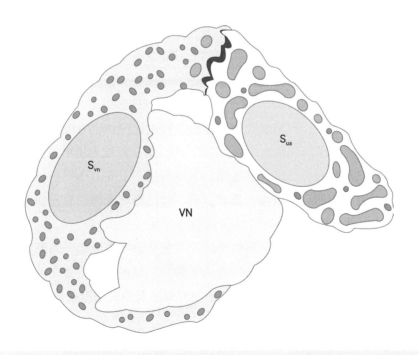

图 4-3　白花丹的雄性生殖单位与精细胞二型性（改绘自Russell 1984）
通过系列超薄切片，用计算机软件重构出白花丹雄性生殖单位的整体图像，揭示了雄性生殖单位由一对异型的精细胞和营养核所组成。其中一个精细胞（S~ua~）较小，富含质体（图中橙色），较少线粒体(图中蓝色)，与另一精细胞相连而不与营养核（VN）直接联系。另一个精细胞（S~vn~）较大，富含线粒体而仅含少数质体，具尾状物，与营养核联系。本图在原图基础上添加不同彩色以利区别。

雄性生殖单位在其他不少植物中也得到证实，虽然具体情况不像白花丹如此典型。那么，这一现象有什么生物学意义呢？研究者认为，雄性生殖单位不仅是一个结构单位，而且是一个功能单位。它的主要功能是通过这样一种联合，使两个精细胞得以在花粉管中同步运行，就像是一列运货的拖轮一般。直到花粉管进入胚囊，雄性生殖单位方才解散，一对精细胞得以分散，以这样的方式保证双受精的同步性。不过，雄性生殖单位显然还有其他方面的意义。种种迹象显示，营养核与生殖细胞或精细胞之间可能还存在物质与信息的交流，对精细胞的形成与发育有重要的生理作用。

至于精细胞二型性究竟有什么生物学意义，这个问题在白花丹研究中也取得了富有说服力的解答。前面讲过，白花丹的一对精细胞在细胞器方面是异型的，这样，就可以利用细胞器作为一种标识，来追踪每个精子在双受精中的行为。研究结果令人惊奇：富含质体的精子大多和卵细胞融合；富含线粒体的精子则倾向于和中央细胞融合。就是说，至少在白花丹这种植物中，双受精并非随机的，而是有选择性、倾向性的。这种情况称为"倾向受精"（preferential fertilization）。不过，倾向受精的学说虽然在受精机理研究上是一个很大的进展，但迄今还没有被公认为普遍规律，尽管很早以前就知道玉米有些具B染色体的品系在遗传上也表现出倾向受精的特点。这是因为：第一，有些植物中根本观察不到精细胞二型性；第二，即使外形上有二型性，也看不到细胞器方面的二型性，所以无从以此作为追踪不同精细胞命运的标识；第三，精细胞与卵细胞之间的识别是一个十分深奥的问题，如果存在识别的话，看来涉及细胞之间多种复杂的生理生化因子的相互作用，而线粒体与质体不过是一种"标识"而已。关于雌、雄性细胞相互识别的问题，第6章将专门讨论。

何谓雌性生殖单位？

"雌性生殖单位"（female germ unit）这个概念的普及程度远远不及"雄性生殖单位"，但"雌"与"雄"是对应的关系，既有雄性生殖单位，理论上应该也有雌性生殖单位。雌性生殖单位在哪里？当然在胚囊里。胚囊里有4种细胞，哪些属于雌性生殖单位？首先可以将反足细胞除外，理由是它只行使营养功能，和生殖行为本身搭不上界。卵细胞是雌配子，中央细胞也直接参与受精，它们理所当然成为当选者。剩下助细胞和受精也有密切关系，所以一般认为这三者共同组成雌性单位。

全凭理论上的分析不够，还需具体事实论证。首先从助细胞说起。助细胞在受精过程中至少担任三项功能：一是吸引和接受花粉管进入胚囊；二是促成花粉管在其中破裂，释放精细胞；三是帮助精细胞转移到受精靶区，即便于与卵细胞及中央细胞融合的位置（图4-4）。三项功能缺一不可。

有什么证明助细胞吸引花粉管呢？如果没有助细胞的吸引，花粉管就会在胚珠外游荡，不得其门而入。有人用微束激光定点摧毁助细胞，花粉管便无法进入胚囊，而摧毁其他胚囊细胞便没有这种效果，为助细胞吸引花粉管的功能提供了极有说服力的实验证明。为什么助细胞对花粉管有如此吸引力呢？起初认为主要是依靠其中高含量的钙。的确，钙在整个受精过程中有重要作用，后文有专节讨论。但仅此似乎还不足。近年来发现玉米中有一个小分子蛋白位于助细胞珠孔端的丝状器（助细胞特有的一种结构，下文再谈），它是吸引花粉管进入胚囊的关键因子。

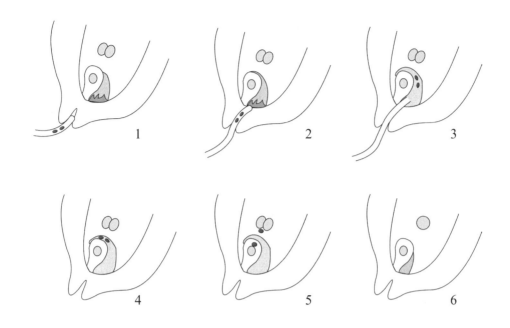

图 4-4　助细胞在受精过程中的作用

助细胞在受精过程中有重要作用：它分泌某种（或某些）信号物质，吸引花粉管穿过丝状器（图中绿色部分）进入胚囊(1、2)。助细胞之一在花粉管进入前或进入后解体，导致花粉管尖端在其中破裂，释放一对精细胞(红色)(3)。解体的助细胞为精细胞提供一条通向受精"靶区"的走廊(4)，一对精细胞在此处"分道扬镳"，分别趋向卵细胞与中央细胞，与之受精(5)，最后形成合子与初生胚乳细胞(6)。

为什么花粉管会在助细胞中释放精子呢？这是由于，助细胞内部的特殊的物理和化学微环境，包括超高浓度的钙、低渗压、低氧分压等，导致进入其中的花粉管停止生长，尖端破裂，内含物倾泻而出。如果缺乏这样的微环境，精子是难以释放的。

被释放的精子又是怎样从助细胞转移到受精的靶区呢？原来，胚囊中有两个助细胞，而花粉管只进入其中之一。在很多植物中，当花粉管到达胚囊以前，不知产生了什么信息，有人推测是激素，传达给一个助细胞，导致它发生退化（准确地应译为"解体"）。花粉管就选择这一退化助细胞（degenerate synergid）作为进入胚囊的门户。有些植物虽然不存在一个助细胞预先退化的行为，但花粉管进入助细胞之一以后，立刻引起它发生退化。无论哪种情况，退化助细胞合点端的细胞膜解体，如同拆除了一道栅栏，这样，花粉管喷出内含物时的冲力加上其他因素，导引着精子通过解体的助细胞膜顺利地转移到卵细胞与中央细胞之间的位置。在这里，退化行为本身就是助细胞"牺牲自我，以全大局"，帮助实现受精的功能。总之，通过这一系列环环相扣、极为精巧的安排，助细胞充当雌性生殖单位的重要角色是无可置疑的。

那么，雌性生殖单位作为一个整体，在受精过程中如何协调行动呢？与雄性生殖单位相对应，雌性生殖单位是当胚囊发育到一定的临界状态，即准备受精之前才组成的暂时性的单位。胚囊形成早期，当胚囊由游离核转变为细胞状态后，助细胞、卵细胞和中央细胞三者之间是具有完整细胞壁界限的。而到了胚囊成熟准备受精之前，三者之间的界壁却在局部位置上消失，只有各自的原生质膜存在；同时，此处几个细胞的相邻质膜之间，出现了一道狭长的胞间隙。壁的局部消失等于拆除了壁垒，间隙的出现等于铺设了通道，这样，从助细胞移动到间隙的一对精细胞便可长驱直入，分别和卵细胞与中央细胞融合了。在有些植物中还看到更微妙的活动：临近受精前，卵细胞的核趋向其合点端，中央细胞的核（极核）趋向其珠孔端，二者相邻更近了，似乎有意迎接精核光临。可以说，到这时，雌性生殖单位组建就绪，"万事俱备，只欠东风"了。

双受精结束之日，便是雌性生殖单位完成使命之时。原来一度消失的壁区，又重建新壁，将新形成的合子重新包围起来。在有些场合，合子甚至被胼胝质、角质或栓质的壁围绕，以加强其与相邻细胞的隔离。退化助细胞已成废物，没有继续存在的价值；另一个宿存的助细胞可能还有一定的辅助功能，但不久也归于消失。合子核与初生胚乳核（受精的极核）这时又向相反方向移动。尤其是初生胚乳核的移动更为明显，一直迁移到胚囊中央甚至近合点处，才开始启动分裂形成胚乳。以上种种事态表明，雌性生殖单位宣告解散，让位于胚乳和胚各自的独立发育。当我们洞察了这些精巧绝伦的变化后，不由得不惊叹造化之神奇。

5. 细胞骨架在受精过程中的作用

细胞骨架(cytoskeleton)是细胞内由蛋白质纤维为主要成分组成的网络结构，主要包括微管（microtubule）、肌动蛋白纤维[actin filament，简称微丝(microfilament)]与中间纤维三类蛋白纤维。细胞骨架在维系细胞形态结构、细胞分裂、细胞和细胞器运动、物质运输、信息传递以及细胞分化诸多方面起重要作用。这些基本概念在细胞学书籍中有详细介绍。这里只谈它在植物受精过程中所起的特殊作用。

细胞骨架与花粉管生长

在处于休眠状态的成熟花粉中，细胞骨架呈现不活跃的状态。花粉萌发开始，微管与微丝迅速活化，组成平行的丝条状纵列，向萌发孔汇集，进入花粉管并且随着后者的延伸，保持在花粉管的前端部位（图4-5）。在这里，先要说明一下花粉管的生长模式。花粉管是营养细胞由萌发孔向外突出、伸长而形成的，营养细胞内的全部内含物，包括生殖细胞或精细胞、花粉细胞质、细胞骨架，悉数转移到花粉管中。花粉管的生长只限于尖端部分，和菌丝、根毛一样，属于典型的尖端生长模式。当花粉管长到相当长度以后，就形成胼胝质塞，将含有原生质的前部与已经空无一物的后部隔开，而且每长一段就产生一个胼胝质塞（图4-6）。这样，即使像玉米这样的花粉管在长长的花柱中可以生长数十厘米，其实真正生长的部分也只有前端一小段。

应用电镜、荧光探针与免疫荧光技术可以看出，微管主要以与花粉管长轴平行的方向分布在花粉管的周边细胞质中；微丝也以与花粉管长轴平行的细长纤维为主的状态分布在花粉管细胞质中，有时和微管密切相伴。研究者们认为，微丝的功能主要是导引雄性生殖单位，以及导引物质运输流向花粉管尖端以促进其生长；微管可能起机械支撑以及与微丝共同行使导引的作用。

  花粉管的尖端生长是一个非常复杂的"系统工程"，是许多因素综合作用的结果。花粉管最顶端只有很薄一层果胶质的壁和质膜，它们是可塑的，可随花粉管生长不断向前推进。这个区段云集了无数被称为多糖分泌小泡的微小球滴，小泡将其所含多糖物质融入质膜，以补充不断扩展的质膜，并且渗透到质膜以外，参与新壁的构建。随着花粉管顶端区向前推移，后方的管壁成分也发生变化，由两层构成，外层是纤维素，内层是胼胝质。所以，花粉管整体呈现明亮的胼胝质荧光。

  那么，小泡是如何会汇集到花粉管尖端呢？原来是细胞骨架的力量。在显微镜下观察生活的花粉管，可以清楚看见细胞质像溪流一般不停地流动。细胞质流是双向的，由后部向前端流，也由前端向后方流，如此循环往复，带动着各种内含物小粒在管内川流不息地运动。花粉管是否保持细胞质流动，是判断其是否生活的可靠依据；如果流动不可逆地停止，花粉

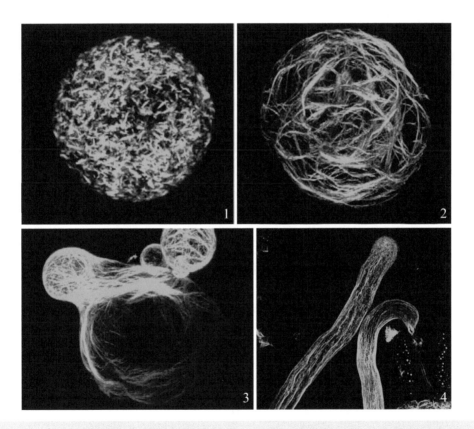

图 4-5 百合花粉萌发前后的肌动蛋白微丝动态（北京师范大学任海云教授赠予照片）

鬼笔环肽（phalloidin）可结合并稳定肌动蛋白纤维，被荧光染料标记后，可作为肌动蛋白微丝的专一荧光指示剂。本图是以Alexa 488-phalloidin 荧光染色显示百合花粉原生质体萌发前后的微丝动态。花粉水合以前，微丝为短小的棱形体形式(1)；水合后，变化为均匀的网状结构(2)；萌发后，微丝形成束状，向突出的花粉管内延伸(3)。在花粉管中，微丝呈纵列的长束状(4)。

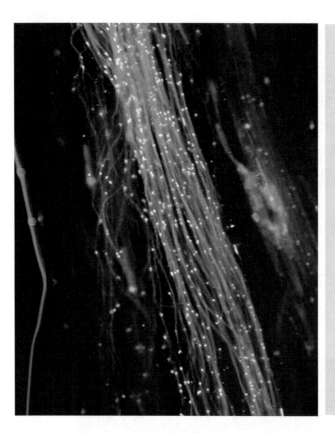

图 4-6　蓝猪耳花柱密集的花粉管
（赵洁教授与吴娟子博士赠予照片）
蓝猪耳授粉后，花粉管在花柱引导组织中密集生长。用脱色水溶性苯胺蓝荧光染色，显示花粉管不同部位的胼胝质塞（图中亮点）。

管也就不再生长了。在这种活跃的细胞质流动中，细胞骨架像是货物的传送带，运送花粉管内的各种小粒，其中包括多糖分泌小泡。这一观点的有力证明是，当用破坏肌动蛋白结构的药物松胞素D处理花粉管时，细胞质流动连同小泡运动立即中止。肌动蛋白不是单独作用，而是和肌球蛋白(myosin)共同作用的，二者共同组成"肌动蛋白－肌球蛋白运动系统"。除此以外，花粉管中还存在另一个"微管－驱动蛋白运动系统"，它和肌动蛋白－肌球蛋白系统协作，使多糖分泌小泡定位在管尖，同时还能将多余的小泡向花粉管后方运送，以便保持物质的循环。

图4-7示花粉管尖端的结构，包括细胞骨架和各种细胞器在管尖中的地位。

细胞骨架与雄性细胞的运动

生殖细胞或精细胞在花粉管中是怎样运动的？是由外力驱使的被动运动，还是保留了祖先遗留下来的一定的自主运动能力？这是一个曾经长久困扰科学家的问题。围绕着是否具备自主运动能力这个问题，胚胎学家们长期以来展开争论，并且时有反复。

支持自主运动观点的依据有三点。第一，尽管细胞质流动带动各种内含物在花粉管内循环运动，但雄性生殖单位始终只朝管尖运动而不逆向行驶。有人曾以显微缩时电影观察记录了花粉管内雄性生殖单位的移动踪迹，证明当其他细胞器随细胞质环流逆向运动时，雄性生殖单位依然卓尔不群，坚定不移地向前行进。第二，在很多情况下，可以看到生殖细胞与精细胞在运动中不断发生体形的改变，时而缩短，时而伸长，时而扭曲，颇似运动着的蠕虫，因而想象它们能自主运动。第三，曾经在电镜下观察到精细胞内有长形纤丝，推测也许是肌动蛋白微丝，而微丝的存在似乎就意味着具备自主运动的能力。但后来用免疫荧光技术并没有证明精细胞中存在肌动蛋白。

迄今为止，支持被动运动的观点占了上风。比较公认的看法是，在雄性生殖单位的外表（不是内部！）覆盖着一层肌动蛋白，它与肌球蛋白联系，形成肌动蛋白－肌球蛋白运动系统，驱动着雄性生殖单位向前运行。实验证明，如果将雄性细胞或任何细胞器分离出来，放到从轮藻细胞提取的细胞骨架系统中（轮藻也是观察细胞质流动的绝佳材料），同样能够运动。这一体外实验有力地支持了雄性生殖单位的运动是由花粉管细胞质所操纵的观点。

这一观点最近又扩展到受精时精子在胚囊中的运动机制。如前所述，游离的精子由退化助细胞转移到受精的靶区，距离虽短，但对于没有自主运动能力的精子仍然"可望而不可即"。20世纪90年代以来，出现了破解这一难题的曙光。在白花丹、烟草、玉米、蓝猪耳几种植物中，以荧光探针和免疫金技术显示，助细胞、卵细胞和中央细胞之间有一种呈冠状的肌动蛋白条带，被称为"肌动蛋白冠"(actin corona)。这种结构在雌性生殖单位中的存在，使有些研究者推测它起着运送精子的"传送带"的作用。当受精完成以后它也就解散了。

细胞骨架与雄性细胞的形态变化

精细胞在花粉管内运行时，经常像蠕虫似的变化形态，时而伸长，时而缩短，时而扭曲，这又作何解释呢？其实，精细胞的前身生殖细胞同样如此。故事要从花粉二细胞初期讲起：当生殖细胞离开花粉壁游离到营养细胞中以后，就由原来贴附花粉壁时的透镜形变成球形，以后又逐渐延长，两端变狭，成为纺锤

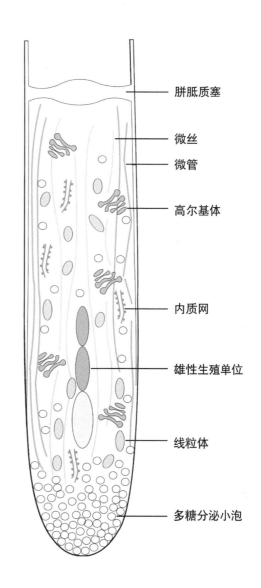

图 4-7　花粉管的尖端

花粉管尖端富集生活的原生质，被胼胝质塞与后部无生活内容的管道相隔绝。内质网与高尔基体制造的多糖分泌小泡，沿微丝骨架运至管尖，形成密集的小泡区。小泡分泌多糖参与管尖新壁的建造，使花粉管向前生长。细胞质流带动小泡与各种细胞器在管内作环流运动。但由营养核和一对精细胞组成的雄性生殖单位不随细胞质流向后方，始终保持在近尖端的位置。

图中标注：
胼胝质塞
微丝
微管
高尔基体
内质网
雄性生殖单位
线粒体
多糖分泌小泡

形。生殖细胞分裂形成的精细胞，基本上也是狭长形。生殖细胞或精细胞通过萌发孔进入花粉管并在其中运行时，狭长的形态有利于它们通行无阻（图4-8）。

生殖细胞与精细胞的形态变化是由细胞内的微管骨架决定的。在朱顶红中观察到，幼年的球形生殖细胞内，微管呈网络状分布；随着细胞的延长，微管纤维逐渐变为极性化的纵行排列；到花粉成熟时，生殖细胞最终成为纺锤形，这时细长的微管纤维束在周边细胞质中沿纵轴平行排列，一直延伸到两端的尖削部分，整体上犹如一个篮状结构。有时，微管束围绕细胞质周边排列成平行的螺旋状，似乎和生殖细胞的扭曲相关（图4-9）。

用人工方法促使花粉破裂释放生殖细胞后，细胞形态迅即变化，由纺锤形变成球形（图4-10）。以免疫荧光显示微管蛋白，可以看到生殖细胞形态的变化和微管格局密切相关。释放之初，生殖细胞仍保持体内的纺锤形，这时细胞内的微管大多仍保持平行的纵列。很快，细胞开始缩短，同时微管也改变格局，由纵列变成网状，呈现各种过渡形态。最后，生殖细胞成为球形，微管全为网状格局。

各种植物的生殖细胞与精细胞在分离条件下均有规律地由长形变为球形，同时，由于原来的薄层细胞壁被丢弃，它们就成为原生质体状态。这样一种原生质体化了的精细胞及其前

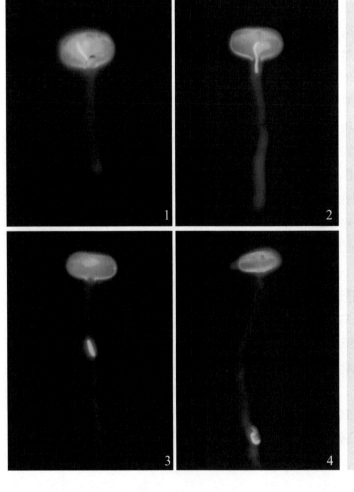

图4-8 蚕豆生殖细胞由花粉粒进入花粉管的动态（杨弘远提供照片）

用H33258荧光染色-冬青油透明法显示在花粉萌发过程中蚕豆生殖细胞由花粉粒进入花粉管的动态。呈明亮荧光的生殖核呈长形，营养核荧光暗淡（1）。生殖细胞穿过狭窄的萌发孔进入花粉管（2），到达花粉管中段（3），最后到达花粉管尖端（4）。生殖细胞与精细胞的狭长形状有助于其穿过萌发孔并在狭长的花粉管中行进。

图 4-9　朱顶红生殖细胞中的微管（引自Zhou and Yang 1991）

朱顶红成熟花粉中的生殖细胞呈纺锤形。以FITC标记的免疫荧光显微图像显示，生殖细胞中含有众多纵行排列的微管束（1）。有些细胞中的微管束呈螺旋状排列，这与细胞形状的扭曲变化有关（2）。细胞的形态变化和微管格局密切相关。

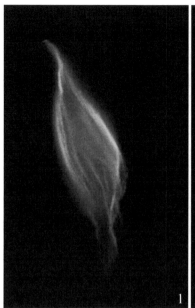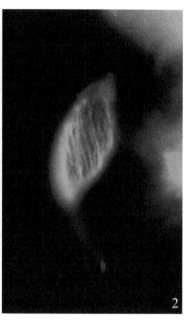

图 4-10　郁金香生殖细胞分离后的形态构造（引自Zhou et al. 1988）

由郁金香花粉中分离出生殖细胞，经固定后以Nomarski干涉差显微术观察，其形态呈现浮雕状的图像。可以看出生殖细胞由纺锤形向圆球形的各种形态变化。细胞核大而明显，具1或2个核仁。细胞质所占比例不大。

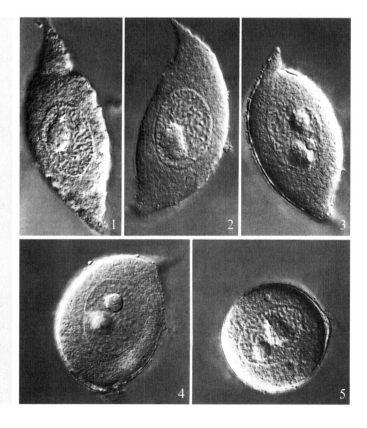

身，称为"配子原生质体"（gametoplast）。雄配子的原生质体状态对于受精过程有十分重要的意义。请回顾前文讲过的雌性生殖单位，卵细胞与中央细胞受精前夕，局部区域的细胞壁消失，这也可以认为是一种局部原生质体化的状态。如此一来，雄、雌两种原生质体在没有细胞壁阻碍的情况下才得以互相融合。从这个角度来看，受精可以说是两性细胞以原生质体状态进行融合。

由此可以得出两点结论。第一，生殖细胞与精细胞的形状变化不是偶然的，而是合乎规律的行为。生殖细胞在发育过程中由球形变为长纺锤形，是为了适应它（或精细胞）通过狭窄的萌发孔并在狭长的花粉管中行进。第二，精细胞由花粉管中游离出来以后由长形细胞又重新变为球形的配子原生质体，则是为了适应双受精时的性细胞融合。无论哪一变化过程，细胞形态的改变都伴随着微管格局的相应变化。在这里，微管这种细胞骨架充分彰显出它作为"细胞形态塑造师"的功能。

6. 钙在受精过程中的作用

生物离不开环境。环境中的种种因子，如光线、温度、水分、重力、触摸、创伤、刺咬，以及其他许许多多物理的、化学的和生物的因素，无时无刻不在影响生物的行为与生长发育。在生物身体中，除了结构成分与能源成分以外，还有一大类重要的成分专司信息的传递，将外界或内在环境中的各种信号，传递到细胞内与细胞间，这类成分统称信号分子（signal molecule）。动物体中的神经递质、激素、生长因子都属于信号因子；植物体中同样存在各种信号分子。信号的传递过程不是由单一的分子完成的，而是通过很多分子，像火炬传递一样逐级实现的复杂过程，这个过程称为"信号转导"（signal transduction）。在信号转导的过程中，手持"火炬"第一棒的分子称为第一信使，它们将手中的火种传送给第二信使，再继续传送下去……最终引起细胞功能的某种变化。根据目前的研究结果，在植物体中，植物激素担任最重要的第一信使，钙担任最重要的第二信使。钙的身影在植物细胞分裂、极性形成、生长、分化和程序性死亡等生命过程中无所不在，以致有的学者不无夸张地说："钙就是生命。"

钙在植物体内以三种状态存在：结合态、松弛结合态与胞质游离态。结合钙参与细胞结构的建造，是相对稳定的成分；松弛结合钙是细胞内储备的钙的不稳定形式，可以从结合状态中释放出来，转化成胞质游离钙；胞质游离钙以Ca^{2+}的形态存在于细胞质中，是细胞响应各种刺激信号的第二信使。

胞质游离钙由于各种诱因发生瞬间的增加，从而诱发以后信号转导中一系列下游事件。打个比方，这有点像小河上游的水位暴涨招致下游漫灌一样。瞬间增加的胞质游离钙可以来自细胞外的Ca^{2+}，它通过质膜上Ca^{2+}通道的开启进入胞内；也可以来自胞内的钙库（如内质网、液泡中贮存的钙）向细胞质释放的Ca^{2+}。

Ca^{2+}信号诱发一系列下游事件，要通过直接或间接地与一系列靶蛋白分子结合。其中，和Ca^{2+}直接结合的靶蛋白中，分布最广、功能最多的当推钙调蛋白（现多称钙调素，

calmodulin）。钙调素又和其他靶蛋白（例如各种蛋白激酶）结合，如此接力下去，形成繁复的网络，推动着基因表达与细胞生命活动。

言归正传，下面让我们简要地介绍钙在植物受精中的作用。

钙与花粉管生长

前面说过，花粉管尖端生长涉及各种因素的综合作用。这里就着重讲钙在其中的作用。花粉管尖端是钙密集的区域。应用胞质游离钙的专一性荧光指示剂，结合共聚焦激光扫描显微术或CCD摄像术的观察，可以看到Ca^{2+}集中在花粉管尖端。此外，将荧光标记的钙调素显微注射到花粉管中，也可以观察到钙调素在花粉管尖端密集。还有证据表明，质膜上的钙ATP酶（一种提供能量将Ca^{2+}泵入钙离子通道的钙泵分子），以及依赖钙的蛋白激酶（钙信号的一种下游靶蛋白分子），同样集中分布在花粉管尖端。这许多证据说明，钙信号系统在花粉管生长中肯定会有重要作用。

另一个有趣的现象是，花粉管尖端的Ca^{2+}含量并非恒量，而是呈现有节律的波动。这种现象在其他一些细胞（如根毛、气孔保卫细胞、真菌菌丝，以及后文将要提到的受精卵）中同样出现，被称为"钙波"(calcium wave)或"钙振荡"(calcium oscillation)。

为什么花粉管生长期间Ca^{2+}浓度会发生有节律的瞬间升高与降低呢？这是细胞膜上的钙离子通道有规律地开启和关闭所引起的结果。植物细胞的质膜、内质网和液泡膜中都有钙离子通道，它们受其他因子的影响发生张力的变化，从而像阀门一样瞬间开启或关闭。这样，花粉管外的Ca^{2+}可以通过质膜上的通道向内流入细胞以补充胞内的Ca^{2+}；胞内液泡与内质网中库存的钙也可以通过它们膜上的通道，将Ca^{2+}释放出来，成为胞质游离钙；反之亦然（图4-11）。这是一个简单化的说法，实际机理复杂得多，涉及许多电生理学、生物化学与分子生物学方面的原理。

花粉管的尖端生长要求精巧地调节胞质游离钙的动态平衡，Ca^{2+}被消耗后需要补充，Ca^{2+}补充过多时又要停止继续增加。如果平衡被打破，花粉管生长就会受抑制。用实验方法在花粉管培养基中加入各种影响胞质游离钙升高或降低的试剂，就会引起花粉管生长的停顿。还有更精确的实验技术对单根花粉管进行试验。例如，用显微注射法将专用试剂注入花粉管，促使胞内Ca^{2+}瞬间变化，以观察其对生长的效应。又如，应用显微探针在花粉管尖端外方的一侧施放试剂，使该侧的胞质游离钙升高，造成两侧钙的失衡，结果导致花粉管生长方向改变，朝施加刺激的一侧弯曲。这情景和植物的根朝有水的一侧弯曲、幼苗朝光照的一侧弯曲颇有几分相似。这类实验雄辩地证明钙信号对花粉管生长起极其关键的作用。

上述各种实验都是以离体培养的花粉管作为对象，研究起来固然比较方便，不过，是否符合体内的自然状况呢？

雌蕊组织中的钙

要了解花粉管在雌蕊中自然生长时钙所起的作用，不是一件容易的事，因为很难在这种条件下直接施行手术。幸好有不少间接的证据可以提供佐证。有两个问题需要回答：花粉管生长时是否需要雌蕊向它提供钙，就像培养基向花粉管提供钙一样？花粉管在雌蕊中曲折旅行，最后钻进胚囊，钙是否充当了"导游"？

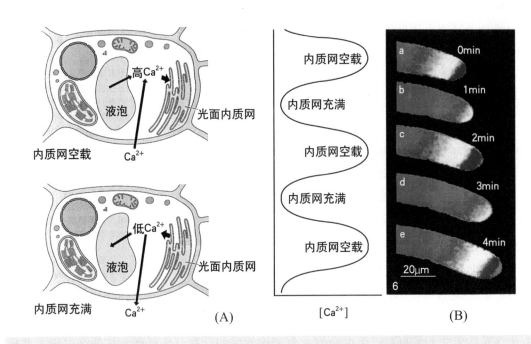

图 4-11　花粉管尖端的钙振荡（引自布坎南等 2004）

胞质游离钙的振荡可能是由于储存在内质网中的钙库的清空和充满引起的。A.当钙库清空时，钙离子由液泡或胞外进入库中补充；当钙库充满后，钙离子就被释放出来。B.在花粉管生长过程中，每1min摄取1张荧光比例成像，显示花粉管尖端钙离子的振荡节律。

　　花粉管在雌蕊中的旅行路线是从钻进柱头开始，然后穿过花柱，进入子房，沿子房内壁到达胚珠，再通过珠孔进入胚珠，最终抵达目的地胚囊。这条路线称为雌蕊中的"花粉管轨道"（pollen tube track）。有两种方法可以查明这个轨道中钙的分布与含量：一是焦锑酸盐沉淀法（即用含焦锑酸钾的试剂使组织中的钙以焦锑酸钙沉淀的形式定位）；二是X射线微区分析法。二者均需借助电镜观察，并且常常结合应用，互相参照：用前法定位钙沉淀的分布，而以后法确认沉淀中钙的性质无误。在不少植物中证明，柱头乳突或毛的外表有丰富的钙；花柱、子房壁内表面等"轨道"中也存在比周围组织中更多的钙；尤其在花粉管进入胚珠的门户——珠孔中，钙的密集度特高（图4-12），助细胞的丝状器在这方面也很突出。不妨设想，花粉管在冗长的旅行过程中，仅仅依赖花粉粒自身贮存的微不足道的钙是不敷所需的，而雌蕊中的钙就像沿途的"加油站"一样，源源不断地向它补充新的钙源。

　　然而以上观察结果尚不足以证明钙充当了花粉管的"导游"。几十年前曾有报道，金鱼草雌蕊的各个区段钙含量有所不同，愈至下方含量愈高，形成由上至下的递升梯度。根据这一点，曾推测雌蕊中的钙梯度起导引花粉管的作用。这一推测也被体外实验中花粉管朝钙源方向生长的现象所支持。当时流行花粉管生长受某种化学因素导引的观点，称为"向化性"（chemotropism）。经过大规模搜索，似乎认定钙就是引导花粉管生长的"向化性因素"。不过后来在其他植物材料上并没有证实像金鱼草雌蕊中那样的钙梯度，而体外实验也未能证明钙

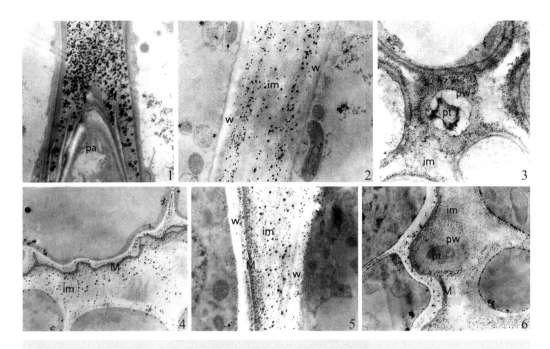

图 4-12 向日葵雌蕊组织中钙的分布（引自张劲松等1995）

用焦锑酸盐沉淀法对向日葵雌蕊组织中的钙分布进行超微细胞化学定位，证明从柱头、花柱到珠孔都有钙的分布。钙集中分布在花粉管轨道的质外体中。1. 柱头乳突（pa）外方的钙。2. 花柱引导组织纵切面，示细胞壁（w）与胞间基质（im）中的钙。3. 花柱引导组织横切面，示花粉管（pt）在胞间基质（im）中生长，花粉管壁（pw）及其外围有密集的钙。4. 珠孔（M）外端横切面，示胞间基质（im）中的钙。5. 珠孔（M）纵切面，示细胞壁（w）与胞间基质（im）中的钙。6. 珠孔（M）内端横切面，示花粉管（pt）壁与周围胞间基质（im）中的钙。

为唯一的"向化性因素"，还有新的候选因子被发现。除此之外，学者们还提出过向电性、向触性、向水性等导引因素起作用。

20世纪90年代以来，应用多种检测技术证明，花粉管旅行的终点站助细胞中，钙量特别高。更有甚者，钙量的增多还与助细胞退化相关联。例如，在油菜中应用图像分析法对助细胞中的焦锑酸盐沉淀进行计量，表明助细胞中的钙量显著高于相邻细胞的钙量，为卵细胞的2.5倍和中央细胞的1.9倍；而退化助细胞中的钙量更剧增为退化前的2.4倍。细胞内钙量的超常浓度会引发细胞器解体释放出水解酶，破坏细胞结构。助细胞退化过程正是这种情况。同时，超量的钙也是引起花粉管在助细胞中停止生长与破裂的因素之一。现在比较公认的看法是，助细胞像是吸引花粉管的一块"磁石"，其中含有这种或那种"向化因素"，或者这些因素的综合。至于钙在其中扮演了何种角色，目前还不能一锤定音。

钙与卵的激活

受精前的卵细胞处于相对静止的状态，除了像孤雌生殖那样特殊的情况外，通常要靠受精才能启动胚胎发育过程。就是说，卵的激活是启动胚胎发生的前奏。这是一个复杂的生理过程，涉及许多因素的作用，其中钙扮演的角色十分抢眼。

在动物（包括低等动物和高等动物）中，受精激发了卵内胞质游离钙在瞬间的升高，有的呈现单一的钙波，有的呈现重复多次的钙振荡。钙的波动是由精子进入处开始，横越卵细胞向对侧扩展，直至遍布全卵。这情景，犹如向水池投石引起波澜扩展。研究者们发现，不用活的精子，而用精子提取物也可以诱导钙波，并且已经初步查明了精子中起激活作用的因子的化学性质。在低等植物墨角藻（一种褐藻）的受精中，同样出现钙波；钙波也是由精子入卵处开始向整个细胞扩展。钙波出现以后，触发了受精卵中一连串后续信号转导事件，最终启动胚胎发生分裂。

以动物和墨角藻研究钙波相对容易，这是因为

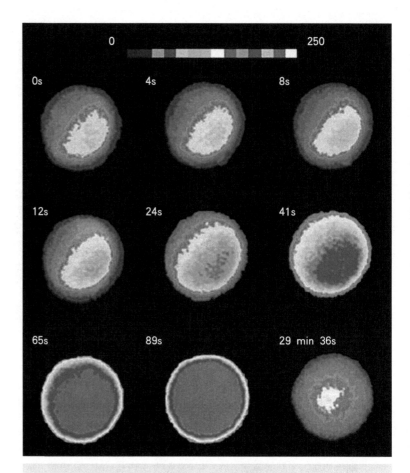

图 4-13　玉米离体受精时卵细胞内的钙波
（引自Digonnet et al. 1997）

用钙离子指示剂fluo-3AM显示，玉米离体受精过程中卵细胞内出现钙波。图中以荧光比例成像显示精子入卵后从0s至29min36s期间钙离子浓度升高与扩散的时空变化。

它们的卵较大，且方便在体外操作与观察。被子植物则不同，受精发生在胚囊中，难以直接操作。但自20世纪90年代建立了离体受精操作系统（详见第5章）以来，这方面的研究也跟进了。研究者用钙的荧光指示剂标记玉米的离体卵细胞，然后施行精卵融合，通过荧光显微图像追踪了融合过程中胞质游离钙的变化。发现，融合后不久，首先引起周围溶液中的Ca^{2+}流入卵细胞，接着出现胞质内Ca^{2+}的升高（图4-13）。如果施用专一性试剂阻断卵细胞表面的钙离子通道，Ca^{2+}就不能向内流入，但卵内的Ca^{2+}浓度仍然升高。这说明胞质游离钙的升高一方面固然可来源于胞外的钙，另一方面也可来源于胞内的钙库。除了卵细胞以外，中央细胞也有类似的钙波出现。前文曾提过，蓝猪耳的胚囊珠孔端是裸露在珠被以外的，利用这一特点，将荧光指示剂显微注射到中央细胞中，然后再注入蓝猪耳的精子提取物，结果诱发了Ca^{2+}的增多。但若注入异种植物玉米的精子提取物，就没有这种效应，这暗示精子中的激活因素是有物种特异性的。

7. 受精过程中的质外体

植物体由两大系统组成：共质体(symplast)和质外体(apoplast)。共质体是指由各个细胞的原生质连接而成的系统。每个生活细胞都有自己的原生质，但各个细胞的原生质并不是相互隔绝的，相邻细胞的原生质可通过胞间连丝互相沟通，实现细胞间物质与信息的交流。除非胞间连丝被阻断使细胞变得孤立化，众多细胞的原生质就在植物体中组成一个整体系统。在游离核分裂的状态下尤其明显，众多细胞核分布在共同的细胞质之中，形成多核体，当然也就是一种特殊明显的共质体状态，例如，胚囊与胚乳发育早期就经历这种状态。

植物体除共质体之外的部分是质外体，包括细胞壁和胞间隙，它们构成一个贯通整个植物体的系统。动物细胞没有细胞壁，但相邻细胞间有基质，称为细胞外基质（extracellular matrix）。植物细胞的壁，以往曾被误认为是仅起机械支撑作用的无生命构造，后来知道细胞壁中含有各种具有生命机能的成分，这一概念就修正了。同样，胞间隙也并非仅含空气与水分，其中还含有丰富的物质成分，在生命活动中执行重要的功能。所以植物的壁与胞间隙相当于动物的细胞外基质。

现在谈谈质外体系统在植物受精过程中的突出作用。一言以蔽之，从传粉到受精的全过程都是在质外体中进行的，没有质外体就没有受精。这样讲显得有些武断，但事实便是如此，只是过去没有从这一新角度加以强调而已。花粉在柱头上萌发后，花粉管由花柱、子房、胎座、胚珠直至胚囊，整个路径行进在"花粉管轨道"上。这条轨道便是雌蕊中相关的质外体系统。我们可以将这个系统划分为柱头质外体、花柱质外体、子房质外体、胎座质外体、胚珠质外体和胚囊质外体。以下重点说明。

柱头质外体

柱头表面的分泌物，是花粉萌发绝佳的"天然培养基"。分泌物中含有水分、糖分和盐分，这些是维持花粉的萌发与生长的基本营养成分。柱头分泌物中含有较多的硼酸，是花粉本身所缺乏的（所以花粉人工萌发的培养基中加入硼酸必不可少）。柱头表面有丰富的钙，关于它的作用前节已有叙述。柱头还分泌油脂，具有防止干燥和利于黏附花粉的作用。还有一类非常重要的成分——糖蛋白，它们存在于整个花粉管轨道中，将在后文着重介绍。柱头不仅供给花粉管营养，还是与花粉相互识别的场所，只让适合的亲和花粉生长，排斥不亲和的花粉。花粉便是在柱头质外体中萌发出花粉管，钻进柱头乳突（乳头状突起）或柱头毛的胞间隙，进入花柱。

花柱质外体

花柱有两种类型："闭合型"（实心型）与"开放型"（中空型）（图4-14）。闭合型的花柱充满薄壁组织，花粉管在薄壁组织的胞间隙中生长；有些植物的实心花柱中央部分特化成一种"引导组织"(transmitting tissue)，它和周围薄壁组织有显著差异：细胞直径较小，细胞质较浓，细胞通常呈长形，胞间隙中积累丰富的细胞外基质。花粉管就集中在引导组织的胞间隙中生长。棉花的情况比较特殊，它的花柱引导组织细胞壁很厚并且分层，胞间隙不

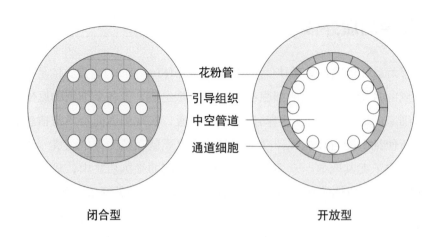

闭合型　　　　　　　　　　　　开放型

图 4-14　闭合型与开放型花柱及花粉管在其中的生长
花柱结构分为闭合型与开放型两大类。闭合型花柱中央多有特化的分泌型引导组织；开放型花柱的内表皮特化为分泌组织通道细胞，围绕着中空的管道。图示两类花柱的横切面。在闭合型花柱中，花粉管沿引导组织的胞间隙向下生长；在开放型中，花粉管沿通道细胞表面生长。无论哪种情况，花粉管都是在细胞外基质中生长。

发达，花粉管在疏松的壁层中生长。开放型花柱具有中空的管道，像竹筒一样。管道的最内一层细胞（内表皮）特化为分泌组织，向管道内分泌黏稠的细胞外基质，花粉管进入花柱以后，就沿着内表皮的分泌物前进。总之，无论在上述哪种情况下，花柱质外体都构成了花粉管轨道。

花柱向花粉管供应营养物质。试想，花粉粒本身贮藏的物质是很有限的，不可能维持如此长途的跋涉，尤其在花柱特长的场合，不依靠沿途补充是不可想象的。这一点，有不少直接或间接的证明。例如，花柱中原来富含淀粉，而当花粉管通过以后，淀粉大为减少甚至消失，它们转为可溶性糖被花粉管利用了。放射性同位素示踪证明，雌蕊中的肌醇被花粉管吸收，作为建造管壁果胶质的原料。免疫细胞化学定位也显示，花柱质外体中所含的钙也被花粉管所利用。

这里有必要谈谈雌蕊组织中的阿拉伯半乳糖蛋白（arabinogalactan protein，AGP）。这是一类糖蛋白分子，广泛存在于几乎所有植物的柱头、花柱、子房，以及胚胎中。在柱头上，它们起黏附花粉的作用；在花柱中，它们主要分布在引导组织或管道表皮的质外体中，对花粉管有重要的黏附、营养与导向作用。如果将这种糖蛋白的抑制剂注入百合的花柱管道中，就会减少进入花柱的花粉管数，降低受精率。烟草花柱引导组织中有一种AGP家族的蛋白质，称为TTS蛋白（TTS是英文"引导组织特异"的缩写），对花粉管生长起促进作用，当花粉管穿过花柱时，吸收引导组织质外体中的TTS蛋白，将其集中到花粉管尖端。子房、胎座、胚珠、胚囊的质外体中也含有AGP，其重要性已日益彰显。

珠孔质外体

珠孔是花粉管由子房、胎座进入胚珠、胚囊的入口。人们曾以为它是名副其实的孔道，但电镜观察发现，至少在一部分植物中情况并非如此。对向日葵珠孔的专门研究揭示，它的珠孔实际上是一个封闭式结构。这个区域的组织富含细胞质和细胞外基质，与花柱引导组织的结构十分相似(图4-15)。同样地，珠孔质外体中也含有丰富的钙和AGP等复杂成分。花粉管到达后，就在珠孔组织的细胞外基质中朝胚囊方向生长。有趣的是，在珠孔引导组织的导引下，多数花粉管朝向两个助细胞中的一个生长，后者正是吸引花粉管进入胚囊的那个退化助细胞。除向日葵外，棉花和油菜的珠孔也基本上是封闭式的，尽管其具体结构更复杂些。在一种苋科植物中还发现，在珠孔质外体中AGP大量分布，构成一条从珠孔、珠心到助细胞丝状器的轨道。种种迹象表明，珠孔虽小，却是花粉管进入胚囊的最后一道关口，其地位非同小可。

胚囊质外体

花粉管旅行的终点站是胚囊。前文已经说过，助细胞是吸引花粉管、促使花粉释放精细胞，以及精细胞向受精靶区迁移的场所。这里有必要强调，花粉管的进入和精细胞的迁

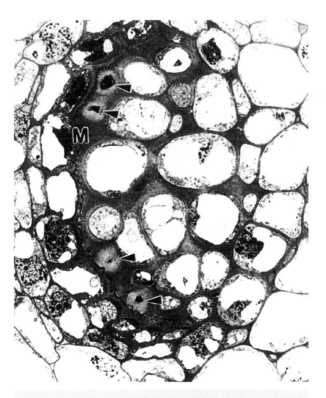

图 4-15 向日葵珠孔的超微结构

（引自Yan et al. 1991）

向日葵的珠孔实际上并非"孔道"，而是由类似引导组织构成的封闭结构。本图为珠孔横切面的超微结构图像，可见珠孔组织（M）有发达的细胞外基质，花粉管（箭头）在其中生长。

移都离不开胚囊内的质外体的帮助。助细胞的珠孔端有一种特殊的结构——丝状器(filiform apparatus)，它是由细胞壁连同细胞膜向内折叠而成的，借以在不增加细胞体积的同时扩大壁与膜面积，有利于细胞内外的物质交换，属于后文将提到的"壁内突"的一种特殊形式。花粉管正是穿过丝状器的细胞壁，或者沿丝状器的边缘进入助细胞。有趣的是，白花丹没有助细胞，由卵细胞兼行助细胞的职责，它的卵细胞具有和助细胞内类似的丝状器。关于助细胞及其丝状器在吸引花粉管方面的作用，进入21世纪之后有不少分子生物学研究，详细进展留待第6章再叙。

至于精细胞的迁移，我们以前说过，在雌性生殖单位形成时，介于助细胞、卵细胞与中央细胞三者之间的胞间隙，是精子从退化助细胞向受精靶区转移的"走廊"。正是这一质外体走廊，为精细胞最终达到卵细胞与中央细胞之间实现双受精，创造了必要条件。

由此可见，在受精的几乎所有环节中，质外体对花粉管的黏附、营养和导引，以及精细胞的迁移具有不可或缺的作用。需要提醒的是，本节主要从雌蕊的角度谈质外体，实际上花粉和花粉管也向外分泌物质，和雌蕊共同演出一曲在质外体系统中相互作用的大合唱。

8. 生殖系统中的短命组织

通俗地讲，植物生殖系统可以区分为"主体系统"和"辅助系统"。主体系统在生殖过程中前后承接，连续不辍，贯穿于生殖的主线，直至产生下一代。我们已经熟知的大小孢子、雌雄配子和合子，就在这条主线上。辅助系统则是由从属的、发育上不连续的组织组成的，在不同的生殖环节中为特定的"主人"服务，因此被称为"哺育组织"或"看护组织"。它们不参加传宗接代的主线，当完成自己的历史使命后便"急流勇退"，销声匿迹，因此也称为"短命组织"。虽说不入主流，虽说不长命，但它们却肩负着忠实的、不可缺少的助手与保姆的重任，没有它们，传宗接代的主体系统就不能维持，所以仍然值得为之大书一笔。以下重点举几个例子。

绒毡层：花粉的看护

在幼嫩的花药中，围绕花粉母细胞的药壁分成四层组织：最外是表皮，然后由外至内依次为纤维层（药室内壁）、中层和绒毡层（tapetum）。绒毡层与花粉母细胞直接相邻，对花粉发育有多方面的深刻影响。它的任务就是在小孢子发生的各个时期充当"忠实的助手"，一旦这个任务完成，它就功成身退而解体了。甚至其解体后的"遗产"，也贡献给了花粉。

第一，绒毡层帮助四分体转变为游离花粉。前文说过，四分体中的4个小孢子，是被胼胝质壁包围和隔开的。四分体的解散要依靠胼胝质酶分解胼胝质，使小孢子得以游离出来。现在要问，胼胝质酶是从哪里来的？答案：是绒毡层分泌的。它的分泌时间必须拿捏得非常准确，早了不行，晚了也不行。倘若分泌过早，胼胝质溶解时花粉母细胞还未完成减数分裂，会导致花粉母细胞粘连，不能产生正常的小孢子；倘若分泌过迟，小孢子便长久被禁锢于胼胝质的牢笼内，无法继续发育。看来，绒毡层被一种"生物钟"操纵，在恰当的时刻向四分体分泌胼胝质酶。

第二，绒毡层是花粉外壁的"建筑师"。花粉有两重壁——外壁（exine）和内壁（intine）。其中，内壁是由小孢子自己建造的，与一般细胞的初生壁相似；而外壁则是外来的。外壁的基本成分是一类特殊的物质孢粉素（sporopollenin）。这是一类由类胡萝卜素衍生的复杂物质，具有高度的抗酸、抗碱、抗高温、抗酶解性能，迄今还没有找到一种能够分解它的酶。花粉有了这层"盔甲"，在传粉过程中便得到较好的保护；也正因为有了它，花粉便得以在地层中长久保存，便于人类通过花粉鉴定来识别地质年代和探矿。除了孢粉素，外壁的内部和外表还含有黏性的脂类、酚类和色素等复杂成分，有利于花粉的保护及传粉。花粉表面有一层"花粉鞘"（pollen coat），也是由这类黏质组成的。此外，外壁中还含有一种重要的成分外壁蛋白，它具有与柱头相互识别的重要功能（参看第5章图5-4）。所有这一切，都是从绒毡层制造、分泌和转运而来的。没有绒毡层就不会有花粉外壁和花粉鞘，就不可能有健全的花粉。

第三，当花粉发育到一定程度，"羽毛丰满"之后，绒毡层就解体退化。有些植物的绒毡层解体较早，细胞内的原生质流到花药的腔室中，呈团块状围绕正在发育的花粉；有些植物的绒毡层始终保持细胞形貌，直至花粉接近成熟时方才解体。放射性同位素示踪证明，无论在哪种情况下，绒毡层的分解产物，可被花粉吸收，用于合成自身的DNA、RNA、蛋白质与多糖。绒毡层可谓"鞠躬尽瘁，死而后已"，死后还为花粉尽一分力。

反足细胞与助细胞：胚囊中的短命组织

关于助细胞，前面已经讲得不少了，尤其是其中之一的退化助细胞，在受精过程中承担极为重要的任务，此处不再重复。显然，退化助细胞是短命的，它度过了昙花一现而辉煌的一生。另一个助细胞通常称作宿存助细胞（persistent synergid），其实它并不"宿存"，只是和它的姊妹退化助细胞相比，活得稍长而已，当受精完成之后，也迟早退化消失。关于宿存助细胞的功能，似乎还没有确切的证据，有人认为它对吸引花粉管具有后备作用，也有人推测它有助于合子早期发育。

反足细胞被认为是胚囊中除雌性生殖单位以外的唯一成员。有些植物的反足细胞形成后不久便很快退化，在胚囊成熟时已经消失，在这种情况下说不清它究竟有什么功能。另一个极端情况是，有些植物的反足细胞寿命较长，一直保持到胚胎发育早期。禾本科植物是其中的典型，反足细胞的数目不止于标准的3个，而是继续分裂成多个细胞，形成一团组织。水稻的反足细胞至开花后3天方才退化，其数目可达数个、十几个以至30多个（数据的差异多因观察者而异）。有一种竹子，反足细胞竟多达300多个，可谓壮观。

反足细胞，特别是禾本科植物的反足细胞，是将养料运进胚囊的"转运站"之一。反足细胞位于胚囊合点端，正对着养料由母体运往胚囊的主渠道——维管束。维管束终止于珠心合点（另一部分分支进入珠被），不再继续进入胚囊。胚囊作为配子体，与它所"寄生"的孢子体之间没有组织上的联系，所以必须有各种转运机构帮助将养料吸进胚囊。反足细胞便是其中之一。此外，助细胞和中央细胞也起类似作用。这些细胞的朝外的细胞壁内方，往往分布许多指头状突起，称为"内突"（ingrowth），促进养料被吸进胚囊。

反足细胞还可能具有向内分泌活性物质的功能。这方面虽然尚无确凿的证据，但有种种暗示。一是反足细胞具有分泌组织的共同特征。二是水稻、小麦的极核受精以后，就由受精靶区，即中央细胞珠孔端靠近卵细胞附近，向反足细胞方向移动，不久便在反足细胞附近开始分裂。这一行为不可能是偶然的，暗示它和反足细胞之间有某种信息交流，诱使它趋向后者提供的养料与激素源泉，以启动和加快游离核分裂的步伐。大家知道，受精后初期胚乳的发育总是领先于胚的发育，这一点对幼胚的发育有着重要的生物学意义。为什么胚乳发育较快呢？一种可能的原因是其染色体倍性较高；另一种可能的原因是由所处的位置所决定——合点端较珠孔端更易获取营养物质。有人总结，水稻幼胚获取营养首先是以反足细胞为媒介，继之以胚乳为媒介。这样看来，反足细胞虽然短命，却对胚乳和胚的早期发育起关键的作用。

胚柄：胚的"连体兄弟"

绒毡层、反足细胞、胚乳这类看护组织，与它们所哺育的"主人"之间没有组织上的联系，而胚柄这种看护组织却不同，它与胚有更为密切的连体关系。胚柄和胚起源于同一细胞——合子；共同组成原胚；它们之间通过胞间连丝形成共质体，可说是"血肉相连"；在有些情况下（例如禾本科与棉花），二者几乎没有明显的界线。但是，从合子不对称地分裂为顶细胞与基细胞起，便决定了它们之间只能是"主仆关系"。

胚柄起固着和支持胚的作用，它的一端（珠孔端）着生在胚囊壁上，使胚不致在胚囊中晃动、颠倒；另一端（合点端）将胚推向胚乳深处，使之处于更佳的营养环境。在一些具有细长胚柄的植物如荠菜、拟南芥中，胚柄确实是名实相副的"柄"。

但胚柄还有另一方面的生理功能，就是充当胚的哺育组织。形态与结构上的特征给出了这方面的暗示，例如：有些植物的胚柄十分发达，形态多样(参看第1章图1-6)；有些植物的胚柄珠孔端长出吸器，侵入胚乳、珠心、珠被、胎座甚至距离更远的组织中吸取养料；胚柄细胞的超微结构特征也符合分泌与吸收的功能。实验方法可以直接证明胚柄对胚胎发育的重要性，在原胚阶段进行胚的培养通常需要胚柄附着其上；剥离了胚柄的胚难以离体发育。放射性同位素示踪表明，当施用 ^{14}C-蔗糖时，放射性多集中于胚柄或与胚柄相邻的胚细胞。生理生化分析还表明，胚柄中含有远较胚中丰富得多的赤霉素，这对胚的RNA合成与蛋白质合成有促进作用；摘除了胚柄的幼胚在离体培养时，如果在培养基中加入适当浓度的赤霉素，可以代替胚柄挽救胚的生长发育。

这样看来，胚的早期发育离不开它的"连体兄弟"胚柄，对胚柄有高度的依赖性。但另一方面，胚柄的正常发育其实也依赖胚的正常发育。当用射线照射，或因基因突变致使胚遭受损伤时，会诱使胚柄的畸态，有时，胚的损伤或缺陷会令胚柄异常发达，甚至长成类似胚的结构，似乎胚柄可以补偿和替代缺损的胚。研究者们认为，在分子水平上，胚对胚柄的发育前途施加了调控作用。

短命组织的共同特征

以上重点介绍了生殖系统中三种短命组织，它们在不同的生殖时期为不同的主体组织服务。现在让我们透过它们的特殊性，看看其中隐藏着的共性。

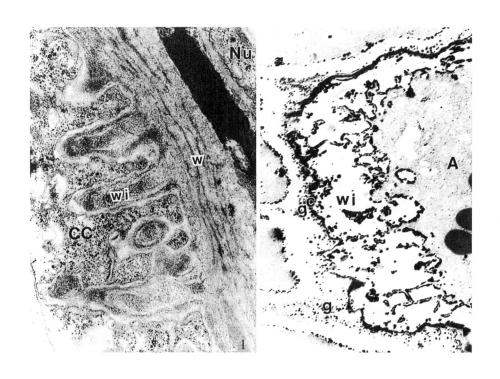

图 4-16 壁内突及其细胞化学特征

壁内突是传递细胞的特有构造。细胞壁向内反复折叠形成众多突起，以扩大质膜的吸收或分泌面积。1. 水稻胚囊壁上的指状内突（引自董健与杨弘远1989）。2. 金鱼草反足细胞外向壁上的内突，磷酸盐沉淀法示其上密集的ATP酶（引自何才平与杨弘远1991）。A：反足细胞；CC：中央细胞；g：间隙区；c：角质层；Nu：珠心；w：细胞壁；wi：壁内突。

　　首先，短命组织在细胞结构上有不少共同的特征。在细胞壁方面，这类细胞具有"传递细胞"(transfer cell)的特征，即其发挥功能的壁面常具指状内突。前文谈到助细胞的丝状器和反足细胞时，已经提到这一点。发达的、有时呈迷宫状的内突，极大地扩展了壁和膜的面积，有利于物质的内外交流，这是分泌组织或吸收组织的共有特征。

　　在细胞质方面，高度发达的细胞器、丰富的核糖体，以及高水平的RNA、蛋白质、多糖、酶类、钙、激素等，彰显出这类细胞高度的代谢活性。它们像是开足了马力而非停工待料的制造车间。超微细胞化学定位告诉我们，壁内突上富含钙与ATP酶（一种在细胞能量代谢中起重要作用的酶），这很能说明问题（图4-16）。

　　在细胞核方面，它们也表现许多与众不同的特点，这些特点不一定在所有短命组织中同时具备，但每种组织总有其中某种或某些表现：

　　（1）多线染色体（polytene chromosome）。在常规的有丝分裂周期中，每个染色体在分裂间期的S期（DNA合成期）通过DNA合成复制成两份拷贝，其中每一份称为一个染色单体（chromatid）。到分裂后期，两个染色单体分开，分配到两个子细胞中，各自成为一个独立

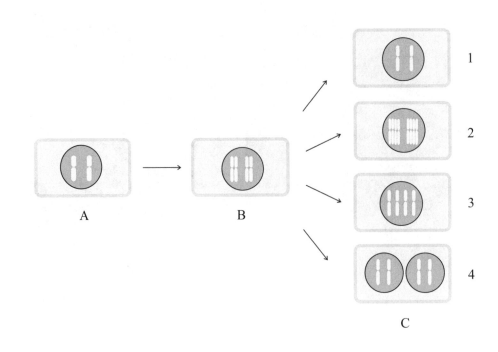

图 4-17　有丝分裂的异常行为

可以将有丝分裂的异常行为纳入一个统一的图解。为简化起见，假设细胞核中只有一对染色体。在分裂间期的 G_1 期，每一染色体只有一个染色单体，是为1C (A)。通过S期DNA合成之后，每一染色体复制成两个染色体单体，是为2C (B)。分裂的结局有各种形式 (C)：在正常情况下，分裂以后产生的细胞，恢复为1C水平 (1)；如果染色体不断复制而核不分裂，就形成多线染色体 (2)；如果染色体复制多于一次而胞质分裂只有一次，就形成多倍体 (3)；如果染色体复制与核分裂正常但不进行胞质分裂，就形成多核体 (4)。生殖系统中的短命组织常见其中一至数种变态形式。

的染色体。人们将每一对染色体DNA含量的相对值称为C值，用以表述一个细胞内的DNA含量。细胞DNA含量在S期之前为2C，S期之后为4C，分裂后期又恢复为2C，如此周而复始地、稳定地运行下去。但在有些短命组织中这种稳定被打破，只发生核内的DNA复制却不发生核的分裂，经过多次这种核内再复制 (endoreduplication) 之后，每个染色体就含有多份DNA拷贝，成为巨大的多线染色体。果蝇的唾腺染色体就是一种著名的多线染色体。通过核内再复制形成多线染色体，可以将DNA的拷贝数大大增加，从而起"基因扩增"的作用，当细胞需要在短时间内制造大量产物时，基因就可以迅速地大量表达，所以许多分泌组织有这一特点。在植物生殖系统中，胚柄的多线染色体研究得比较透彻。有一种菜豆，其胚柄细胞通过核内再复制，竟可以达到8000以上的C值！就单个菜豆胚柄来说，C值由胚柄顶部细胞向基部细胞逐渐递增，这种梯度暗示胚柄分泌激素、吸收营养等功能也是以基部最旺盛，然后朝胚的方向递减。在水稻中，胚乳细胞也发生核内再复制，其DNA水平由正常的3C/6C（胚乳是三倍体！）随发育进程逐渐提高，开花后6d可达12C/24C；最高记录是开花后16d的一份样品中，DNA含量竟达74C。与此相伴的是核的体积也随发育进程渐次增大，形状由最初的圆形变得不规则。

（2）多倍体(polyploid)。如果细胞完成了多于一次的染色体复制但只进行一次胞质分裂，那么细胞核内的染色体数就增多，形成多倍体细胞。在绒毡层和胚乳中，都发现有多倍体细胞。多倍化的倾向也有利于基因扩增。

（3）多核体(coenocyte)。如果细胞完成了多于一次的核分裂但不进行胞质分裂，这种分裂方式称为游离核分裂。众多细胞核游离于共同的细胞质中，成为多核体。游离核分裂常出现在需要加速细胞核繁殖的时期与组织中，在生殖系统中十分普遍，如胚囊发育早期、胚乳发育早期、绒毡层、某些植物的胚柄等。

现以图解表示上述各种核分裂的形成特点（图4-17）。

（4）无丝分裂(amitosis)。和有丝分裂时出现有规则的染色体行为不同，无丝分裂是通过细胞核的缢缩、断裂将核物质随机地分配到子细胞中。在高等植物中，无丝分裂被认为是一种罕见的畸态的细胞分裂行为。不过在一些短命组织中倒成为常见现象。例如水稻反足细胞，无丝分裂导致产生数个子核，核的形状不规则。棉花、蚕豆等胚乳游离核也常发生无丝分裂形成大小悬殊、形态各异的子核，散布在共同的细胞质中。无丝分裂可以加快核的繁殖，但不能保持染色体倍性的稳定，所以除短命组织外，传宗接代的主体组织中一般不会出现这种分裂方式。

程序性细胞死亡：短命组织的归宿

细胞的死亡有两类：病理性死亡和生理性死亡。前者指因伤害、感染、中毒等病理原因引起死亡，通常称为"坏死"；后者指机体为维持正常发育，其中一部分细胞发生的自主性、有序性的死亡，称为"程序性细胞死亡"(programmed cell death)，在动物细胞生物学中又称"凋亡"(apoptosis)。从哲学角度看，"生"与"死"是对立的统一体，有生必有死，有死方有生。生物体以局部细胞的死亡换来另一部分细胞的生存，是发育过程中的常态。植物细胞在自然衰老时发生程序性死亡过程，包括衰老组织的有序解体，以及存活部位对衰老组织解体成分的回收与再利用。典型的例子有木质部中导管与管胞的形成——生活细胞中的液泡膜破裂，将液泡中囚禁的"魔鬼"——水解酶释放出来，破坏细胞内的所有生活成分，仅仅残留木质化的细胞壁，最后成为死亡的中空管道结构。

在生殖系统中，程序性细胞死亡的例子比比皆是。幼小花药的药壁有4层细胞，在发育过程中，中层首先解体，然后是绒毡层解体，到花药成熟时，药壁仅剩表皮和纤维层（药室内壁）两层细胞。中层与绒毡层的解体均属程序性细胞死亡。幼小胚珠中，由胚囊母细胞减数分裂产生的4个大孢子，其中通常只有1个发育，另外3个退化解体。这也属程序性细胞死亡。其他的例子还有前文多次提过的助细胞、反足细胞、胚柄、胚乳等的死亡，以及在种子形成期间珠心和珠被大部分细胞的死亡。动物细胞的凋亡有一些典型的细胞学特征，如染色质与细胞质浓缩致使细胞缩小、DNA降解成片段并在凝胶电泳时呈现梯状分布，以及解体产物被邻近的吞噬细胞吸收等。不过在植物细胞中并不总是看到动物细胞中那样典型的凋亡特征。同时，在不同类型的植物细胞中也存在不同类型的细胞死亡形式。

那么，植物细胞死亡过程中有哪些内在表现呢？一种方式是在细胞内产生一种称为"自噬体"的小泡，它们吞噬细胞质和细胞器，并通过其中所含的水解酶将其降解，犹如在细胞内部发生了一场同室操戈、自相残杀的战争。另一种方式是在细胞死亡之前细胞器剧减，液泡膨大并占据几乎整个细胞空间，终致细胞覆灭。禾本科胚乳的糊粉层在衰亡时，由赤霉素诱导液泡的酸化，并产生大量水解酶类，消化破坏细胞内含物。淀粉胚乳的衰亡又是另一种情况。当谷粒成熟时，糊粉层还存活，淀粉胚乳已经先行死亡。死亡的胚乳细胞脱水变干后保留了它所有的内含物，包括核与细胞器，在种子休眠期间好似"木乃伊"。直至种子萌发时才由糊粉层分泌的酶将干燥的胚乳降解，分解产物被胚的盾片吸收用于幼苗生长。

强势组织与弱势组织之间的博弈

和处于主体地位的强势组织相比，短命组织是处于从属地位的弱势组织，它们的活动受前者支配，并在完成本身的服务使命之后被前者淘汰。诚然，在正常情况下确实如此。不过，如果出现异常情况，例如基因突变、异常交配或不利环境影响，可能打破正常的平衡，导致弱势组织的功能反常，反过来不利于主体组织的发育。

短命组织的功能反常表现在两个极端：一是过于衰弱；二是过于亢进。以下举例说明：

绒毡层的功能反常：雄性不育的形成有多种原因，绒毡层功能反常是其中之一，具体表现形式或为提早衰退，或为相反的延迟退化，甚至过度增生。当提早衰退时，花粉得不到良好的哺育；当过于亢进时，绒毡层"反客为主"，在花粉囊内增生成一大团组织，挤压花粉的空间，夺取花粉的营养，导致花粉败育。晚稻遇到异常低温时，会引发绒毡层异常，降低花粉育性和结实率。研究者利用绒毡层对花粉的影响，用基因工程方法将具有破坏性的毒素或RNA酶的相关基因导入绒毡层，造成定点的"遗传腐蚀"[或称"遗传切除"(genetic ablation)]，使绒毡层瓦解，从而人工诱导花粉不育。

胚乳的功能反常：在远缘杂交的许多场合，双受精所产生的杂种胚是正常的，但杂种胚乳发育异常，提早败育，以致不能向胚供应养料，幼胚长到一定程度后因饥饿而夭折。在异花传粉植物的强制自交的情况下也有类似的表现。例如苜蓿，强制自交时胚乳发育较异交时显著迟缓，而胚的发育则仅比异交时略慢。与此同时，与胚囊相邻的合点端的内珠被细胞转变为分生组织状态，分裂成一大堆细胞团块。珠被的过度增生引起胚乳从合点端开始败育，继而扩及其他部分，最后导致胚乳的败育。在曼陀罗属的种间杂交中，内珠被组织也增生成为肿瘤状物，侵入胚囊，迫使胚乳和胚解体。巨大的珠被肿瘤最终占满整个胚囊空间，上演了一场"鹊巢鸠占"的悲剧。在其他场合，除了珠被外，珠心也可能形成类似的肿瘤。从事态发生的先后顺序看，似乎是珠被或珠心异常增生于先，胚乳和胚败育于后。但研究表明，真正的原因还在于胚乳的功能失常，失去了它对周围孢子体组织的生理优势，使后者由原来的劣势转为优势，反过来欺凌胚乳和胚。可见主体与从属、强与弱、优势与劣势是相对的，当遗传与生理平衡被打破时，二者的地位可以相互转化。

第 5 章

开启巧妙的实验宝库

从显微镜下的微观世界走了出来，我们再次追随前人的足迹走向一处金碧辉煌的殿堂。门扉开启，跃入眼帘的是林林总总、栩栩如生的陈列品，仿佛手工雕制的艺术品，光彩夺目、巧夺天工。这里陈列着晶莹剔透的"玉像"，那里陈列着精巧绝伦的"牙雕"，令人目不暇接。它们都是自然界中不曾拥有的人工制作的佳品。它们用无声的语言，讲述科学家们如何运用高超的技艺，雕塑出植物生殖的实验产品，处处都透出人类智慧的气息。

不错，实验是人类干预自然进程借以探究自然规律的研究方法，也是改造自然使之服务于人类的方法。于是，实验生物学旗下的实验生殖生物学，就成为一门以极具能动性为特征的分支学科。

在第1章已经说过，20世纪上半叶的植物胚胎学沿着描述、比较、实验三个分支发展，其中实验胚胎学由于和生理学及遗传育种密切相关并拥有高度的能动性，从一开始就显示强劲的发展势头。马赫胥瓦里在其经典著作《被子植物胚胎学导论》（1950）中首次提出"实验胚胎学"的名称，并给予高度的评价，预见它具有广阔的发展前景。在该书的"实验胚胎学"专章中，列举了到当时为止实验胚胎学的成就，分成受精控制、胚胎培养、孤雌生殖诱导、不定胚诱导、单性结实诱导五节。从内容看来，概括了那个时代的体内实验与体外实验两方面的成就，但除胚胎培养纯属体外实验外，其他几节基本上均属体内实验。

从那时开始，实验胚胎学进入蓬勃发展的年代，几乎在生殖过程的所有环节上均开展了体外实验研究，例如花药培养、未传粉子房与胚珠培养、受精后子房与胚珠培养、试管受精（离体授粉）、胚胎培养、胚乳培养等。通过这类研究，一方面，大大加深了人们对一系列生殖过程规律的理论认识；另一方面，为育种提供了不少有用的细胞工程新技术，如单倍体育种、克服杂交不亲和、挽救杂种胚败育、打破种子休眠等等。在这种势头下，到了20世纪80年代，所谓"实验胚胎学"几乎成为"离体实验胚胎学"的代名词。人们一谈及实验胚胎学，总离不开"离体培养"一语。

这种势头到90年代以后，更提升到新的高度。借助体细胞实验中兴起的原生质体培养与操作技术，性细胞实验技术也更上一层楼，由器官、组织操作水平上升到原生质体操作水平，涌现出花粉原生质体、胚囊、雄配子原生质体、雌配子原生质体、合子、中央细胞等的分离、培养、融合与转化方法，实现了以往难以想象的离体受精（精卵体外融合）、合子培养再生植株、合子遗传转化等新技术，同时为研究受精机理、受精前后基因表达、胚的早期发育等重要理论问题开启了方便之门。体外实验的生命力又一次得到验证。

然而，体外实验虽然有极大的优越性，但毕竟难以完全模拟体内所发生的一切，因而由体外实验所得到的结论是否能套用来说明体内的自然规律，受到了一定的怀疑。经过几十年沉默后，体内实验又一次被推上日程，当然是在新的水平上开展研究。其中，利用胚囊半裸的模式材料蓝猪耳、采用激光切除、利用突变体进行"分子手术"等现代方法开始显露威力。所以，当今的"实验生殖生物学"又显示出向体内实验回归的趋势，并且尽可能将体内与体外研究二者结合起来，在细胞与分子水平上进行综合性研究。

1. 实验方法精益求精

上文讲过，研究植物生殖的实验方法，大体上分成体内实验和体外实验两类。关于体内实验，我们想留待后面有关部分具体介绍。这里重点介绍体外实验所依据的原理与方法。前面也说过，植物生殖生物学中的体外实验方法，主要借助于体细胞体外培养的经验。所以我们先对植物体细胞培养的原理与方法做一个简述。

营养繁殖·克隆

植物细胞培养的发端，是古老的营养繁殖技术。不知从何年何月起，一直沿用至今。园林栽培中经常采用的插条、压条、嫁接、分株等人工营养繁殖（无性繁殖）技术，其基本原理是利用植物高度的再生能力，使被繁殖的部分离开母体后生根发芽，再生完整植株。这可说是器官培养的初始形式。

和高等动物相比，植物的再生能力是一大特点与优势。远在当今炙手可热的动物克隆技术问世之前，人类早就广泛采用了植物的克隆技术。所谓"克隆"（cloning），亦即无性繁殖之意，只是为了简便起见以英文名称之音译表述。无论植物或动物，也无论器官、组织、细胞或分子，凡复制原来的遗传物质并加以繁殖的方法，现在一律称为"克隆"。由于遗传基础来自单亲，排除了杂交时的基因重组，克隆所得的后代群体原则上和原始单亲有相同的遗传表现，这样一代代繁殖下去，就形成了"纯系"（pure line）或"无性（繁殖）系"（clone）。

现在回到本题。植物器官的营养繁殖主要借助土壤，促使不定根产生根系，同时促使茎上的潜伏芽或不定芽生枝长叶。能否不靠土壤进行营养繁殖呢？能，但需要两个前提：一是借助培养基；二是要在无菌条件下进行培养。植物组织培养技术便应运而生了。

植株再生的内因：细胞全能性

植物组织培养（tissue culture），就广义的概念来说，包括各种类型的培养系统，大至器官培养与组织培养，小至细胞培养与原生质体培养；从狭义的概念来说，专指组织的培养。无论哪种情况，都要将植物体的局部从整体中分离出来，移植到培养基上。被分离移植的局部（器官、组织或细胞）称为"外植体"（explant）。外植体的性质及其脱离整体后的生理变化，是培养成败与走向的内因。一般而言，外植体愈大，尤其是带有芽的器官，愈易培养成功；外植体愈小，例如细胞与原生质体培养，培养难度愈大。所以从技术发展历史看，基本上是按器官培养→组织培养→细胞培养→原生质体培养的顺序推进。下面不妨举出几个里程碑式的发明：

1904年，萝卜和辣根菜的近成熟胚培养，标志着植物器官培养的首次成功。

20世纪30年代，番茄、烟草、胡萝卜的根、茎组织的培养，建立了能够长期继代繁殖的无性系。

50年代，由胡萝卜根愈伤组织培养再生了完整植株；紧接着，由胡萝卜根外植体产生的细胞也培养出再生植株，标志着培养技术进入细胞水平，同时用实验方法证明了一位学者早在20世纪初提出的植物细胞"全能性"（totipotency）假说。

60年代，用酶解法除去烟草叶肉细胞的壁，获得原生质体并培养出再生植株，以后进一步开展原生质体融合，获得"体细胞杂种"植株，从此植物组织培养进入原生质体水平。

在20世纪60年代所发生的另一个重要变化是，生殖系统的培养蓬勃发展，在短短十年内创建了花药培养、传粉后子房与胚珠培养、未传粉子房与胚珠培养、离体授粉等实验体系；其中，通过花药、子房、胚珠培养诱导出单倍体植株是一大特色。

到了80—90年代，生殖系统的操作也登上细胞和原生质体层次的台阶。本书著者当时曾提出，一个新的分支学科"植物实验生殖生物学"从"植物实验胚胎学"中脱胎而出，其特征有二：一是性细胞及其原生质体的操作，二是多学科的综合研究。

植物组织培养赖以建立的内在依据是细胞全能性，即任何生活细胞原则上都有再生整体植株的潜能。合子是拥有全能性的典型细胞。合子分裂成幼胚，其细胞组织渐次分化成形态不同、功能各异的各类细胞。高度分化的细胞，即使仍然生活，也不能再生植株，例如筛管、各种分泌组织、成熟花粉等。分化程度较浅的细胞，例如表皮、薄壁组织细胞和未成熟花粉，在适当刺激下可以恢复到分生组织状态，这叫做"脱分化"（或称"去分化"，dedifferentiation）。典型的脱分化细胞是愈伤组织（callus）的细胞。这种组织在植物体受伤后可以恢复分裂能力，将伤口愈合，因此得名，我们常在树木茎干的断枝处看到。外植体脱离母体时同样受到创伤刺激，其中部分细胞在培养基上也可以恢复分裂机能形成愈伤组织。脱分化的细胞在特定的培养条件下可以再度分化，形成各种组织与器官，最终再生完整植物体，这叫"再分化"（redifferentiation）。再分化一般经过两种发育途径：一是由愈伤组织上分化出芽与根，这叫"器官发生"（organogenesis）途径；二是由外植体上产生类似胚的构造 [称为"胚状体"（embryoid）]，然后通过与体内相似的胚胎发育过程再生植株，这叫"胚状体发生"途径；若是由体细胞培养进行胚胎发生，就称为"体细胞胚胎发生"（somatic embryogenesis）。

关于植物细胞全能性、脱分化、再分化、器官发生与胚状体发生的内在机理,涉及基因表达、生理生化、细胞结构与功能等多方面的深刻变化，吸引了许多研究者的兴趣，曾经提出过好几种学说，而且至今也没有定论。我们之所以要交代上面这些基本概念与相关术语，是为以后讲述植物实验胚胎学铺垫。

植株再生的外因：分离与培养

细胞全能性是植株再生的内因，但仅有内因还不够，还要有适当的外因，才能使全能性释放。释放全能性的首要条件是将局部从整体中分离出来，使局部摆脱整体的控制。叶肉细胞虽有再生的潜能，但若处在体内环境中，始终只能执行叶肉细胞的功能，只有脱离整体，才能脱分化恢复分裂机能，继而通过再分化形成完整植株。同样，小孢子在体内注定发育成雄配子体，执行传粉受精的任务，即使因某种刺激的诱导，在体内偶尔会分裂成为多细胞团块，但也只有当离开整体后，才能在培养基上发育成单倍体植株。这是因为在整体的控制下，局部的细胞只能表达其中所含的某一部分基因，而其他大部分基因处于被抑制的状态；离开了母体制约，被抑制的基因才得以表达。

然而分离只是走向再生植株长征路的第一步，还需要在适当的条件下，才能逐步走完这条道路。犹如一根枝条被从母株上切下以后，还必须插在土壤中，并有适当的温度、湿度与光照，才能长成新的植株。组织培养遵循同样的规律，其主要外因一是培养基（相当于土壤），二是培养条件（相当于温度、湿度与光照）。

培养基是培养成功的关键。自从19世纪通过水培法知道植物需要大量的无机盐元素氮、磷、钾等以来，植物生理学家逐步摸清了植物维持生存究竟需要哪些成分，这方面的研究成果奠定了现代施肥学的基础，也成为植物组织培养设计培养基的重要依据。组织培养比施肥复杂得多，因为外植体自养能力较差，并且外植体越小（例如细胞、原生质体），自养能力越差，越需要从培养基中获取更多方面的营养呵护。不同的外植体、同一外植体的不同培养阶段，所需要的培养基成分及比例也不相同。这样，针对不同的对象设计出各种不同的培养基配方，并且同一配方又经过多种改良，从而形成植物组织培养手册中培养基配方的一长串名单。但不论何种培养基，大体上均由下列几种化学成分组成：

（1）矿质盐中的大量元素：氮（N）、磷（P）、钾（K）、钠（Na）、镁（Mg）、硫（S）等。它们以硝酸盐、硫酸盐、磷酸盐、氯化物等形式存在。因外植体对其所需量较大，列入大量元素一类。

（2）矿质盐中的微量元素：锰（Mn）、锌（Zn）、铜（Cu）、钴（Co）、钼（Mo）、碘（I）、硼（B）、铁（Fe）等。它们也以化合物形式存在，因所需量较微，列入微量元素一类。

（3）碳源与渗透压调节剂：外植体一般不能自己提供光合产物，所以需要由培养基吸取能源物质；同时，离体的细胞也需要适宜的渗透压环境。糖类可兼作碳源与渗透压调节剂，其中蔗糖最为常用。其他还有麦芽糖、葡萄糖、果糖等。单纯用作渗透压调节剂而不供应能量的有甘露醇、山梨醇等。

（4）维生素与氨基酸：维生素类包括 B_1（盐酸硫胺素）、B_6（盐酸吡哆醇）、C（抗坏血酸）、B_3（烟酸）、H（生物素）、B_5（泛酸钙）、叶酸、B_{12}、肌醇等；氨基酸类包括甘氨酸、脯氨酸、精氨酸、丝氨酸、谷氨酰胺、天冬酰胺等。

（5）生长调节物质：亦称"外源激素"（exogenous hormone），包括生长素类，如 IAA（吲哚乙酸）、NAA（萘乙酸）、2,4-D（2,4-二氯苯氧乙酸）；细胞分裂素类，如 6-BA（6-苄基嘌呤）、KT（激动素）、ZT（玉米素）；赤霉素类，如 GA3；脱落酸（ABA）等。

上列各种成分，是一个笼统的提法。实际上每种培养基配方含有的成分种类和浓度是不同的，例如最常应用的White、MS、B5、N6等培养基配方，其基本成分均是固定的，这称为"基本培养基"（basic medium）。而在具体应用时，针对不同的外植体可在基本培养基配方中加以变动，增大或减少其中某些成分的浓度，或补充其他一些物质，特别是添加某些复杂的天然物质如椰乳（椰子液态胚乳）、酵母提取物、酪朊水解物等。此外，在液体培养基中还可以加入固化剂如琼脂、琼脂糖等，使之成为固体培养基。加入活性炭，可吸附培养过程中产生的有害物质。在配制培养基的最后环节，还要用氢氧化钠或盐酸调节，使pH达到规定的数值。至于培养基的灭菌方法，有高压灭菌与过滤灭菌两类，前者灭菌效果比较彻底，后者有利于保存培养基中某些不耐高温的活性成分。

在培养的不同阶段，外植体对培养基有不同的要求。这突出地体现在生长调节剂的配比上。一般说来，脱分化阶段使用的"诱导培养基"（induction medium）要求高浓度的生长素；而再分化阶段使用的"分化培养基"（differentiation medium）则要求提高细胞分裂素的比例，减少或除去生长素。其他成分与条件也需作相应的调整：诱导阶段一般在黑暗或弱光下进行；分化出苗阶段则需在光照下进行，以便促进芽中的叶绿素合成。有些情况下生根不易，必须将外植体转到壮根培养基上。长出幼苗（小植株）以后，要经过一段时间的锻炼，使幼苗适应完全自养，方才移植到土壤中。

除了培养基以外，培养条件也非常重要。这不仅指培养中需要满足水分、温度、光照、空气等基本条件的要求，还包括一些特殊的要求。在微量细胞的培养中，对条件的要求尤为严格。

下面我们就重点转入细胞培养，因为这是本章介绍的性细胞培养操作的基础。

从单细胞到植株的体外发育旅程

所谓细胞培养，是各种性质与目的不同的细胞培养体系的统称。其中以获取次生代谢产物为目的的大规模细胞培养，仿效微生物发酵的工艺，目的只要求细胞的大量繁殖，并不旨在植株再生。这类细胞培养不在本章范围之内。这里只讲以再生植株为目的的细胞培养。

相对于器官与组织培养，细胞与原生质体培养的难度大得多，尤其是微量细胞与单个细胞的培养难度更大。和体细胞相比，性细胞的取材数量少得多，因此更要借助微量与单个体细胞培养的经验。

体细胞培养程序的第一步通常是诱导愈伤组织。第二步是选择适合的、有旺盛分裂活力的愈伤组织材料，一部分转移到新鲜培养基上进行"继代培养"（subculture），建立能长期保持活力的胚性愈伤组织系，以便随时可以取用；另一部分直接投入"悬浮培养"（suspension culture）。悬浮培养的方法是将愈伤组织置于含液体培养基的三角瓶中，在旋转式摇床上连续振荡，促使细胞分散。然后过滤除去组织残渣，获得游离细胞群体。第三步是收集游离细胞，转入液体培养基中，在旋转式摇床上连续培养。之所以用摇床，是为了增加细胞接触空气和新鲜液体的机会。经过一段时间，悬浮细胞分裂成细胞团，再长大成小的愈伤组织。以后就是分化培养、再生植株了。

有些材料可以不经上述程序，直接分离出可供培养的游离细胞。例如叶肉，可通过轻度研磨获得游离的叶肉细胞。这种直接分离的方法在性细胞操作中经常采用，以获取花粉、胚囊、卵细胞、合子等。因为性细胞深藏于花药或胚珠中，如欲通过诱导愈伤组织得到悬浮细胞，则少量的性细胞产物混杂在大量的体细胞产物中，很难鉴别；而且性细胞的分裂频率很低，这样做实际上是不可行的。

至于原生质体的获得，与获得游离细胞的程序相似，只是需要在分离液中加入酶类，用以除去细胞壁。单独加入果胶酶可以溶解胞间层，使细胞分离，但不能降解纤维素细胞壁，所以还要加入纤维素酶。在细胞壁成分比较复杂的场合，还要补加其他一些特殊的酶类，以提高效率。原生质体由于丧失壁的保护，以及丢失了壁中含有的重要成分，因此在培养初期必须设法使细胞壁再生，恢复成细胞状态，才能走上健康的发育道路，这一点，无论体细胞或性细胞概莫能外。原生质体在培养上固然比较困难，但优点是摆脱了壁的障碍，便于融合，由此诞生了体细胞杂交、配子－体细胞杂交和离体受精等细胞工程新技术。

现在重点介绍单个细胞的培养。当分离的细胞数量很小，不足进行大量培养，或为了对特定细胞的体外发育进行追踪观察，或为了进行单对细胞的融合（如离体受精）或显微操作时，单个细胞的培养具有特殊的意义。单个细胞的体外发育所遇到的最大挑战是如何解决细胞的"群体效应"（population effect）问题。游离细胞在培养基中会释放许多有用物质，当细胞密度较大时，释放到培养基中的物质会被互相吸收利用，从而使流失得到补偿。这就是群体效应。而当培养基中的细胞密度过小时，群体效应受到削弱，就不利于细胞的生长发育。为了解决这个问题，研究者们一直沿着两条技术思路不断改进：一条思路是将培养基的量减少到适合于单个或微量细胞的需要；另一条思路是利用其他材料向培养基释放有用物质，以满足目标细胞的需要。前一种思路诞生了"微量培养"（microculture）技术；后一种思路导致"共培养"（coculture）（亦即饲养）技术的产生。

先讲微量培养。最初的设计非常简单，是在一块载玻片的两侧各放一块盖玻片，中央放一小滴液体培养基和培养细胞，覆上第三块盖玻片，架空在下面两侧盖玻片上形成一个微室，然后周围用石蜡油封闭以防水分蒸发。以后几经改进，设计出多种类型的微室。其中有一种适于花粉人工萌发的悬滴培养法，是用一个玻环扣在载玻片上，玻环的上下均涂以凡士林；在盖玻片上加一小滴培养液，撒上花粉，然后迅速将盖玻片反转覆于玻环上。这样做的好处是，花粉悬浮在液滴的下表面，利于吸收氧气。另一种方法是在培养皿底部铺薄层石蜡油，用微吸管吸取微量培养液，分散地注入石蜡油中，使之形成互相隔绝的微滴；然后用微吸管吸取一个或少数细胞置入微滴中，覆以皿盖并用石蜡膜封固，在倒置显微镜下观察。这种方法可以一次培养与观察许多微滴中的细胞，并按顺序编号追踪其发育动态。微滴培养的缺点是培养基太少，不足以维持细胞的长期存活。到了20世纪80年代，发明了商品生产的微室，至今广泛采用。这是一种塑料环，底部安装了一层微孔滤膜，其作用是容许微室内外液体交换但防止细胞通过，因此有利于将微量培养法和饲养法结合使用。

谈到饲养法，就要从前文提过的第二条思路说起。由于单个细胞失去群体效应后很难维持自身的发育，因此设想借助其他细胞的帮助。最早的试验是将一块正在旺盛分裂的愈伤组织置于培养基上，在愈伤组织上方覆盖一层滤纸，在滤纸上接种一个细胞。在愈伤组织分泌物的滋养下，单个细胞可以正常发育。在这一系统中，愈伤组织起着"哺育组织"的作用，目标细胞是被哺育者，整个方法称"哺育培养"或"看护培养"（nurse culture）。沿着这条思路不断实践，发现许多生活材料都可用来充当哺育组织，其中也包括正在旺盛分裂的悬浮细胞，其优点是通过悬浮培养建成胚性细胞系以后，可以经常取用作为饲养细胞（feeder cell）。将微室置于含大量饲养细胞的培养皿中进行饲养，并定期补充新鲜饲养细胞与培养液，可有效地支持目标细胞的持续生长发育，直至再生植株。现今多种植物的合子培养就是采用微室饲养技术获得成功的。

现在我们开始转入本章的主题：生殖过程的实验研究。我们挑选了10个专题，其中有的偏于体内实验，有的偏于体外实验，有的偏于以雄性系统为主，有的偏于以雌性系统为主，也有涉及雌雄双方的，大体上代表了实验生殖生物学中方方面面的内容。实际上，体内实验中也涉及体外实验；雄性系统实验中也涉及雌性系统实验；反之亦然。但总得有一个比较合乎逻辑的编排顺序。因此我们就大致按雄性→雌性→受精→胚胎的顺序说下去。

2. 花粉保存

在杂交育种中，通常尽可能采集新鲜花粉进行授粉。但在时间或空间条件不允许时，不得不求助于贮藏的花粉。时间上受限制的情况是：两个亲本开花期不一致，这叫"花期不遇"。当一个亲本开花时，其发育成熟的雌蕊却得不到另一个亲本的新鲜花粉，这时，运用贮藏的花粉就很有用。空间上受限制的情况是：两个亲本在地理上相距甚远，不可能劳民伤财地将亲本整株迁至一处授粉。而运送一小瓶贮藏花粉却是"小菜一碟"。除了杂交育种的需要外，人工保存花粉对于研究花粉生理也是一个重要的实验方法。

花粉保存，关键是了解花粉离开植株后，保持其寿命（生活力与受精力）的时间和条件。下面就从花粉生活力说起。

花粉的寿命

在自然条件下，从花药中散出的花粉受外界各种不利因素，如阳光辐射（特别是紫外线）、高温、干燥等的影响，难以长久保持生命。在比较阴蔽和室温条件下，寿命可以延长一些。各种植物的花粉在相同条件下，寿命大大不同。像蔷薇科、豆科、石蒜科、百合科等植物，花粉在室温下停留数十天仍然存活，而禾本科的花粉一般只能存活1d左右。水稻花粉寿命十分短暂，在田间阴处，几分钟后几乎全部死亡，在室温下也活不了多久。可是同属禾本科的一种野草——狼尾草，却拥有超长的寿命，甚至可达186d之久。

为什么花粉寿命的差别如此悬殊？历来有种种解释。一种说法是，三细胞型花粉大多寿命短于二细胞型花粉，其原因是前者多经历一次细胞分裂，因而"元气大损"，但这无法解释同属于禾本科的狼尾草，其三细胞型花粉寿命何以超长。另一种说法是，花粉生活力受花粉壁的厚度、结构与质地影响，壁较厚、较致密、含蛋白酶较多、色素较丰、表面富含油脂者，寿命较长，反之则寿命较短。第三种说法是，代谢强度起重要作用，呼吸强度较高的花粉比偏于休眠状态的花粉寿命通常要短些。总之，从结构和生理两大方面来找原因，均有一定道理。也许这些解释并不互相排斥，可以综合地说明花粉寿命的物质基础。当然，一切均由遗传特性决定。

如何测定花粉生活力的高低呢？最可靠的方法是人工授粉，然后根据受精率判断花粉生活力。其缺点是操作较为麻烦，还需等待若干时日才能看出结果。此外，受精率与花粉生活力的关系是相对的，因为授粉的花粉群体中只要有一部分花粉是健康的，便可以获得相当可观的受精率，所以实测的受精率每每高于花粉生活力。另一种方法是将供测花粉授于柱头上，略待片刻后切下柱头，以简易染色法观察花粉萌发情况，根据萌发率判断花粉生活力。第三种方法是将花粉撒播在人工配制的培养基上，根据萌发率鉴定花粉生活力。这种方法用在一些容易人工萌发的花粉上是有效的，但对像水稻、棉花那样本来就难以人工萌发的花粉价值不高。最后还有一种直接的染色鉴定法。这是基于细胞内的酶活性来鉴定细胞生活力，不仅适用于花粉，而且原则上适用于一切生活细胞（包括体细胞、性细胞及其原生质体）。由于此法既简单又可靠，目前成为鉴定花粉、精细胞、卵细胞、合子等的常规方法。下面着重介绍这一方法及其原理。

有一种染料称为荧光素二醋酸酯（fluorescein diacetate，简称FDA）。它本身不发射荧光，但在进入细胞以后，在胞内酯酶的作用下，裂解为会发射荧光的荧光素（fluorescein）；完整的细胞膜允许FDA进入细胞，却阻碍荧光素逸出细胞。因此，凡是具有酯酶活性与完整质膜的活细胞，在荧光显微镜下都会呈现明亮的绿色荧光，而缺乏酯酶活性或质膜受损的死细胞，就不显现荧光。FDA作为鉴别细胞生活力的有效手段，最初是在动物细胞实验中发明的；在植物中，FDA首先用于鉴定花粉生活力，以后又扩大应用到各种细胞类型。但FDA的应用要求具备荧光显微镜。在缺少荧光显微镜的条件下，还可以根据其他酶活性的染色反应，在明视野显微镜下鉴定花粉生活力，兹不赘述。

在讨论花粉生活力问题时，我们还必须澄清两个误解。其一，花粉生活力不等于花粉充实度。充实的花粉可能已经死亡，因此用鉴定充实度的常规方法如醋酸洋红染色来鉴定生活力是不可靠的。其二，花粉生活力不等于花粉育性。育性是指花粉发育是否健全到具备受精能力；而花粉生活力则是指花粉存活的强度。二者虽有关联，但并非等同。不育花粉可能有一定的生活力，而可育的花粉可能丧失生活力。所以，用于鉴定育性与生活力的方法是不同的。概念上的混淆常会导致应用上的错误，使用者应引以为戒。

如何延长花粉寿命？

花粉储存的目的是为花粉创造尽可能延长寿命的环境。前文说过，自然条件很不稳定，特别在高温、高湿环境中，花粉加速消耗，并易罹受病菌感染而丧失生活力。那么，怎样的环境才有利于花粉存活呢？研究者们在探索中走过了一段历程。

最早的储存方法是将花粉保存在干燥器中，这种湿度较低的环境有助于防止花粉被微生物感染，在一定程度上苟延某些植物花粉的寿命。但有些花粉，尤其是禾本科花粉不耐干燥，而且仅仅降低湿度而不降低温度仍非良好条件。

以后，流行最广、操作最方便的方法是将花粉密封于小瓶后保存在冰箱的冷藏室（4℃左右）或冷冻室（-18～-20℃）中，而以冷冻保存效果更好。这种低温储存方法至今仍然广泛采用，因为在实验室中只需要具备一台普通冰箱即可，而且一旦需要运输也只要一个盛冰块的保温瓶，非常方便。

但最能延长花粉寿命的条件是超低温，尽管禾本科花粉不适宜这样的条件。其实除花粉外，各种细胞均可用超低温大大延长寿命。不仅对花粉，而且对动物和微生物来说，超低温也是保存细胞的最佳选择。这并不奇怪，因为在这样的条件下，一切生命活动均已接近停止，细胞处于深度休眠状态。这也是为什么在科幻作品中幻想将人体冰冻若干年后再复活的依据。先进的超低温保存技术要求一套精密的设备和严格的操作程序。将花粉置于适宜的培养基中，先在4℃冰箱中预冷，加入冰冻保护剂，然后将盛器转入程序降温仪，由微电脑控制降温程序与速度，逐步降温至－40℃，最后转入液氮中长期保存。在使用液氮贮存的花粉之前，还要经过解冻程序，即将盛器由液氮中取出，迅速置入40℃恒温水浴内化冻，再以新鲜培养基洗涤。苹果花粉在－190℃下保存两年，受精率与新鲜花粉并无二致。洋梨和苹果花粉曾在－17～－37℃下贮存了9年之久，尚保存轻度的萌发率，曾经创造了延长花粉寿命的最高纪录。

最后，还要对禾本科花粉的保存讲上几句。禾本科花粉的特殊性在于，它们一般要求较高的空气湿度（过于干燥有害）和一定限度的低温（零下低温往往有害）。例如，玉米花粉在4～5℃与90%相对湿度下可存活8～9d。水稻花粉尤其娇嫩，最好保存在原来的花药内，在10℃和85%相对湿度下可以存活24h。

3. 花粉数量对受精的影响

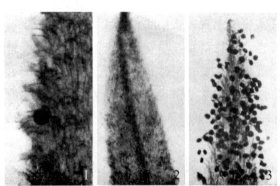

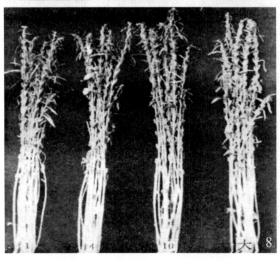

图 5-1 芝麻限量授粉实验
（引自杨弘远与周嫦1975）

在芝麻柱头上分别授1粒（1）、4粒（2）、10粒、大量（3）花粉，均能萌发花粉管。授粉后5d切片显示，1粒（4）、4粒（5）、10粒（6）与大量花粉（7）授粉均形成球形胚；虽然花粉数量愈少，胚形愈小，但至种子成熟时已无显著差别。1粒、4粒、10粒与大量花粉授粉的F₁植株（5株一束），生长与结实习性亦无显著差别（8）。实验结果证明，1粒花粉授粉可以保证受精结实与后代发育正常。

大家知道，自然传粉与人工授粉时，一般在柱头上落下大量的花粉，其数量往往大大超过子房内的胚珠数。对于仅含单个或少数胚珠的子房而言，雄、雌双方数量上的差异尤为悬殊。为了给一个胚珠受精，理论上只需一根花粉管就够了。但实际上能做到吗？如果能，那么，落在柱头上的超数花粉岂非多余？"多余"的花粉难道完全不起作用？怎样通过实验方法澄清其作用？

有一点是明白的：无论动物或植物，为了保证一个卵子受精的成功，都必须以大量的雄配子作为保证，其中只有最具竞争力的雄配子成为优胜者，其他落选者均被淘汰出局。授粉以后，花粉管从柱头到胚珠的"赛跑"中，同样相互竞争，同样遵循优胜劣汰的自然选择法则，最后进入胚囊发生双受精的，通常只有一根花粉管。然而，除此以外，多余花粉管就没有其他作用吗？

限量授粉实验说明了什么？

在柱头上人工授以一定数目的花粉粒，然后观察不同数量花粉对受精结实的影响，称为"限量授粉"。在芝麻上曾经进行过规模较大而精确的实验：在柱头上分别授以1粒、4粒、10粒、20粒、40粒等不同数目的花粉，而以大量授粉为对照。结果，授1粒或少数花粉时，花粉可以萌发，花粉管可以在花柱中生长；受精也能较顺利地完成。唯花粉数量太少影响胚的初期发育，致其滞后，但在后期又逐渐赶上，以致当种子成熟时与对照几无差别。对结实状况的分析表明有两种不同的情况：在一部分品种中，授1粒花粉可获得50%～60%结实率，最高达80%左右；每个果实含1粒种子。授4粒以上花粉者，结实率更接近对照；并同样表现每粒花粉基本上可以为1粒胚珠受精。但在另一部分品种中，花粉数量少时，由于子房脱落致使结实率大幅度下降，1粒花粉授粉只有2%～4%结实率。不过，将脱落的子房解剖观察，发现其中多数已经受精，可见结实率下降的原因不是由于受精障碍，而是由于花粉数量太少引起落果。再看后代表现，限量授粉也没有产生异常影响（图5-1）。总之，限量授粉实验证明，就受精、胚胎发育和产生正常后代来说，"一对一"（1粒花粉vs 1粒胚珠）的方式基本上符合需要。不过，从授粉数量过少引起胚胎发育初期相对迟缓以及落果的表现看来，大量花粉还是起积极作用的。

大量花粉的生理影响

大量的、"多余"的花粉，虽然不直接参加受精和传宗接代，但在受精结实过程中起着多方面的生理作用。这个问题可以从以下四方面来分析：

一是影响雌蕊代谢。沉水植物苦草的雌花在传粉前花柄伸长，将花朵推至水面以便接受花粉。传粉后，花柄立刻作螺旋式扭转，将花拉入水下。如若传粉受阻，雌花会在水面停留很长时间，才缓缓回到水下。玉米授粉后，引起磷由母株流入子房；还会使卵细胞加速成熟。兰科植物从传粉到受精的时段较长，便于区别传粉和受精二者对雌蕊代谢的影响。生理学分析表明，传粉引发兰花合蕊柱中代谢与合成活性加强，糖分流入加速；另一方面，花被中发生大致相反的过程，致使花被走向凋谢。现在知道，花的凋萎与激素乙烯有密切关系。传粉引起一系列与乙烯合成有关的信号转导过程，结果生成大量乙烯，导致花瓣的衰老。若用人工方法切断乙烯合成途径，便能延长鲜花寿命。以上这些事例表明，花粉不仅影响花器官本身，还促进物质在营养器官与生殖器官间的重新分配。

二是影响果实发育。受精后由子房变成果实的过程，先后有三个阶段的因素起推动作用：第一阶段是传粉的诱导；第二阶段是胚乳的推动；第三阶段是胚的推动。

在这场接力赛中，传粉是最初的动力。这可由无子结实（单性结实，parthenocarpy）的实验得到充分证明。早在19世纪中叶，研究者将一种蕨类植物石松的孢子授于南瓜柱头，刺激了子房膨大。以后发现，用远缘花粉、杀死的花粉乃至花粉浸出液都能刺激子房膨大，说明花粉中含有某些物质，刺激子房壁的生长。果然，到了20世纪30年代，研究者在多种茄科与葫芦科植物上用多种生长素涂在切去花柱的子房切面上，居然长出接近正常大小的果实。当然，由于没有受精，果实中没有种子。这导致人工诱导无子结实的研究高潮。无子结实已经广泛地用于在温室条件下生产果实。近年来，应用基因工程方法，将有关基因导入番茄、茄子、烟草等植株中，成功地诱导出无子果实。人工诱导无子结实的发明来自人工授粉，但其研究进展后来已经远远超出了传粉影响的范围。

现在回头再说传粉的影响。诚然，花粉含有生长素，但花粉中的生长素含量还不足以满足子房的膨大。起主要作用的是花粉中的酶。在烟草中证明，授粉后子房内生长素的含量比由花粉直接带入的多100倍，这种生长素激增的原因是什么呢？原来，子房中含有大量吲哚乙酸的前体——色氨酸，后者在花粉释放的酶的作用下，转化为吲哚乙酸。可见，花粉对子房膨大的影响主要不在于直接提供生长素，而在于间接促进子房合成生长素。

三是花粉物质可能参与种子形成。20世纪50年代的苏联植物生理研究者有一项实验，即用放射性同位素示踪法定量测定有多少花粉物质参与种子形成。方法是：以放射性同位素^{35}S与^{32}P标记花粉，测出平均每粒花粉所含的放射性强度。授粉后，再测定每粒种子的放射性强度，由此推算出一粒种子中含有多少粒花粉的物质。在几种植物中所取得的数据相当接近：大约有4～7粒花粉的物质被种子吸收。换句话说，除1粒花粉直接参与受精外，其余的花粉也以某种方式对种子形成起作用。进一步，进行重复授粉实验，即在一般花粉授粉完成受精以后，再用带放射性标记的花粉进行第二次授粉。结果对种子放射性强度的测定表明，第二次所授的花粉能将所含物质带入胚珠。再者，花粉物质的传送方式，主要是通过花粉管带进胚珠，而通过扩散方式进入的只占10%～20%。此外还发现，多数花粉管进入子房以后，除了直接进入胚珠以外，大部分集中在胎座部分。种子成熟期间，胎座中的放射性强度递减，而种子中的放射性强度递增。研究者认为，花粉管集中处的胎座，好比一口"大锅"，发育着的种子从这口"锅"中不断取用建造自身的食料。这一实验尽管是距今半个多世纪以前所做的，但却是迄今唯一以同位素示踪法定量研究这一主题的实验，给我们留下了可贵的启示。可惜此后再也没有看到重复的实验证明该实验的准确性。

第四方面的影响更为深刻，也更为众说纷纭，那就是多余的花粉管能否进入胚囊？进入以后对受精及受精后的发育有什么影响？

多花粉管入胚囊与多精入卵：旧话重提

在当前流行的植物胚胎学文献中，几乎众口一词地强调一根花粉管携带两个精子进入胚囊，分别与卵和中央细胞结合。诚然，双受精的常态的确如此。但自然界的复杂多样在于，没有一种模式是绝对的和一成不变的。翻开历史文献，多数花粉管进入胚囊的记录并不罕见。早在20世纪50—60年代，苏联有一部分植物受精生物学研究者在当时盛行的"米丘林遗传学"思潮背景下，提出所谓"受精多重性"的理论，并求助于胚胎学证据。他们在大量授粉、重复授粉（二次授粉）或混合授粉后，切片观察进入胚囊内的花粉管数目，看到在这些情况下不止一根花粉管进入胚囊，甚至当双受精已经完成，幼胚已经形成之后，仍然有附加的花粉管进入。这些研究者由此主张"进入胚囊的多数花粉管参与受精过程"，从而夸大地提出所谓"多重受精"的观点。有人还将这一现象与"多精入卵"（或译"多精受精"，polyspermy）相联系，认为不止一个精子进入卵细胞是生物界中相当普遍的现象，"多余"的精子在卵细胞中不可能不以某种方式参与受精，不可能不影响后代遗传性。

斗转星移，半个多世纪以后的今天，科学界对当时在苏联和世界上相当大范围内盛极一时而转眼间变得声名狼藉灰飞烟灭的、由李森科在特定政治条件下打着米丘林的旗号强力推行的所谓"米丘林遗传学"的谬论，早已淡忘。而"受精多重性"理论，连同它赖以支撑的多花粉管进入胚囊及多精入卵现象，也早已被摒弃于受精生物学之外，几乎无人问津了。如今旧话重提，是基于这样一种认识，即我们应当把错误的理论和客观的事实相区别，既不可夸大某种事实而形成站不住脚的理论；又不可因理论上的错误而一概否认客观事实中的可信部分。

多数花粉管进入一个胚囊的现象，早在20世纪初期即有记载。几十年间，曾先后在几十种植物中观察到，在第一根花粉管完成受精之后，还会有后来的花粉管进入胚囊并在其中释

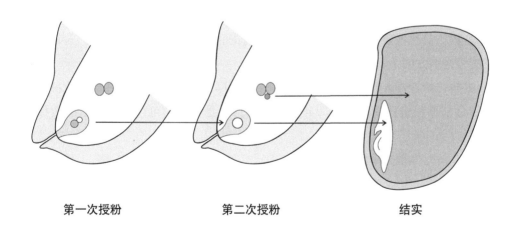

| 第一次授粉 | 第二次授粉 | 结实 |

图 5-2 重复授粉导致异雄核受精

用实验方法使玉米的花粉仅含一个2n的雄配子，进行第一次授粉，产生了3n的胚。然后用带紫色遗传标记的花粉进行第二次授粉，获得了紫色的胚乳。这个实验表明卵细胞和中央细胞分别由不同花粉的雄配子受精，称为异雄核受精。

放内含物。其中可能有些结果属于观察上的错误，但不可能全属误解。进入21世纪后，它又开始被有些学者重新重视。

根据2008年在国际学术刊物中的一篇报道，在玉米中曾经记录了在11%的胚囊中含有多于一根的花粉管。为了查证它们是否参与受精，研究者采取了一套巧妙的实验方法。首先，应用一种特殊试剂阻断花粉内生殖细胞的分裂，使花粉中仅含1个2n的"雄配子"[*]。其次，采取重复授粉方法，第一次先授仅含1个雄配子的花粉，1～4d后再用带紫色花青素遗传标记的正常花粉进行第二次授粉。结果在一小部分种子中出现白色的3n胚和紫色的胚乳。这类种子虽然只有6%的比例，但很有研究意义。它们确切地表明：胚是由第一次授粉产生（1个1n卵细胞+1个2n雄配子），而胚乳则由第二次授粉产生（2个极核+1个带紫色遗传标记的精细胞）（图5-2）。历史文献中早有所谓"异雄核受精"（heterofertilization）的记载，意指卵细胞与中央细胞分别由不同花粉管的精子受精。上述实验是异雄核受精现象的最新实验版本。此外，这个实验还告诉我们，双受精可以在时间上分隔开来，以先后两次单受精代替通常的一次性双受精。据统计，异雄核受精在玉米中并非罕见，多数品系中均约有1.25%的发生频率，其中一个特殊品系中竟达到25%的高频率。

这样看来，多花粉管入胚囊可能导致异雄核受精是无疑的。不过，迄今在类似上述双重授粉的实验中，尚没有发现多于1个精子与卵细胞受精的例证。在自然界中，"一对一"的精卵结合是常态，它导致2n孢子体的产生，从而维持遗传的稳定。不能绝对排除偶尔有超过一个精子与卵结合，从而导致多倍体形成的可能性。不过，从近年来离体受精实验结果看来，卵细胞似乎自有一套防止多精入卵的机制。这个问题只好留给后来者去继续探索了。

在对复杂纷纭的历史资料进行了一番梳理，去掉了许多不可靠的或无关的资料以后，围绕花粉数量对受精的影响这个主题，我们可以总结以下几点：

（1）受精基本上是"一对一"的方式，一粒花粉授粉足以产生正常种子和后代。

（2）多数花粉起重要的生理作用，包括影响花的代谢、引发子房膨大、其物质有可能参与种子形成等诸多方面。

（3）多数花粉管进入胚囊是客观存在的现象，尽管发生频率不高；不同花粉管携带的精子可能分别参加卵和极核的受精，即异雄核受精。异雄核受精可以通过先后两次授粉的花粉管来完成。

（4）迄今尚无多精受精的证据。

4. 花粉蒙导

前一节，我们讨论了花粉"数量"的影响，现在再讨论花粉"种类"对受精的影响。大家知道，自然传粉时，落在柱头上的除了本种的花粉外，还可能有异种的花粉。异种的、远缘的花粉通常不参加受精，这是由于不亲和机制排斥它们，以防遗传混杂，保持种的稳定。

---

[*] 此处使用带引号的"雄配子"，是因为生殖细胞实际上行使了雄配子的功能。

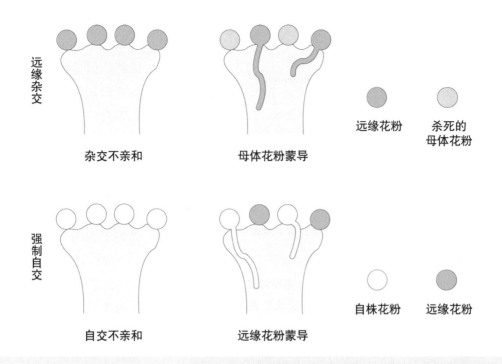

远缘杂交

杂交不亲和

母体花粉蒙导

远缘花粉

杀死的
母体花粉

强制自交

自交不亲和

远缘花粉蒙导

自株花粉

远缘花粉

图 5-3　花粉蒙导

在混合花粉授粉实验中，花粉可以欺骗雌蕊，使原本不亲和的授粉取得成功。例如，在远缘杂交时，利用杀死的母本花粉作为蒙导者，可以在一定程度上克服远缘杂交不亲和。在自交不亲和的场合，也可以利用远缘花粉作为蒙导者，促使自交成功。花粉蒙导的主要机理在于：花粉壁中的蛋白质与雌蕊发生识别反应。

另一方面，异花传粉植物的自花传粉时，也是不亲和的。这些不亲和花粉真的不起作用吗？从混合花粉授粉的实验可以看出一些端倪。

混合花粉授粉

果树育种家米丘林（Michurin）在育种中早就利用混合花粉授粉克服远缘杂交不亲和。混合花粉有几种组合，可以是同一远缘物种几个不同品种花粉的混合，或不同远缘物种花粉的混合，或少量母本花粉与远缘花粉的混合。由于几种花粉参与授粉，改善了花粉萌发和花粉管生长的生理环境，在一定程度上克服了种间的生殖障碍，获得了杂种后代。米丘林提出了一个名称"蒙导花粉"。"蒙导"（mentor）是辅导者的音译兼意译，意指混合花粉中一部分花粉对目标花粉的辅导作用。后来的研究者发现，混合花粉授粉也有助于克服自交不亲和。在后一种情况下，是利用远缘花粉或杀死的本种花粉作为蒙导者来欺骗雌蕊，使之接受原本不亲和的自株花粉（图5-3）。远缘花粉辅助授粉的方法曾经在玉米、黑麦、向日葵、甘蓝等异花授粉植物的自交中获得成功的记录。

查阅历史资料，在花粉人工萌发实验中也曾观察到异种花粉之间的相互作用。这种相互作用可能是双向促进，也可能是单向促进，也可能是互相抑制。例如，桃叶风铃草花粉单独培养时，萌发率为63%；柳穿鱼花粉单独培养时，萌发率为19%。而将这两种植物的花粉混合培养，则二者的萌发率分别提高到74%和65%。这是双向促进的例子。柳穿鱼花粉

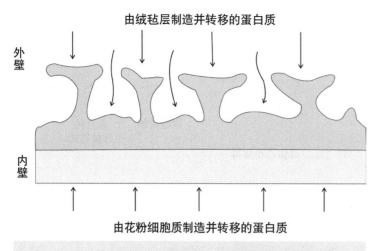

由绒毡层制造并转移的蛋白质

外壁

内壁

由花粉细胞质制造并转移的蛋白质

图 5-4　花粉壁蛋白的来源

花粉壁包括外壁与内壁。外壁的结构成分孢粉素以及外壁中的蛋白质，是外源的，即由孢子体组织绒毡层制造并转移而来的。内壁及其中所含蛋白质，则是内源的，即由花粉（配子体）原生质制造并向外分泌的。外壁蛋白质与内壁蛋白质不仅来源不同，而且在传粉受精过程中所起的作用迥异。

与苜蓿花粉混合培养时，前者萌发率降低，后者萌发率提高，似乎柳穿鱼花粉对苜蓿花粉起促进作用，而苜蓿花粉对柳穿鱼花粉起抑制作用。现在我们无从推敲这些几十年前的实验的准确性和可重复性，但从理论上看，研究各种花粉之间的相互作用仍不失为有意义的一个实验方向。

科学的发现往往是从现象入手，由表及里、由此及彼地曲折行进。花粉蒙导起初只是在果树杂交育种中采用的一种方法，以后扩展到其他许多植物，一方面用于克服杂交不亲和与自交不亲和，另一方面作为研究不同种类花粉间的相互作用的实验手段。再后来，随着"米丘林生物学"被淘汰出局，这方面的研究顿趋泯没。但由此引发的新一波兴趣却提出了一个全新的课题——花粉壁蛋白的研究。

花粉壁蛋白的发现

问题在于，既然异种花粉之间有相互影响，那么，相互影响的物质基础是什么？两名苏联研究者应用组织化学染色方法，看到花粉壁中存在生活的蛋白质——几种酶。他们在20世纪60年代初发表了一篇简短的报道，提出"花粉壁是生活的、有生理活性的构造"的观点，一反长期以来将花粉壁看成仅仅起保护作用的、僵死的外壳的陈旧概念。现在我们都知道，不单花粉壁，而且一般细胞壁都是有生理功能的构造（这在第4章论述"质外体"时稍带提过），已是人所共识的概念了。但回顾当年，能够从一项按现代标准看来相当原始的观察中引出一个新的观点，确属难能可贵。

10年以后的70年代初，两名澳大利亚和英国研究者根据上述报道的启示，用精确的生物化学方法重新研究了花粉壁的成分，肯定了其中存在生活的蛋白质，包括有活性的酶类及引起人类花粉过敏症的"罪魁祸首"——"变应原"（变态反应原，俗称"过敏原"，allergen）等。进一步，他们又弄明白了，花粉壁的两层中，均含有生活蛋白质，不过它们的来源、性质、功能各不相同。外壁蛋白是绒毡层制造并转运而来的，属于孢子体起源的蛋白质；内壁蛋白则是花粉自己制造的，属于配子体起源（图5-4）。外壁蛋白在传粉后与柱头相互识别中有重要功能；内壁蛋白主要是各种水解酶，较集中地分布在萌发孔下，与花粉萌发及花粉管穿透柱头有关。这两名科学家以精湛的工作将花粉壁的研究大大推向深入，但他们尊重前人的原始创新,承认自己的研究受到花粉蒙导的启发,以及基于前人关于花粉壁是生活构造的原始发现。对于这种科学精神,我们有必要以重墨点出。

既然花粉壁含有生活蛋白质,既然花粉壁蛋白参加与柱头的相互作用,那么,在混合花粉授粉过程中,花粉壁蛋白肯定会起一定的作用。例如,在自交不亲和的情况下,通过蒙导花粉对柱头的"欺骗",会帮助不亲和的自株花粉打开深入柱头组织的通道,从而变不亲和为亲和。当然,蒙导作用的参与者可能不限于花粉壁蛋白,其复杂机制还远没有阐明。第6章讨论自交不亲和的分子机理时,将展示这方面所取得的新进展与雌雄相互作用的模式。而远缘杂交不亲和则更为复杂,因为涉及的雌雄双方组合十分多样,恐难纳入一两个统一的模式,所以相对自交不亲和而言,远缘杂交不亲和的研究还大多停留在表面现象上。

写到这里,我们围绕花粉与受精的关系这个总的主题,从三个角度进行了讨论。这些问题以花粉为主,当然也涉及雌蕊;以体内实验为主,同时也包含一些体外实验工作。从现在起,我们将重点转入以体外实验为主。首先谈雄性系统的离体操作,接着谈雌性的离体操作,然后合起来谈受精的离体实验,最后谈受精的结局——合子与胚的离体实验。

5. 花药培养与花粉培养

由花药培养诱导单倍体植株是20世纪60年代植物实验胚胎学中的一件创举。其重要性体现在两个方面:一是在自然生殖过程中原本命定发育为雄配子体的小孢子,竟然改弦易辙,走上发育成孢子体植株的道路,从而具有理论研究价值;二是由小孢子长出的植株是单倍体,后者是有价值的育种材料。尤其是出于后一方面的应用潜力,曾经掀起了一阵"单倍体育种"的热潮。所以我们在切入本节主题之前,不得不先从介绍单倍体和单倍体育种入手。

单倍体:沙里淘金

高等植物的孢子体植株通常都是二倍体,也就是每个体细胞中有来自父母双方的两套成对染色体。通过减数分裂,成对染色体分离,因而产生的每个大、小孢子中,只含一套染色体,成为单倍体。例如,水稻体细胞含24个即12对染色体(2n),性细胞只含12个染色体(1n)。

在自然界中,偶尔因孤雌生殖产生单倍体植株,但频率极低,大约一百万株中才见到一株。而且,单倍体植株较二倍体矮小瘦弱,不能进行正常的减数分裂,它们的雌雄性细胞是不育的,因而不能留下后代。可以说,单倍体完全没有直接应用的价值。不过,科学家并不因为单倍体植株其貌不扬而嫌弃它,相反,自从20世纪20年代初在曼陀罗中发现第一株自然单倍体以来,一直想方设法用人工方法诱导它的产生。

这是为什么呢?原来,单倍体虽然没有价值,但经过染色体加倍后就成为纯合二倍体,不仅完全恢复了育性,而且由于含有两套相同的染色体,成为纯合二倍体,后代就不发生性状分离,成为纯系。纯系是遗传育种工作中的重要材料。例如,在常规的杂交育种工作中,从杂种第二代(F_2)开始,会发生多年的分离现象,只有通过多代的自交,才能形成稳定品

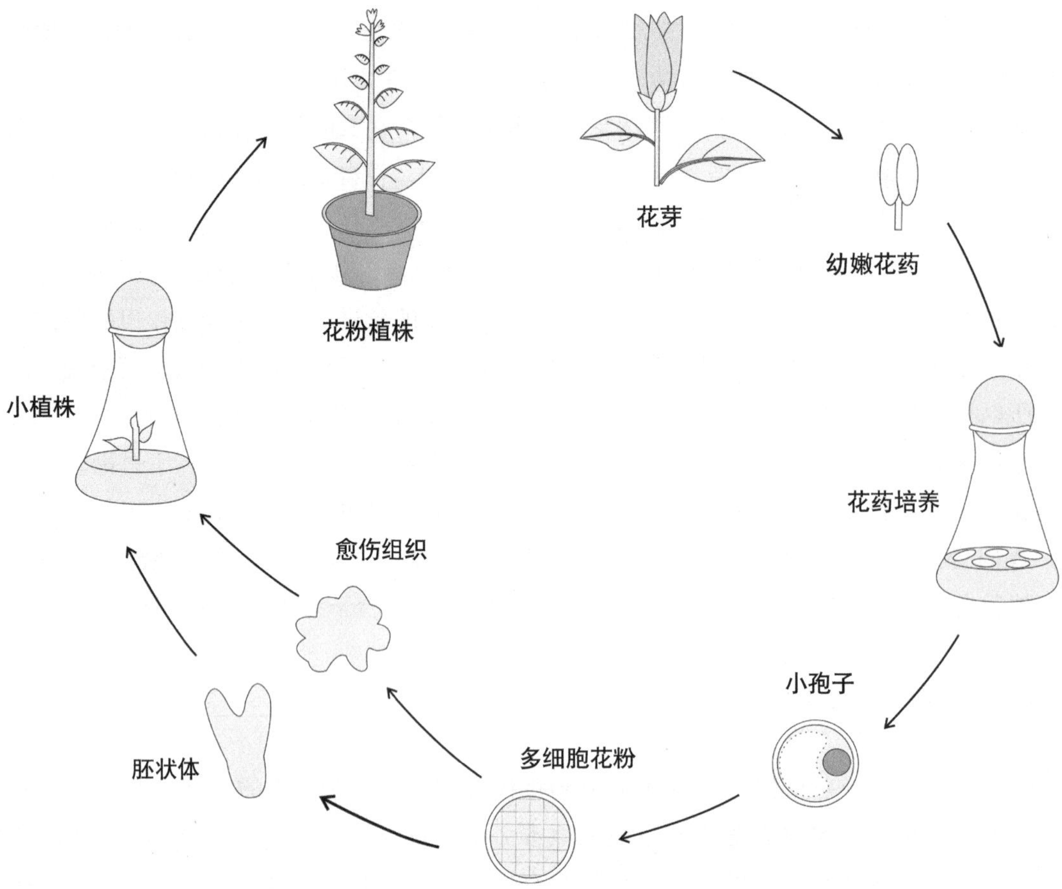

图 5-5　花药培养技术流程

从花芽中取出幼嫩花药,接种于培养基上,诱导其中所含的小孢子或早期二细胞花粉启动分裂,发育为多细胞花粉。后者通过胚胎发生或愈伤组织途径再生小苗,最终形成单倍体植株。

种。而应用纯合二倍体,可以在一代期间就稳定遗传性,从而缩短育种年限。更有甚者,相对于常规杂交育种后代的大量植株群体而言,从杂种F_1的小孢子培养出性状分离的单倍体和纯合二倍体,群体规模大为减小,这就大有利于提高选择的效率。提高选择效率、加速遗传稳定、缩短育种年限,是单倍体育种的几大优点,这一原理不仅在理论推演上是合理的,而且在育种实践中得到了验证。

在自然界中发现单倍体是可遇而难求的,于是,研究者们试图用各种方法人工诱导单倍体。最早是尝试以低温、高温、射线、远缘花粉授粉、延迟授粉、化学药剂等方法诱导体内卵细胞的孤雌生殖。后来发现在某些种间杂交组合中,受精卵中的精细胞染色体消失了,只剩下卵细胞发育。这种"染色体消失"(chromosome elimination)现象被利用来产生单倍体。这些方法在实践上均取得一定的成效,但各有其局限性。花药培养(anther culture)诱导单倍体自从成功以后,便以其效率高、普及广的优越性,成为单倍体育种技术的主流。

图5-5示花药培养技术流程。

花药培养中的发育途径

20世纪60年代，两名印度研究者将一种曼陀罗的幼小花药进行离体培养，旨在用体外实验的方法研究减数分裂的机理。他们这一初衷没有收到预期的结果，但却成就了实验胚胎学史上另一段佳话。他们注意到，经过一段时期的培养后，从花药侧面冒出了胚状体。起初他们以为这些胚状体是由花药体细胞组织起源的，这不稀奇。但随后证实，它们是由花粉起源，并且是单倍体。这一意外的发现是一次真正的突破，它第一次表明，通过离体培养可以改变幼嫩花粉的发育途径，以形成孢子体植株取代形成雄配子体，而这在自然生殖过程中是不存在的。继曼陀罗之后，重要农作物水稻、小麦、油菜以及其他许多植物的花药培养也育成了单倍体植株，说明这是一种普遍规律，由此在20世纪70年代掀起世界性的花药培养与单倍体育种高潮。

这里不谈各种植物花药培养具体技术的研究，那包括多种内外因素的分析与综合，如基因型（品种）、植株生理状况、花粉发育时期、预处理、培养程序、培养基等，具体而言因植物而异。有兴趣的读者可查阅有关的专门文献。这里重点谈谈花粉的发育途径。

谈到花粉发育途径，有广义与狭义的概念。广义的概念是指小孢子在发育上有很大的可塑性，可因内在生理及外界环境条件的变化朝不同方向发育。总的说来，小孢子有三种发育潜能与发育途径：一是正常的发育途径，即形成雄配子体，产生雄配子，称为"（雄）配子体发育途径"；二是在稀少情况下可以发育为类似雌配子体的构造，例如，在风信子和虎眼万年青花药中，少数花粉因特殊刺激形成所谓"花粉胚囊"（pollen embryo sac），后者甚至能吸引相邻花粉管，表现出有趣的雌雄性别的转换。这可称为"雌配子体发育途径"；第三就是由小孢子再生单倍性孢子体植株，称为"孢子体发育途径"，又称"雄核发育途径"*。由于雌配子体发育途径极为罕见，常常忽略不计，一般只就（雄）配子体途径与孢子体途径两者加以比较。

狭义的发育途径概念是指孢子体发育（雄核发育）中几种不同的发育途径。这又分为前后两个层面，一指启动雄核发育时的细胞分裂方式，二指发育为孢子体植株的方式。下文一一道来。

小孢子启动雄核发育的细胞分裂途径概括如下。（1）营养细胞持续分裂，最终发育为单倍体植株，生殖细胞退化，这种方式较为常见。（2）生殖细胞持续分裂，最终发育为单倍体植株。这种方式较为少见，但在一种叫做天仙子的茄科植物中却是主导方式。以上两条途径究其直接起源而言都是由小孢子不均等分裂产生的二细胞花粉中的成员细胞，所以统称"不等分裂途径"。（3）小孢子进行均等分裂，产生两个大小相等的子细胞，以后持续分裂下去直至形成单倍体植株，称为"均等分裂途径"。甘蓝型油菜的雄核发育就主要遵循这条途径。（4）还有一种特殊情况：小孢子在产生营养核与生殖核的过程中，二者不独立分裂，而是在一个共同的纺锤体上同时进行分裂与融合，结果产生二倍体或非单倍体的胚。除此以外，还有一些小孢子通过重复游离核分裂而发育的变型，但游离核的前途如何尚不清楚。

---

* "雄核发育"亦称"单雄生殖"（androgenesis），其原意是指体内无融合生殖中的一种特殊现象，即精核进入卵细胞后不与卵核融合，而借卵细胞质的环境单独分裂发育成单倍体植株。后来研究者转用这一术语，表述花药培养中小孢子的孢子体发育。

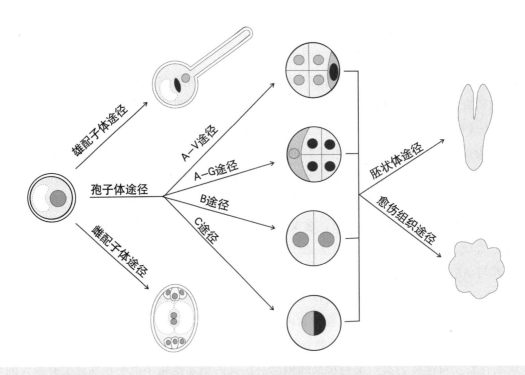

图 5-6　小孝子的发育潜能与发育途径

小孢子拥有三种发育潜能：在正常情况下发育为成熟花粉与花粉管（雄配子体途径）；在个别物种中和特殊条件下可以发生性别转化，形成类似胚囊的构造（雌配子体途径）；在许多植物中也可以被诱导脱分化，走上孢子体发育即雄核发育途径。雄核发育可以来自营养细胞分裂（A–V）、生殖细胞分裂（A–G）、均等分裂（B）或边分裂边融合（C）等不同发育途径。最后通过胚状体途径或愈伤组织途径再生孢子体植株。

　　小孢子雄核发育的第一阶段是形成"多细胞花粉"（multicellular pollen），它们被包在统一的花粉壁内，后来才挣脱花粉壁的束缚。第二阶段则有两条不同的发育途径，正如体细胞培养时那样：一条是胚胎发生途径或称胚状体途径，以曼陀罗为代表；另一条是器官发生途径，即先形成愈伤组织，再由愈伤组织产生根、芽，再生植株，以水稻为代表。但这两种发育方式不是固定不变的，通过培养条件的调节，特别是外源激素的变化，可以互相转变。由于愈伤组织形成过程中容易发生染色体变异，而胚胎发生过程中较少发生变异，所以研究者们倾向于设法促成胚胎发生。不过，愈伤组织的变异也有其优点，就是在分裂过程中一部分细胞的染色体可以自行加倍，导致再生纯合二倍体植株，而无需用秋水仙素处理进行人工加倍。水稻花药培养中就常常利用这一特点。

　　现在总结花药培养中论及"发育途径"的几层含义：

　　（1）与正常配子体发育途径相对应的孢子体发育途径，又名雄核发育；

　　（2）雄核发育的早期发生方式，如营养细胞分裂、生殖细胞分裂、小孢子均等分裂等途径；

　　（3）再生植株的途径，包括胚胎发生途径和器官发生途径。现在，让我们将这几层容易混淆的概念纳入一个总的图解框架（图5-6）。

游离花粉培养：细胞水平上的操作

在花药培养成功的基础上，研究者们又试图进一步将小孢子分离出来直接培养，称为"游离花粉培养"（free pollen culture，简称"花粉培养"）。既然目标都是育出单倍体，而花粉培养又比花药培养技术难度更大，为什么还要多此一举呢？这是因为花粉培养有几个优点。第一，在花药培养时，药壁组织起相当重要的作用；游离花粉排除了药壁这个因素，因而便于观察花粉发育情况以及分析研究结果；也不会出现药壁组织增生而致鱼目混珠的情况。第二，花药培养通常采用试管或者三角瓶，而花粉培养一般在培养皿中进行，所需要的器皿和培养空间较小而培养产物较多。第三，游离花粉更便于作为基因工程的受体。从宏观的视角来看，从花药培养到花粉培养，是步体细胞从组织培养到细胞培养的后尘，是性细胞操作技术的一次提升。从20世纪70年代起，到80年代中期，花粉培养在曼陀罗、烟草、水稻、油菜等植物中相继成功，技术日臻成熟。

花粉培养技术的发展大体上经历了两个阶段。起初多采用散落花粉培养法，即预先将花药漂浮在液体培养基上，经一定时间后，花药中的部分花粉已经启动雄核发育，药壁开裂，花粉与多细胞团散落到培养液中，继续分裂发育。此法的优点是，在花药预培养期间，已经度过了雄核发育的起始阶段，比直接诱导分离花粉的雄核发育容易成功，但它依赖前期的药壁影响，还算不上真正意义的花粉培养。后来，由花药中直接分离花粉进行培养也取得成功。方法是将花药置于分离溶液内，用玻棒轻轻挤压，使花粉逸出，再用筛网滤去残渣，离心收集花粉进行培养。为了促进雄核发育的启动，常常需要在分离花粉之前进行低温或高温预处理，有时需要采取饲养组织施加援手。各种植物要求的预处理条件相差很大，例如：高温预处理对油菜十分有效；水稻需要低温预处理；而烟草除低温预处理外，饥饿处理也是有效措施。在培养过程中，油菜花粉无需施加外源激素即可进行胚胎发生，而水稻花粉一般需要外源生长素刺激愈伤组织形成。

花粉缘何转向雄核发育？

为什么小孢子在体内正常状况下走向配子体发育，而在离体培养时可以转向孢子体发育途径？这是一个深刻的问题，虽经多年探讨，至今仍未得出统一的解释。20世纪70—80年代，曾经在细胞水平上提出过一些解释；90年代以来开始在分子水平上寻求答案。现简单介绍如下：

研究者首先注意到一个现象：在培养的花药中，即使各种外在条件得到满足，但同一花药内的花粉，总是只有少数启动孢子体发育，多数依然如故，不久死去。这启示人们应当从内因方面去探索。原来，花粉在体内发育过程中早就出现差异，除了多数花粉达到正常成熟花粉外，少数花粉发育滞后，表现为体型较小，细胞质贫乏，染色较浅。这种现象称为花粉二型性（pollen dimorphism），在烟草中表现特别突出。根据各种有关观察，尤其是根据异常花粉有时在体内即可分裂成多细胞或多核花粉，而在离体培养初期启动雄核发育的花粉酷似异常花粉，有人提出雄核发育"预定性"的观点，认为在体内的花粉二型性中即已预先决定了一部分花粉具有雄核发育的潜力，而离体培养的作用在于使这一潜力继续发挥。在烟草上进行的超微结构观察，为这一观点提供了一定的支持：花粉在启动雄核发育之初，细胞内发生深刻的细胞质改组，表现为细胞器数目减少，结构退化，核糖体解散，液泡增大等，和减数分裂中所发生的细胞质改组颇为相似。有学者认为，细胞质改组既发生于由孢子体向配子体世代转换的关头（减数分裂），又发生于由配子体发育中途转向孢子体发育的关头，其本质都是消除原有世代的发育程序，以便为建立新的发育程序扫清道路（参看第4章论及"除旧布新"一节）。

上述观点颇有魅力，不过没有获得广泛的认同。因为在曼陀罗、天仙子、油菜几种植物中，并未证实在烟草中发现的现象，当然，也没有理由加以否认。也许，烟草雄核发育只代表其中一种类型吧。

甘蓝型油菜的研究由细胞水平进入了分子水平。由于采用了高温预处理等一整套有效技术，它的游离花粉培养已经达到很高的诱导频率，因此进行分子生物学研究也比较容易。前文交代过，油菜雄核发育遵循均等分裂途径，即像一般体细胞那样分裂成两个大小相等的细胞。在小孢子开始均等分裂之前，出现了在体细胞分裂中常见而在小孢子启动配子体发育时不见的某种微管格局变化的先兆，即显现微管的早前期带（preprophase band）。同时，在基因表达方面，也出现了明显的变化。有一种在胚胎发生与体细胞分裂时的启动子*CaMV35S*，在小孢子配子体发育中呈沉默状态，而在雄核发育时变得活跃起来，和合子胚胎发生中的情形相似。再者，在雄核发育过程中出现了几种"热激蛋白"（heat shock protein），这和油菜启动雄核发育要求高温刺激的事实相符；还有另外一些基因的表达，也和雄核发育的启动有关。总的看来，以油菜作为研究雄核发育机理的模式材料，取得了长足的进展。究其原因，一方面可能因为在其他几种植物上曾经研究卓有成就的学者，均已先后退出研究第一线；更重要的可能是，其他几种材料的花粉培养技术尚未达到足以进行分子分析的程度，而油菜已经达到了这一要求。科学研究总是一波又一波向前推进的，也许可以期待未来通过在多种植物中继续探索，逐步揭示出雄核发育的普遍规律。

6. 花粉原生质体与脱外壁花粉的操作

原生质体和完整的细胞相比，在细胞工程上有便于开展融合与转化的优点，例如，体细胞原生质体的分离成功带动了体细胞杂交技术的诞生。花粉作为单倍性的性细胞，如能分离出原生质体，当然有其特殊的价值。正因为如此，早在20世纪70年代已开始了分离花粉原生质体（pollen protoplast）的探索，但没有取得多大的成功，此后沉寂了十多年之久，直到80年代后期方才取得真正的突破。这是因为，花粉外壁的主要成分是孢粉素，无法像体细胞壁那样被酶降解，而用强烈的化学试剂如酸、碱、氧化剂等虽然可以去壁，却又同时破坏了原生质体。实践表明，解决这一难题需要新的思路。下面就从花粉原生质体操作的第一关分离技术开始说起。

如何摆脱花粉的外壳？

要脱去花粉外壁这层坚固的盔甲，还得采用酶法，但和一般体细胞的酶法降解细胞壁不同，需要依靠其他的力量。研究者们留意到，当花粉处于低渗的酶液中时，首先是吸水膨胀，膨压促使萌发沟扩大，外壁由此裂开。其次才是酶液由外壁裂口处侵入，促使内壁降解（内壁的基本成分为类似一般细胞壁的纤维素与果胶质，可以被纤维素酶与果胶酶降解）。

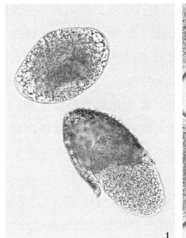
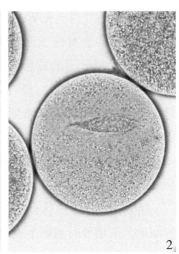

图 5-7　风雨花的花粉原生质体
分离（引自Zhou 1989）

花粉经水合后，外壁由萌发沟处裂开，带内壁的花粉由裂口逸出，成为脱外壁花粉（1）。接着，内壁被酶液降解，结果产生花粉原生质体。后者呈标准的圆球形，被清晰的质膜覆盖；内含明显的纺锤形生殖细胞（2）。

内壁降解之后，原生质体失去和外壁的联系，便像"金蝉脱壳"一样，由外壁渐次逸出，留下一个空的外壁（图5-7）。这项技术的关键思路，是避开外壁这层顽固的堡垒，来一个"中心开花"，让酶液直接接触内壁。说穿了不稀奇，但找到这条思路并不简单，并且其中还涉及一个重要前提：外壁的结构特点。

最早突破花粉原生质体分离关的是日本和中国研究者各自在百合、鸢尾、风雨花等百合科与石蒜科植物上的试验。这是有理由的。理由就是这类花粉的外壁具有较大的萌发沟而非萌发孔。这种结构特点容许花粉吸水膨胀后，促使萌发沟扩大，外壁裂开。芸薹属植物的油菜与紫菜薹花粉，也具有萌发沟，所以随后也分离原生质体成功。那么，不具萌发沟的花粉是否就不能分离奏效呢？那就要寻找另外的思路。

烟草花粉采用上述方法脱壁比较困难，研究者考虑，是否可以当花粉萌发，花粉管刚露头时，设法分离原生质体呢？花粉管尖端壁的成分是果胶质和纤维素，应当容易酶解。实验结果证明这个设想完全可行，关键是掌握"火候"：只有趁花粉管较短时才能分离出完整的原生质体；倘若花粉管太长，就常常由一根花粉管产生多数小的亚原生质体。

我国研究者在分离花粉原生质体的实验中，派生出一种"副产品"——"脱外壁花粉"（deexined pollen）。在芸薹属植物花粉原生质体的分离程序中，第一步是采用低渗液促使花粉吸水膨胀，然后再以酶液溶解内壁。当时发现，花粉吸水膨胀后，外壁脱落，留下仅具内壁的脱外壁花粉。后来在其他不少植物中提出了若干改进方法，也分离出脱外壁花粉。脱外壁花粉是介于完整花粉与花粉原生质体之间的结构单位，在分析花粉壁的生物学功能以及细胞转化上有一定价值，后文再谈。

脱壁的花粉也有两条发育途径

花粉有配子体发育与孢子体发育两条途径，脱壁后的花粉在离体培养中的发育途径又如何？这个问题涉及花粉壁的生物学功能，并且通过比较脱外壁花粉与花粉原生质体二者在培养中的行为，可以判断外壁与内壁二者各自所起的作用。

在讨论这个问题之前还要交代，无论花粉原生质体或脱外壁花粉，都可以从幼嫩花粉和成熟花粉分离获得。先从成熟花粉原生质体的培养实验谈起。

鸢尾科的唐菖蒲成熟花粉原生质体培养实验比较成功,除光镜观察外,还进行了超微结构观察。刚分离的花粉原生质体脱壁彻底,表面仅有质膜包围,细胞器保存完好;营养核与生殖细胞也正常。经过18h培养后,开始萌发花粉管。随着花粉管伸长,花粉内含物逐渐从原生质体流进花粉管中。有些花粉管继续生长,表现正常,有完整的花粉管壁,有正常的生殖细胞与营养核,还有纵行排列的肌动蛋白微丝,与一般花粉并无二致。但也有一些花粉原生质体表现不正常,甚至在培养18h后仍无萌发迹象,其中肌动蛋白排列也是异常的。

幼嫩花粉原生质体分离成功始于百合科的萱草。观察原生质体培养后的行为,得到有趣的结果。刚培养时的原生质体有一个明显的细胞核以及液泡,说明这是单核花粉(小孢子)时期。培养4～5d后,原生质体开始分裂。分裂或为均等方式,或为非均等方式。以后,均等分裂与非均等分裂产生的两个子细胞均可继续分裂,形多细胞花粉。培养11～15d,观察到各种形态的多细胞构造,其中有些很像原胚的形态。不过,培养期间也出现很多异常的行为。油菜的小孢子原生质体培养可以发育到小愈伤组织阶段。

以上实验表明,成熟花粉原生质体可以在培养中继续原有的配子体发育,形成花粉管;

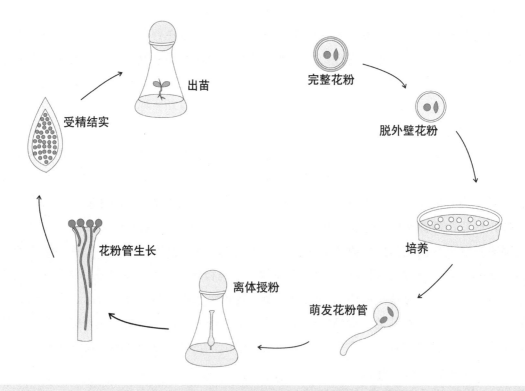

图 5-8 脱外壁花粉离体授粉受精技术流程

在烟草上建立了脱外壁花粉离体授粉受精技术流程。首先将完整花粉脱去外壁,成为仅有内壁覆盖的脱外壁花粉。后者在适当培养条件下萌发为花粉管。将含短花粉管的液滴授于雌蕊柱头上,花粉管可以通过花柱长入子房实现受精,形成种子,最终出苗成株。整个发育流程在离体环境中完成。这一实验表明至少在部分植物中授粉受精无需外壁参与。

幼嫩花粉原生质体则可像游离小孢子培养那样改变发育程序,走向孢子体途径。这就意味着,花粉壁的脱去并不严重阻碍它们的发育。当然,无论萌发花粉管或启动细胞分裂,都必须在再生新壁之后才能实现,这又表明细胞壁对发育的重要性。

细胞壁对发育的重要性在脱外壁花粉的实验中体现更清楚。这里,脱去的只是外壁,而保留了内壁,所以免去了培养初期的新壁再生。实验表明,外壁对脱外壁花粉的萌发重要性不太大。

由芸薹属成熟花粉分离的脱外壁花粉,在培养后萌发率可达30%～40%;花粉管生长正常,其中生殖细胞可分裂成一对精细胞。但利用脱外壁花粉萌发的花粉管进行人工授粉却失败了。这似乎可以作为芸薹属外壁及其表面的黏性物质与柱头相互作用的重要性的旁证。烟草的实验则不同,脱外壁花粉不仅较顺利地萌发花粉管,而且,将已萌发的脱外壁花粉授到柱头上,花粉管可以伸进花柱和子房,受精结实。萌发的花粉群体中约有一半能完成受精和形成种子,这是一个不低的比率。这一实验表明,脱外壁花粉授粉、受精、结实、出苗的完整操作系统已经建成(图5-8)。

现在对上述各方面的研究结果作一次初步的梳理:第一,花粉脱壁后仍然保持配子体发育或孢子体发育的潜能;第二,不同植物的花粉,脱壁后的发育状况有差别;第三,脱壁的程度对发育的影响很大,一般讲,仅仅丧失外壁影响较小,没有严重阻断发育进程,彻底脱去内、外壁后,也能再生新壁,启动发育进程,然而迄今还没有实验证明花粉原生质体培养可以达到两条发育途径的终极目标——再生植株。

潜在的基因工程受体

基因工程是将指定的目的基因导入受体细胞并整合到其遗传物质中,实行遗传转化。导入的方法有很多种。对于像花粉这样体积微小的受体,通常采用两种方法:一是"电激"法(或译"电穿孔",electroporation),即应用电激仪的强力电脉冲在细胞质膜上打孔,以便外源基因进入细胞;二是"基因枪"法(gene gun,亦称"微弹轰击",particle microbombartment),即将外源基因吸附在微小的金粒或其他粒子上,然后应用基因枪设备,像发射鸟枪子弹一样将许多金粒射进受体细胞。花粉壁尤其是外壁妨碍电激,对基因枪也多少有所阻碍。因此,花粉原生质体与脱外壁花粉在理论上应是较理想的基因导入受体。

怎样检测外源基因是否导入受体细胞?导入以后是否能够表达?这需要仰仗"报告基因"(亦译"报道基因",reporter gene)。有两种最常用的报告基因,一是GUS(glucuronidase,β-葡糖苷酸酶)基因,它可以用特殊染色方法显示;二是GFP(green fluorescent protein,绿色荧光蛋白)基因,它在荧光显微镜下被激发显示绿色荧光。将报告基因与花粉特异启动子、目的基因相连接,然后导入受体,可以借助报告基因的表达查知目的基因的表达。这就好比给野生动物戴上无线电装置,无论它走到哪里,都可以追踪其下落。在这方面,GFP无需染色即能检测生活细胞中的外源基因表达,因此更为优越。

在介绍了以上基本原理以后,我们转入正题。以烟草脱外壁花粉为受体,完整的具壁花粉为对照,采用电激法导入外源基因的实验结果是:脱外壁花粉的GUS表达水平约为完整花粉的30倍、萌发花粉的5倍。应用基因枪法实验结果是:在脱外壁花粉及其萌发的花粉管中显示了报告基因的表达，脱外壁花粉的外源基因表达水平为完整花粉的3～6倍，为了检测被基因枪轰击的脱外壁花粉在授粉后是否仍可保持表达活性，采用了前文所述的授粉技术，检测到花柱中的少数花粉管中有GFP表达。这些实验结果证明，花粉脱去外壁后，的确有利于外源基因的导入。

从"配子－体细胞杂交"到"花粉－体细胞杂交"

花粉原生质体在应用上最有成效的方面，是以它作为1n原生质体与2n体细胞原生质体融合，产生3n杂种植株。三倍体在育种中有特殊价值，可以用来生产无子果实。

这事还得从20世纪80年代中期开始说起，研究者们在烟草属与矮牵牛属中进行试验，将一种植物的小孢子四分体原生质体与另一种植物的叶肉原生质体融合，经培养再生了三倍体种间杂种植株。他们把这方法叫做"配子－体细胞杂交"（gameto-somatic hybridization）。如果追究词意，"配子"用在此处并不合适，因为四分体并不是配子，而是小孢子。他们之所以选用四分体作为获取原生质体的原材料，是因为此时的小孢子被胼胝质壁包裹，而胼胝质可被从蜗牛中提取的酶降解；一旦四分体分散成游离花粉，就形成外壁这道不可被酶解的防线，以当时的技术难以获得原生质体了。但四分体有其局限性，一是体形较小，二是时段很短，不易掌握分离的时机。

到了游离花粉分离原生质体成功以后，我国研究者就试验以其作为一方，体细胞原生质体作为另一方，开展细胞融合研究，首先成功的是在芸薹属中，以青菜的幼嫩花粉原生质体和甘蓝型油菜的下胚轴原生质体融合。融合后的原生质体培养后分裂、分化，再生了小植株。对再生植株的根尖染色体计数、同工酶分析以及分子标记鉴定，证明获得了种间杂种3n与4n植株。作者将这一方法命名为"花粉－体细胞杂交"（pollen-somatic hybridization）。随后，中国和法国研究者分别在烟草属中应用此法也获得了成功。

开展花粉－体细胞杂交实验，有几个环节需要注意。一是用于提取花粉原生质体的应当是幼嫩花粉时期的花粉（单核至二核初期）。和四分体相比，这个发育时段较长，细胞体形较大，比较容易收集材料。二是要尽量争取提高种间融合（异源融合）的比例而减少种内融合（同源融合）的比例。一种办法是适当提高花粉原生质体的密度，减少体细胞原生质体的密度，通过二者数量比率的调节可使异源融合率达到50%左右。另一种办法是采用带有抗卡那霉素基因的品系作为花粉的供体，而在培养基中加入卡那霉素，这样，只有抗卡那霉素的异源融合体得以存活，而没有抗性的体细胞原生质体不能存活。这是细胞工程中的一种常用技术。三是对候选的杂种植株进行严格的细胞与分子鉴定。首先从形态特征上初步选出那些带有花粉亲本性状的植株，然后通过染色体计数查明其倍性，通过分子鉴定查明其杂种性。

7. 雄配子原生质体操作

"配子原生质体"（gametoplast）是指分离后呈原生质体状态的配子，从广义上讲应当包括雄配子原生质体和雌配子原生质体，但习惯上常指精细胞及其前身生殖细胞的原生质体。

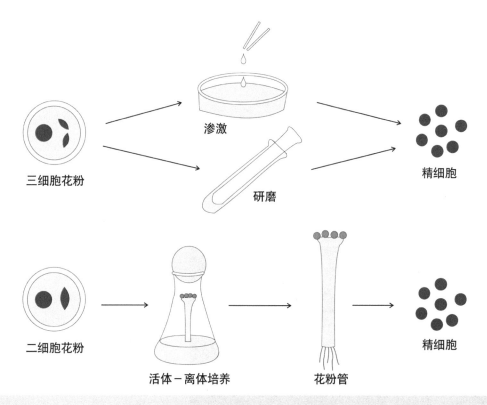

图 5-9　分离精细胞的方法

从三细胞花粉与二细胞花粉中获取精细胞的方法有所不同：三细胞型花粉在成熟时已经产生精细胞，因此可以采用渗激或研磨方法使花粉破裂，释放内含的精细胞，再加以纯化获得精细胞群体。二细胞型花粉的精细胞是在花粉管中产生的，因而需要将授粉后的花柱切下插入培养基中，待花粉管由花柱切面长出后，再从中收集精细胞，这称为"活体－离体技术"。

精细胞及生殖细胞由花粉管中分离出来以后，常呈无壁的原生质体状态，和在体内受精时由花粉管中释放出来的状态相似（参看第4章）。配子原生质体的分离，是在20世纪80年代中期开始突破。

分离生殖细胞与精细胞的方法

　　早在20世纪70年代初期，就有人分离二核花粉中的生殖核与营养核成功，目的是分别研究二者的生物化学性质，所以分离的产物不是完整的生活原生质体。到了80年代，开始用压片方法分离出少量精细胞与生殖细胞，以便观察它们在体外环境中的形态变化与运动性能。在形态变化问题上，发现了原来在花粉内的长形状态在体外变成球形（即原生质体状态）的一般规律，同时揭示与此相关的微管骨架格局的变化，这方面已于第4章有关部分介绍。另一方面，原来预期被子植物精子在体外可能会表现自主运动的设想，却获得了否定的结果。这不奇怪，因为即便在体内尚有一定的自主运动能力（这一点迄今也未证实），离体后变成球形原生质体也断然不可能自主运动。

　　压片法只能分离少量细胞供显微镜观察用，要想获得大量分离产物显然要另辟途径。另外，我们还知道，三细胞型花粉含有精细胞，而二细胞型花粉只有在花粉管时期才形成精细

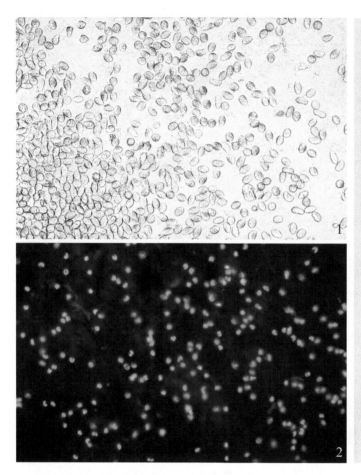

图 5-10 分离的生殖细胞与精细
胞群体

从花粉中分离出生殖细胞或精细胞
后，经过过滤与离心，可富集得到较
为纯净的细胞群体。1.葱莲的生殖细
胞群体，明视野图像（引自周嫦与吴
新莉1990）。2.玉米的精细胞群体，
H33258荧光染色显示细胞核（引自Yang
and Zhou1989）。

胞，所以二者的分离技术各异（图5-9）。

由三细胞花粉分离精细胞与生殖细胞相对简单，主要是设法促使花粉破裂释放内含物。
有两种方法做到这一点。一为研磨法，即将悬浮于适当溶液中的花粉置入玻璃匀浆器轻柔研
磨，促使花粉破裂。另一种方法为渗透压冲击（渗击、渗激），即将花粉置于适当的低渗溶
液中，任其吸收膨胀自行破裂。采用哪种方法，依花粉的种类而定。

由二细胞花粉的花粉管分离精细胞，最好的方法是"活体－离体技术"（in vivo - in vitro
technique）。首先将花粉授于柱头上，隔一定时间当花粉管中已形成精细胞后，切下花柱，
将切口插入培养基。花粉管由切口长出，像一把胡须一样。然后采用渗击法或辅加酶解，促
使管尖破裂释出精子。

无论哪种方法，分离的产物中包括大量的残渣，必须通过过滤、离心等程序加以清除，
最后才获得纯化的精细胞或生殖细胞群体。为了防止分离操作对细胞造成伤害，往往要在分
离液中添加某些保护剂，如葡聚糖硫酸钾、牛血清白蛋白、聚乙烯砒咯烷酮等，以保存分离
细胞的生活力。鉴定生活力的方法是荧光素二醋酸酯荧光反应，已于前述。在适宜的保存溶
液中，配子原生质体的存活时间为数小时至数天不等，因植物种类及操作方法而异。生活力
的保持至为重要，因为无论以继续操作为目的或以基因表达研究为目的，都是不能用死亡的
细胞为材料的。图5-10示分离纯化后的生殖细胞与精细胞。

分离产物的前景如何?

谈到雄配子原生质体的继续操作,研究者曾试图对分离的黄花菜生殖细胞进行体外培养,观察它们能在培养条件下存活多久,以及能否启动细胞分裂。具体方法是将纯化后的生殖细胞与融化的琼脂培养基混匀后,在培养皿中央铺一薄层,周围加入液体培养基,并放上幼嫩花药作为饲养物。培养后,经过分批固定和染色,然后镜检。接种时的生殖细胞少数处于分裂间期,多数进入分裂前期,但没有见到分裂产生的子细胞。经培养,有极少数生殖细胞发生了游离核分裂。在所观察的近6000个细胞中,平均有近6%完成第一次核分裂,极个别达到了第二次核分裂。这项实验证明,生殖细胞具有体外存活和进行短暂分裂的潜能。不过,基于雄配子原生质体与生俱来的发育局限,要想达到再生植株的目标大概胜算甚微。因此,雄配子原生质体的后续操作出路,集中在以它和雌配子原生质体在体外融合,即离体受精上,且待后文叙述。

雄配子原生质体的另外两项用途,是探索受精识别的机制,以及基因表达的特点。这两方面的入手步骤,主要都是以配子原生质体为起始材料构建cDNA文库,然后开展一系列分子生物学与生物化学研究。将在第6章再作讨论。

8. 未传粉子房与胚珠的培养

下面,我们将由雄性系统操作转入雌性系统操作。

在讲花药培养时提过,自从20世纪20年代第一次发现曼陀罗自然孤雌生殖产生单倍体植株以来,研究者们就尝试以各种物理、化学与生物学刺激,人工诱导孤雌生殖。但自然孤雌生殖固然罕见,人工诱导的有效性也不高。从20世纪50年代后期起,印度科学家就开始试探另一条途径,即将未传粉、未受精的子房或胚珠分离出来进行体外培养,以求诱导其中的卵细胞分裂发育。在试验了多种植物均告失败后,他们放弃了这一努力。以后花药培养一跃成为诱导单倍体的新星,人们的视线都转向雄核发育。直到70年代中后期,由法国研究者开始,中国研究者后来居上,先后在大麦、小麦、烟草、水稻等植物中进行未传粉子房与胚珠培养(unpollinated ovary/ovule culture),产生了单倍体植株,从而开始了研究离体雌核发育(in vitro gynogenesis)的新方向。

这里有必要解释"雌核发育"(亦译单雌生殖)的含义。雌核发育原来的含义是:在自然情况下,精子入卵后不与卵核融合受精,而仅刺激卵核单独分裂发育,实质上属于孤雌生殖的一种变型。未传粉子房培养成功以后,人们转用了这个词语,以对应于花药培养时的雄核发育。

在20世纪整个80年代及其后一段时期,诱导雌核发育的研究沿着几个方面进行。一是在多种植物中开展试验。据晚近一份统计资料,共在23种植物上报道了成功的记录。二是在一些重点材料上进行了操作技术的研究和改进,制定出可重复的有效操作程序。三是在重点植物中进行了胚胎学研究,以了解雌核发育的确切发生与发育过程。四是对雌核发育产生的植株及后代进行了染色体倍性与植株性状表现的研究。

以下着重介绍操作技术和胚胎学研究两方面，这也是我国研究者在这一研究领域中最有特色的两个方面。

诱导雌核发育的诀窍

为什么未传粉子房与胚珠培养在最初的失败后，经过十多年的沉寂又一举成功呢？准确回答这个问题并不容易。看来只能归因于多种因素的综合作用。

首先是材料问题。即使同属一种，但不同品种、品系的雌核发育潜能差别很大。例如水稻，粳稻品种一般比籼稻品种容易诱导，其中有的品种特别容易诱导，有的则极其顽固。研究者将这种天生的潜能称为"培养能力"（culturability），归因于基因的不同，并已着手在分子水平上探究其缘由。所以开始着手这项研究时先从培养能力高的基因型入手容易成功。

其次，接种时的胚囊发育时期、外植体类型、是否采用低温处理等培养前的因素也很重要；而培养基的选择，尤其是外源激素的种类和剂量等培养中的各种因素当然更为重要。从事这项研究，一般是从单因素比较试验开始，找出该因素的最佳条件，再将关键因素集中起来，进行综合实验，最后求得较为理想的操作程序。

在培养中经常出现一个令人烦恼的问题，就是子房或胚珠的孢子体组织被诱导增生为愈伤组织，它们不仅"鱼目混珠"，妨碍雌核发育产物的鉴别，而且往往还"喧宾夺主"，对雌核发育起抑制作用，降低后者的诱导频率。因此，如何抑制体细胞组织的增生是研究者面临的挑战。在这一点上，针对不同植物需要采取不同的对策。例如水稻，可以通过外源生长素浓度的调节做到：当生长素浓度偏高时，子房体细胞组织蓬勃增生为愈伤组织；浓度过低又不能诱导雌核发育；只有在适度偏低的浓度下才能既诱导雌核发育又防止体细胞增生。向日葵的情况又不同，为了防止胚珠体细胞增生，促进雌核发育，最好不施加任何外源生长素；培养基中的蔗糖浓度也有影响，适当提高浓度有利雌核发育，降低浓度促进体细胞增生。这样，经多次试验，分别总结出诱导水稻和向日葵雌核发育的最佳条件组合。

雌核发育来自何种细胞？

自然的孤雌生殖都是起源于未受精卵细胞的分裂。离体培养诱导的雌核发育是否同样如此？从常理推测应当如此，但科学研究不能仅凭理论推测，还须通过实验检验。为了弄清雌核发育的确切起源，需要进行大规模的胚胎学切片观察。由于雌核发育一般频率不高，只有通过较大规模的切片观察才能提高命中率，查明其确切起源，追溯其发育过程，获得确切的结论。在这方面，在水稻和向日葵上都曾分别制作了成千上万个子房或胚珠的切片。为了减轻工作负担，曾经制定了几种简化的技术程序，如"整体染色－切片"、"整体染色－透明"，在此不详细介绍。读者大概会回忆到，在第4章的开头曾经讲过，实验技术的由繁化简，在某些场合非常重要。研究雌核发育便是这样一种特别需要简易技术的场合。

在显微镜观察时遇到的一个难题，是如何判断分裂产物的真实来源。由于培养过程中子房或胚珠往往变形，在观察切片上的二维结构时一不小心，就会将体细胞的增生产物甚至折叠扭曲形成的假象，误判为雌核发育产物，所以必须通过连续切片的观察，才能还原其三维真貌。

更大的难点是如何判断雌核发育究竟起源于胚囊内的哪个细胞。如若在胚囊内部的珠孔

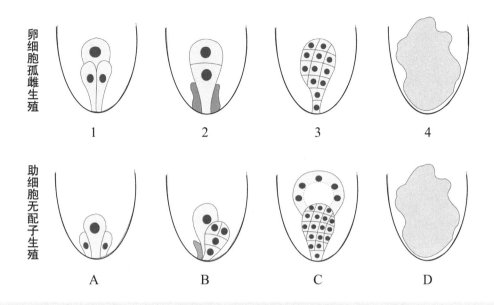

卵细胞孤雌生殖 1 2 3 4

助细胞无配子生殖 A B C D

图 5-11　离体雌核发育的两种起源

通过未传粉子房或胚珠的培养诱导单倍体植株统称为"离体雌核发育"。理论上，胚囊内的所有细胞均有发育的可能性。但实际上主要只有起源于卵细胞的离体孤雌生殖和起源于助细胞的离体无配子生殖两种类型。前者的代表植物为向日葵，后者仅在水稻中获得确凿证明。

端看到细胞团或原胚，是否根据常识就能作出它们起源于卵细胞的结论呢？还不能。因为胚囊珠孔端除卵细胞外还有紧邻的助细胞，若要排除两者中的任一个，必须经过大量材料的观察，从细胞特征与位置上，仔细推敲。

我国研究者根据严密的实验和观察方法，终于做出了结论——所谓"雌核发育"其实包括两种起源：一种以向日葵为代表，可能还有更多的植物，是起源于卵细胞的分裂，属于体外诱导的孤雌生殖（in vitro parthenogenesis）；另一种迄今只在水稻中发现，是起源于助细胞的分裂，属于体外诱导的无配子生殖*（in vitro apogamy）（图5-11）。

向日葵是研究体外诱导孤雌生殖胚胎学的好材料。它有如下优点：一是按照一定的操作程序可以获得稳定、较高的诱导效果；二是胚囊形态齐整、卵细胞体形较大，在切片时较易掌握方位，提高命中率。所以它也是迄今唯一用电镜观察过离体孤雌生殖超微结构特征的材料。卵细胞在启动分裂前，发生多方面的细胞学变化，例如：细胞核移向合点端；细胞器增多；合点端原来的无壁区域发生了壁的再生等。这些现象与受精后合子中的行为颇为相似，预示即将启动细胞分裂。至于孤雌生殖产生的构造，总体上也和合子原胚相近，但出现各种异常变化，其中最大的变化是，孤雌生殖原胚往往继续长大而不出现胚芽、胚根两极分化，以致不得不几经周折，通过愈伤组织化与器官发生途径才能再生植株。

水稻未传粉子房培养中的行为特别有趣。卵细胞往往异常膨大而不启动分裂，或者只启动游离核分裂不形成细胞，结果产生巨大的多核体结构，如不仔细观察，可能误认为是胚乳

*无配子生殖是指胚囊中除配子（卵细胞）以外的其他细胞（如助细胞、反足细胞）发育成胚的现象。

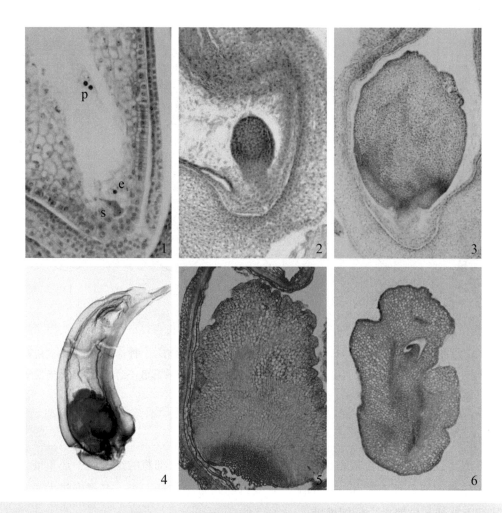

图 5-12 水稻助细胞在离体条件下的发育

水稻未传粉子房培养时，助细胞通过无配子生殖形成单倍体植株。图1～3. 爱氏苏木精整体染色，石蜡切片，示不同发育阶段（引自田惠桥与杨弘远1983，1984）：1. 助细胞（s）分裂成细胞团；同一胚囊切片中有未分裂的卵细胞（e）和极核（p）作为旁证。2. 由助细胞发育成的原胚。3. 助细胞原胚长大成"原球茎"状的构造，占据整个胚囊空间。4. 用整体染色与冬青油透明法观察子房内含一个"原球茎"状构造（引自杨弘远1986）。5. 用高碘酸锡夫反应显示的"原球茎"状构造，细胞壁与淀粉粒呈红色反应（引自李国民与杨弘远1986）。6. 通过外源激素的改变诱导助细胞离体发育为胚状体，具有合子胚的基本构造（引自何才平与杨弘远1987）。

游离核。极核一般不分裂，少数情况下也可自行分裂成游离核，但从形态上可以和卵细胞多核体相区别。所有启动分裂发育的原胚都来自助细胞。在形态学和细胞化学特征上看，助细胞似乎与卵细胞发生了性质上的逆转，前者代替卵成为胚胎发生的起点，而后者似乎转变为具有类似胚乳的功能，向助细胞提供营养与活性物质。这样两个相邻细胞相互关系的性质转换，在前文所述的花粉雄核发育中同样见到：原来预定产生雄配子的生殖细胞停止发育，而原来预定起哺养和输送雄配子作用的营养细胞反而成为胚胎发生的起点。是哪些基因的活动导致这种相互转化，现在还是一个谜。水稻助细胞产生的原胚，后期发育与向日葵有几分相似，也是继续长大而不分化，最后充满整个胚囊空间，后者然后再生根、芽成为植株。不过通过外源激素种类的调节，可以促使助细胞原胚走向胚胎分化，形成具有胚芽、胚根、盾片等部分的近乎正常的胚胎，绕过愈伤组织阶段直接出苗（图5-12）。

和雄核发育相比，雌核发育一般具有两大优点：一是单倍体比例较高；二是产生的绿苗较多，白化苗较少。但在单倍体育种应用上，它比不过花粉的数量优势，只能甘拜下风。在某些特殊场合，当雄核发育行不通，例如雄性不育或花药培养难以奏效时，子房与胚珠培养便能发挥作用了。雌核发育还有一种潜在的用途，就是利用这一实验系统，通过显微注射将外源基因导入胚囊，对卵细胞或助细胞施行遗传转化。的确，早年有人做过这种尝试，可惜以后没有继续。从理论或技术可行性角度看，这一设想很有成功的希望。

既然未传粉子房或胚珠的培养能诱导胚囊内的细胞发育，那么，能否将胚囊从子房与胚珠中分离出来，如同将花粉从花药中分离出来那样，直接操作呢？当子房与胚珠培养初见成效以后，研究者就开始沿着这一思路向新目标迈步前进了。这样就浮现出了下一节的内容。

9. 胚囊与雌配子原生质体的操作

胚囊是被子植物的雌配子体，是双受精、胚胎发生和胚乳发生的"温床"。然而和对等的雄配子体（花粉）相比，研究胚囊的手段受到很大限制，一般只能借助切片观察，而不能像花粉那样很容易地用压片法分离出来直接观察与操作，无怪曾经有学者将其描写为"被遗忘的世代"。为了寻求观察胚囊的简易方法，早期研究者曾采用"盐酸水解－压片"或"酶解－解剖"等技术分离胚囊。但这些技术要获得完整的胚囊并不容易，更不能获得生活的胚囊；而倘若不能分离生活的胚囊，就无从对胚囊的生活动态进行研究，也谈不上对胚囊的培养与操作。

游离的胚囊令人耳目一新

看惯了胚囊切片的观察者，知道必须将连续切片上的多个二维图像在脑海中凑成一幅三维整体图像。当我们第一次在显微镜下看到一个个随着溶液翻滚着的游离胚囊时，新奇感与激情不禁油然而生。这时，胚囊的整体形貌以及其各个细胞的形状、位置与状态，历历在目，立体感特强。

酶解技术是分离生活胚囊的必由之路，而本着由易入难的思路，研究者从分离固定胚囊入手，再达到分离生活胚囊的目的。实验步骤大体是：将胚珠浸入由几种酶组成的酶解液中，置于微型振荡器或小型摇床上，在适合的温度条件下边振荡边酶解。经一定时间后，用带橡皮头的吸管轻轻上下吸动酶解材料，以加速胚囊外围体细胞组织的离散。当操作力量适度时，通过振动可将胚囊的外围细胞彻底剥离，同时又保持胚囊本身的完整性。采用以上"酶解－振荡"技术，先后从多种植物中分离出固定的胚囊，用于显微观察。以后通过改进技术，在烟草、金鱼草、向日葵中也分离出生活胚囊（图5-13）。由于这一技术不仅可以用于分离成熟时期的胚囊，而且还可以用于分离从大孢子母细胞开始的大孢子发生与雌配子发生过程中各个时期的幼小材料，观察受精过程中精子进入胚囊的片断图像，以及受精后胚乳

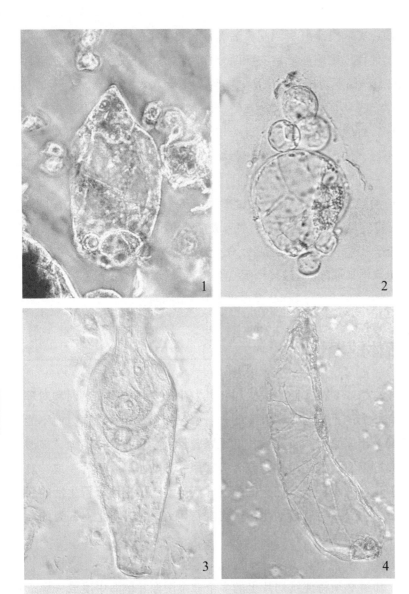

图 5-13　几种植物的分离胚囊（周嫦与杨弘远提供照片）

用酶法从胚珠中分离出胚囊，可见完整胚囊的整体形貌以及其中各成员细胞的特征。1. 烟草胚囊的相差显微摄影图像。2. 延长酶解时间使烟草胚囊的各成员细胞变为原生质体状态，但仍暂时保持整体联系。3. 向日葵胚囊的干涉差显微摄影图像，示其中1个助细胞、卵细胞与中央细胞中的次生核。4. 蚕豆胚囊的干涉差显微图像，重点显示两个极核以细胞质索悬挂于中央细胞中并与胚囊两极联系。上述图像均以珠孔端向上方向排列。

与胚胎发育初期的各个图像，这就为观察发育过程提供了一种快捷的手段。

应用组织化学或荧光显微术，还可以鉴别分离胚囊内部和表面的物质成分，如淀粉、油脂、肌动蛋白、钙调素、角质、孢粉素等，有助于了解这些成分的空间分布与时间变化特点。例如，油脂在石蜡切片的固定、脱水、浸蜡流程中常被有机溶剂溶解而流失，而在分离的生活胚囊中则基本上保存完好（图5-14）。又如，向日葵受精期间的生活胚囊，用显示DNA的荧光染料染色后，可以看到一对精核进入胚囊进行受精的片断图像。

再接再厉，攻克雌性细胞的分离

动物和低等植物的卵细胞比较容易获取，被子植物的卵细胞体积微小，并且深藏在层层孢子体与配子体组织内，要想分离出来谈何容易。但是胚囊的分离成功为此铺平了道路，如今不仅卵细胞，而且胚囊内的各种细胞都可以分离出来了。

以烟草为代表的一些植物，一个子房内含有众多的胚珠，所以用酶解加上其他辅助措施，可以分离较多的胚囊，再从胚囊中分离出卵细胞。一种方法是用解剖针刺破胚囊壁及中央细胞，迫使卵细胞游离出来；另一种方法是任胚囊在稀酶溶液中静置，过一定时间后卵细胞与其他胚囊细胞自行游离出来，然后根据形态差异辨别和挑选卵细胞。在酶的作用下，游离的各种胚囊细胞均呈裸露的原生质体状态。

禾本科植物的情况有所不同，一个子房中仅含一粒胚珠，要收集众多胚珠进行酶解并从中挑选游离的胚囊，是很难行得通的。在这种情况下就要绕过胚囊的分离，直接从胚珠中逐一分离卵细胞与中央细胞。通常是将胚珠稍加酶解软化，然后主要依靠显微解剖技术分离其中的细胞，也可以不经酶解直接解剖。解剖需要高度的手工技巧，但若运用娴熟，命中率还是较高的。

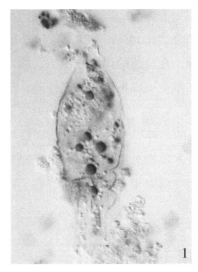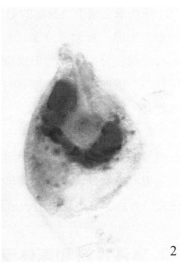

图 5-14　分离胚囊中的油脂分布（周嫦与杨弘远提供照片）
分离的生活胚囊由于不经固定、脱水、制片程序，其中所含油脂不会溶解流失。以组织化学试剂苏丹Ⅲ染色后呈红色，清晰可见。1.金鱼草胚囊中呈分散状态的油滴。2.向日葵胚囊中丰富的油滴在卵器与中央细胞之间连成弧带。以上图像均按珠孔端向上方向排列。

不仅受精前的卵细胞与中央细胞，而且受精后的合子，也能分离。烟草受精以后，胚珠组织在结构与性质上发生很大变化，使酶液不易发挥离解作用。研究者摸索出"酶解－研磨"法，即用平头玻璃棒轻压经酶处理软化的胚珠，分离出受精后的胚囊，再解剖出合子。而玉米、小麦、大麦、水稻等禾本科植物的合子分离方法，仍与卵细胞分离一样，以显微解剖为主。

总之，针对不同植物和受精前后胚珠的特点，需要采取不同的技术手段才能成功地分离出卵细胞、中央细胞与合子。为了判明经过如此繁复程序后的分离产物是否依然存活，需要以荧光素二醋酸酯染色鉴定生活力，还要将分离产物置于保存液中备用。

培养雌性原生质体的尝试

分离的卵细胞原生质体能否在离体培养中分裂发育？如果能，就是在单细胞水平上的雌核发育。中央细胞呢？它能否不经受精离体发育成类似胚乳的构造？这是人们分离卵细胞与中央细胞时必然产生的疑问和指望。迄今尝试的答案是，有可能，但仍遥不可及。让我们看看在几种植物材料上所获得的实验结果：

玉米一个品系的卵细胞先经高浓度的生长素2,4-D处理1d，再在较低的常规浓度下微室饲养，6%分裂成多细胞团，其中有的多细胞团已含100个以上细胞，但未能继续发育再生单倍体植株；另一个品系则完全不分裂。水稻未受精卵细胞也可被诱导进行一次分裂，以后停止发育。

烟草未受精中央细胞的培养，借鉴玉米卵细胞培养的经验，先以高浓度2,4-D处理，再进行微室饲养，启动了分裂，最高分裂达14%，有的形成了小细胞团。水稻中央细胞培养后可进行游离核分裂，没有形成细胞。在自然的体内情况下，烟草胚乳发育属于细胞型，水稻属于核型。因此，在离体培养时烟草中央细胞启动细胞分裂，而水稻则为游离核分裂，是和体内发育一致的。

未受精的卵细胞与中央细胞的培养尽管没有取得彻底成功，然而，能够发生有限的分裂已是好的兆头，相信将来经过技术改进可以达到进一步的发育，这在理论研究和实际应用上将是很有意义的。和未受精的雌性细胞相比，受精后的合子和初生胚乳细胞现在都已达到了最终目标。容在本章最后一节再叙。

10. 离体授粉和离体受精

"离体受精"（in vitro fertilization）这个名词的含义，有一个演变的过程。20世纪60年代所称的"离体受精"，又称"试管受精"（test-tube fertilization），是指将胚珠或雌蕊置于培养基上，然后对其进行人工授粉，这样，受精和胚胎发育是在离体培养条件下进行的，最终结成种子并出苗。到了90年代，由于精、卵体外融合取得成功，实现了真正意义的离体受精，遂将前一种方法改称为"离体授粉"（in vitro pollination），以示区别。从离体授粉到离体受精，是质上的飞跃，不可同日而语，但它们都是在离体条件下对受精过程的人工操作，在这个意义上又是一脉相承的。技术的溯源还要从更早对雌蕊的操作开始说起。

从雌蕊手术到子房内授粉

用玉米作为母本，和一种叫做摩擦禾的近缘植物进行属间杂交时，由于玉米花柱太长，摩擦禾的花粉管不能在其中长到子房进行受精，于是研究者将玉米花柱切短后再授粉，居然获得了杂种种子。这是20世纪30年代初的实验。但并非在花柱切面上授粉这种简单的方法在其他场合均能奏效，所以后人又采取了一些辅助的措施，例如在花柱切面涂一层培养基以改善花粉萌发环境，并美其名曰"人工柱头"。另一种措施是将母本柱头或花柱切掉，再将父本柱头或花柱移植上去，以这种嫁接手术取得了克服远缘杂交不亲和或自交不亲和的成效。不过，这类手术只适用于花柱粗大的类型，难以普遍应用。

从柱头与花柱的手术实验得到了启示，即柱头与花柱不仅是接受花粉的"停机坪"和"跑道"，而且是和花粉及花粉管相互识别的"安检通道"，它们只容许亲和花粉及花粉管顺利过关，而对不亲和花粉及花粉管拒绝通行。那么，是否可以干脆绕开这个"安检通道"呢？

花粉及花粉管绕开柱头与花柱通道，直接在子房内萌发生长的现象，在自然界中即已有之。有些具开放型（空心型）花柱的植物，花粉可以落在花柱管道甚至直接落到子房中，在花柱或子房内萌发花粉管。早年曾试验用人工方法将花粉直接送入某些兰科植物的子房，也证明了其可行性。到了20世纪60年代，印度研究者才在几种罂粟科植物上进行较大规模的子房内授粉（intraovarian pollination）实验。之所以选中罂粟类，是因为它们的子房较大，便于人工操作。具体方法是：将悬浮在培养液中的花粉吸入注射器中；在子房的一侧事先刺一小孔，作为排气孔；在相对的另一侧插入注射器的针头；将花粉悬浮液注入子房内；最后用蜡将子房上的针孔封闭。花粉可在子房内萌发，花粉管长入胚珠进行受精，胚胎发育正常，结籽率很高，种子正常成熟与萌发。实践证明，对于完成受精作用而言，柱头和花柱这个通道是完全可以省去的。并且用这种方法，曾经获得了罂粟科植物的种间杂种。

然而，子房内授粉作为一种研究手段虽然是有意义的，但只有对大型的子房才便于操作，它和柱头与花柱的手术一样也难于在广泛的植物材料上推广应用。它给人们最大的启发是，既然在体内状况下花粉能够在子房内萌发生长并完成受精，那么，可否在体外条件下重演这一过程呢？如果将胚珠取出，在试管中实现授粉与受精，岂不更方便？于是，在子房内授粉的基础上，试管受精技术便应运而生了。

离体授粉（试管受精）

试管受精一开始也是以罂粟为材料。在无菌操作条件下由子房中取出未受精的胚珠。注意力求使胚珠和其着生的胎座组织一同切下，置于固体培养基上，并撒上无菌花粉。花粉在培养基上萌发，花粉管沿胎座生长，进入胚珠和胚囊。从授粉到受精、胚胎发育直至种子形成，整个过程都在试管内进行（图5-15）。这一技术以后扩大到更多的植物种类，据20世纪80年代初的统计，已在数十种植物上取得成功。

为了提高受精结实效率，研究者又尝试将整个雌蕊接种在培养基上，在柱头上授以无菌花粉，这样，花粉萌发和花粉管生长当然比前述方法更顺利些，并且可以应用于上述方

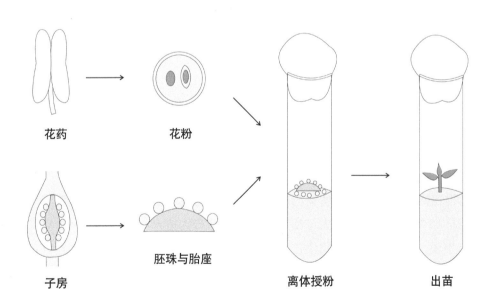

花药　　　　花粉

子房　　　　胚珠与胎座

离体授粉　　　出苗

图 5-15　离体授粉技术流程

由子房中取出带胎座组织的胚珠，接种在培养基上，授以花粉。由此萌发的花粉管沿胎座生长进入胚珠与胚囊实现受精，发育为种子并出苗。

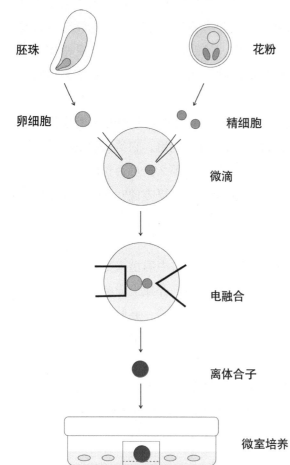

胚珠

花粉

卵细胞

精细胞

微滴

电融合

图 5-16 玉米离体受精技术流程
（改绘自Kranz 2008）

由花粉中分离出精细胞；由胚珠中分离出卵细
胞。将一对精、卵细胞置入微滴中，以电融合方
式促其融合成为"离体合子"。然后将合子转移
到微室中，在饲养细胞（图中为绿色）哺育下发
育成植株。

离体合子

微室培养

法难以奏效的禾本科植物如玉米、水稻上。这样，所谓"离体授粉"，实际上包括两种方
法：一是胎座离体授粉；二是雌蕊离体授粉。两种方法各有用途：对于提高受精率和胚胎
发育正常程度来说，雌蕊授粉更有利；对于克服不亲和，实现远缘杂交和强制自交来说，
胎座授粉更有利。

离体受精是实验技术的一次飞跃

高等动物包括人类的体外受精早已成为一项成熟的技术，并且广泛地应用于动物和人类
的生殖工程。如今，在体外进行人工授精，再将受精产物植入子宫培育"试管婴儿"，已不
是什么新鲜事了。但是在高等植物中进行类似的体外受精，直到20世纪90年代以前依然是许
多科学家的梦想。为什么动、植物之间在同样的操作技术上会有如此巨大的差距呢？原因说
起来很简单，就在于植物的雌、雄性细胞十分微小，而且高度依赖于配子体组织，很难像动
物的精子和卵细胞那样便于采集。而当雄性与雌性细胞的分离这一技术前提获得解决之后，
它们的体外融合不久也就实现了。但是，除了分离关以外，离体受精还需要突破另一个关
口，就是解决精卵"一对一"的融合技术。

1990年，德国研究者破天荒地报道了玉米的离体受精。他们使用的是在实验室中自行创

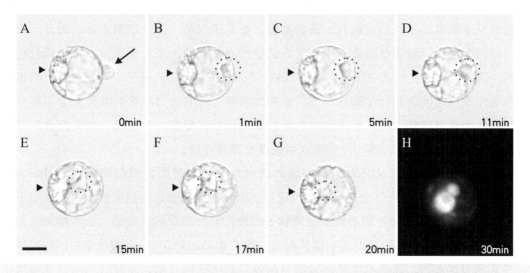

图 5-17　用牛血清白蛋白诱导烟草离体受精（彭雄波博士与孙蒙祥教授赠予照片）

牛血清白蛋白（BSA）诱导精卵离体融合，在玉米与烟草上均取得很好的效果。图示烟草一对精卵离体融合的动态过程。CCD摄取序列图像，从开始融合至雌雄核接触历时30min。A为起点。三角箭头指卵核，长箭头指精细胞。B～G中的虚线圈指示精核入卵后的行踪；H为细胞核特异染料DAPI染色的荧光图像，显示精卵核已接触。

制的微电融合设备与技术。将一个精细胞放置到电融合仪的一个电极上，卵细胞放置到另一个相对的电极上，使之互相靠拢，然后通过电脉冲促使它们互相融合，形成受精卵（图5-16），他们最初将精、卵体外融合的产物称为"人工合子"，后改称"离体合子"（in vitro zygote）。几年后，他们又报道了用离体受精技术进行玉米品种间杂交，获得了品种间杂种，预示了该项技术的应用前景。

由于微电融合仪不是商品生产的设备，德国研究者的技术一时难以被他人采用，而离体受精的研究又如石破天惊一般，吸引许多研究者心向往之，因此各国科学家若不与德方合作，就不得不自行研究新的方法来实现这一目标。其中，我国研究者在缺乏先进设备的条件下，创建了用聚乙二醇（polyethylene glycol,PEG）诱导单对性细胞融合的方法。PEG是体细胞原生质体融合的常用诱导剂。但一般原生质体的融合是大量而随机的，常有多个原生质体互相融合成一大团的情况。目的融合产物混杂在大量未融合的原生质体及非目的融合产物之中，也很难挑选。单对性细胞融合克服了这一缺点，用微吸管挑选一对性细胞置于一小滴PEG溶液中，使之互相黏附与融合，这样，无需高昂的微电融合设备，即可有目的地开展单对精细胞与卵细胞或中央细胞的融合，且融合产物能够存活，是一种便于推广的简易方法。

此外，还有高钙-高pH融合方法，这也是一般体细胞原生质体融合的技术，其原理是在高浓度钙离子（500mmol/L CaCl$_2$）与碱性（pH11）条件下，原生质体易于互相黏附与融合。融合产物能够发育成多细胞团。

但以上几种物理或化学诱导融合的方法都是带强制性的，它们排除了雌、雄性细胞之间在自然情况下固有的相互识别机制，通俗地说，就是不仅雌、雄性细胞之间，而且任何细胞之间，原则上都可以被强令融合。用这类方法进行离体受精，未必能真实再现受精过程的自然状态。因此，有人提出在更接近自然的低钙（5mmol/L CaCl$_2$）条件下进行融合。据报道，精细胞与卵细胞之间的融合率高达80%，而其他细胞之间的融合率很低甚至完全不融合。据此，作者认为这可以作为精、卵细胞之间存在识别反应的证据。不过另一些研究者对这一实验结果的可靠性尚存疑问，而同一方法以后也没有重复应用。

2005年，我国研究者又开发出一种新的融合方法，即用牛血清白蛋白（bovine serum albumin,BSA）诱导精、卵体外融合（图5-17）。BSA在哺乳动物生殖生物学中广泛用于精子获能*的培养基，而在植物方面则用作分离精子的保存剂。新近的发现是，玉米精细胞与卵细胞在含0.1% BSA、pH6.0的培养基中很快融合，融合率高达96.7%，其效果超过PEG的诱导作用，并且无需加入钙。该法不仅是一种简易高效的离体受精技术，而且特别适用于在排除外源钙影响的条件下研究受精时钙波形成的原因与变化规律。这个问题接下来再谈。

以上介绍了诱导离体受精的5种技术：微电融合、PEG、高钙－高pH、低钙、BSA。迄今只有微电融合技术先后在玉米和水稻两种植物上做到了离体受精产物再生植株，实现了从受精开始的生活史全程体外发育。尽管如此，所有上述方法在基础理论研究上都有用武之地，这就是，利用离体受精便于观察和操作的优点，探索体内研究受精无能为力的某些方面。

借助离体受精系统探索受精的奥秘

受精是植物生活史中最隐蔽的、因而也是最奥秘的过程。自从19世纪末发现双受精以来，先是依靠光镜观察，后来又依靠电镜观察，对体内受精过程的细节，包括细胞核、细胞质、细胞膜、细胞壁等方面的变化，做了大量的研究，揭示了不少规律，可谓功不可没。但最为遗憾的是，所有这些工作都是基于固定材料的切片观察，无论多么细致入微，都只能间接地推断、而不能直接看到受精过程的生活实态，更无法对其实行直接的人工操作。正是在这一点上，离体受精的实验系统弥补了上述缺憾，为我们撩开了遮掩受精的面纱，展现了许多"藏在闺中人不识"的隐秘事件。

首先，离体受精将雌雄配子融合的生活动态直接暴露在观察者眼前。应用各种新的观察手段如视频增差显微录像、荧光标记生活细胞、Cooled CCD、共聚焦激光扫描显微镜等技术，定点追踪受精的全过程，记录了雌雄性细胞互相接触、黏附、融合直至分裂的一系列细胞学变化，其中包括可能与识别有关的凝集素受体的定位、质膜融合的方式、与膜融合相关的蛋白质的表达、精子入卵后钙波的出现（参看第4章图4-13）、内质网和细胞骨架的变化、精核向雌核移动的轨迹、核融合过程中染色质的变化、细胞壁的重建，等等。图5-17示BSA诱导烟草精卵融合的动态过程。由于可以对指定的一对细胞实行跟踪观察与记录，得以了解受精过程中各种事件发生的动态及时间。

其次，离体受精实验系统为研究者提供了各种操作的可行性。举一个例子：为了探讨

---

*"获能"是哺乳动物的精子接触雌性生殖道的分泌物后发生的一种变化，其结果使精子具有受精能力。

多精入卵的问题，设计了用PEG诱导精细胞与卵细胞先后融合与同时融合的实验。在先后融合的实验中，当第一个精子与卵融合4~15min后，使第二个精子和卵细胞接触，结果后来的精子始终停留在与卵黏附状态而不与之融合。在同时融合的实验中，将两个精子同时接触卵细胞，可以发生双精入卵，但这只有两个精子彼此紧邻时才有此可能；若是离开较远，则不可能。从实验结果得到的启示是：即使在PEG诱导的强制性融合的条件下，卵细胞接受了第一个精子之后，发生了某种尚不明了的细胞学变化，以致将后来的精子拒之门外。

离体受精还提供了从分子生物学角度研究受精前后基因表达的实验系统。受精前的卵细胞中有哪些基因表达，哪些基因不表达？受精以后有哪些新的基因表达，哪些基因不表达？以往试图从受精前后胚珠中的基因表达差异求得答案。但胚珠中含有成千的细胞，卵细胞只是其中一个。因此这无异于"眉毛胡子一把抓"，其结果只能反映胚珠的整体变化而非卵细胞的变化。要做到真正了解卵细胞受精前后所发生的基因表达变化，只有从分离的卵细胞入手。关于这方面的具体方法与研究成果，第6章再详加介绍。

11. 胚胎培养和合子培养

胚胎培养诞生于20世纪初期，合子培养成功于20世纪90年代，时间跨度将近一个世纪，两者之间有何内在联系呢？原来，胚胎培养经历了从成熟胚胎培养到幼胚培养再到原胚培养的漫长道路。随着胚龄愈来愈幼、胚的形体愈来愈小，细胞数目愈来愈少，培养的技术难度也会愈来愈大。而从多个细胞的原胚培养到单细胞的合子培养，更是跨越了一大步。所以，胚胎培养的发展历史轨迹最终指向合子培养是必然的；合子培养是站在胚胎培养基础上"百尺竿头更进一步"。

从成熟胚到幼胚再到原胚的培养

胚胎培养可说是实验胚胎学中开始最早、资料最丰富的研究领域。它不仅是洞悉胚胎发育各个阶段的生理特点的一把钥匙，而且在农业应用上也卓有成效。

先谈第一方面。我们知道，胚在体内的发育是由完全异养走向能够自养的渐进过程。幼小的胚依赖胚乳吸收和转运母体的养料而生活；随着胚的生长与分化，到了种子成熟时已经基本具备独立生存的能力。成熟胚从种子中分离出来后，在简单的培养基上即可很快出苗，转入完全的自养。胚龄愈小，对培养基与培养条件的要求愈苛刻，而由已开始分化的幼胚提早到未分化的原胚，培养难度更进一步增大。

一般的合成培养基难以支持幼胚的离体发育，而需要在培养基中加入类似胚乳的天然物质，以模拟体内的自然条件。20世纪40年代，研究者将椰乳（椰子的液态胚乳）加入培养基，培养授粉后10d的曼陀罗心形胚，在6d内使胚的长度增加到500倍以上；不久又发现，从椰肉（椰子的固态胚乳）中提取的浓缩物质，效果更好。从此掀起了一波利用椰乳进行各种植物幼胚培养的高潮。之所以选中椰乳，是因为它量大易得。人们知道，一个椰果能产生一大杯椰汁供人们饮用。实际上，许多其他来源的天然产物也具有或多或少的类似功效。这方

第5章　开启巧妙的实验宝库

127

面的应用一直持续到现代，并且由幼胚培养推广到花药培养、子房培养等研究工作中，也取得一定的成效。

　　椰乳功效的发现促使人们猜测，椰乳中一定含有某种特殊的有效成分，并为了寻求这种所谓"胚胎因子"（embryo factor）做了很多分析，但结果并没有找到一种专一的成分，因而最后认为是各种成分的综合功效。此外，椰乳的功效也不是万能的，对一些植物有效，对另一些植物则无效甚至起抑制作用。不同批和不同成熟度的椰乳，效果也不稳定，所以，由天然产物的实验得出的看法是，幼胚对胚乳的依赖十分复杂细致，绝非"胚胎因子"所设想的那样简单。许多实验表明，氨基酸及酪朊水解物（或称水解乳蛋白，成分为多种氨基酸的混合物）、各种激素的配合（尤其是其中的细胞分裂素）、蔗糖浓度的变化等各种因素，都起作用。

　　其中，蔗糖浓度的重要性值得一提。一般的规律是，胚龄愈小，要求蔗糖浓度愈高。随

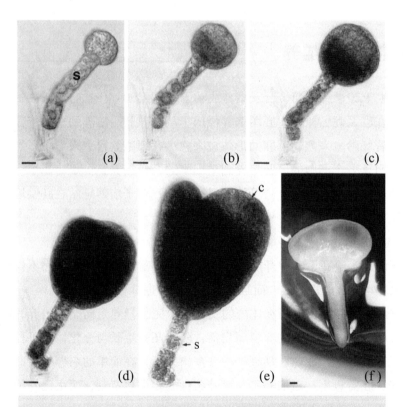

图 5-18　芥菜原胚在离体培养中的发育

（引自Liu et al. 1993）

将直径仅为35μm的幼小原胚连同胚柄 (s) 接种在双层培养基上 (a)。
培养1d后胚体开始长大，胚柄开始萎缩 (b)。培养2d后胚体进一步长大
(c)。培养3d后胚开始分化，达早心形期 (d)。培养4d后，胚达晚心形期
(e)。培养8d后，胚发育为子叶期 (f)。

c：子叶；s：胚柄。标尺：a～e为20μm；f为200μm。

着胚的长大，需要逐渐降低蔗糖浓度，到接近成熟时已不再需要加入蔗糖。大家知道，蔗糖在培养基中起双重作用：一是提供能源；二是维持一定的渗透压。采用没有营养作用、仅起调节渗透压作用的甘露醇代替蔗糖，证明幼胚的确要求较高的渗透压环境。20世纪50—60年代在曼陀罗、大麦、棉花的幼胚上，应用渗透压调节剂和添加有机成分的方法，获得了很大的进展。顺便提到，提高幼胚培养基的渗透压还有利于控制胚的早熟萌发。所谓"早熟萌发"或"提前萌发"（precocious germination），是指幼胚越过正常的胚胎发育晚期程序，提早萌发成幼苗。这类幼苗非常瘦弱，难以继续生长发育，而在高渗透压以及加入脱落酸（ABA）等条件下，幼胚往往可以发育为成熟胚，萌发较正常的幼苗。脱落酸是一种植物激素，在胚的成熟和促进种子休眠中起关键作用。

幼胚在体内的发育环境是由高渗压逐渐向低渗压转变的，那么，在离体培养中是如何做到这种平稳的转变呢？可否将幼胚依次由一种培养基向另一种培养基转移呢？虽然可行，但太麻烦了，也难做到平稳转变。研究者们设计了两种巧妙的方法。一种较老方法是用两种不同渗透压的固体培养基并列在一个培养皿中。幼胚开始生长在高渗压培养基上，而随着时间的推迟，低渗压培养基中的水分逐渐向高渗压培养基扩散，使幼胚生长环境中的渗透压逐渐减低。用这种方法培养50μm长的芥菜原胚取得了成功。另一种后来的方法是在培养皿中铺垫上下两层培养基，上层为高渗压，下层为低渗压。幼胚接种在上层培养基中，随着发育的推进，渗透压逐渐下降。芥菜的8～36个细胞的原胚在双层培养基中可以持续生长与分化（图5-18）。以上两种方法所依据的原理是一致的，只是双层法比并列法在设计上更加优越。

近年来，在原胚培养技术上又有新的招数。在体内，水稻开花后2d，原胚仅含32～100个细胞；3d时原胚呈梨形；4d时才开始显示最初的分化迹象。过去只有4d幼胚培养成功的记录。现在采用微室培养技术，结合在培养基中添加椰乳和19种氨基酸混合物并逐步降低渗透压等综合措施，突破了2～3d原胚培养再生植株的难关。

在原胚培养中还有一个重要的因素：胚柄。第4章曾经提到，胚柄在原胚发育中起重要的作用。当胚柄与胚连成一体时，离体培养较易成功；除去胚柄，胚的蛋白质含量降低，培养不易成功。如果在培养基中加入赤霉素（GA），胚培养时的蛋白质合成活性可以恢复，胚的发育得以挽救。这说明胚柄对胚的促进作用在一定程度上归因于向胚供应GA。

胚胎培养不仅是研究胚胎发育的生理的重要实验手段，并且有广泛的应用价值，这里简略地列举几个方面：

（1）挽救杂种胚。远缘杂交时由于幼胚早夭，不能获得有生活力的种子。究其原因，问题不一定出在胚本身，而是归咎于胚乳发育异常，或者胚和胚乳生理上不协调。在这种情况下，胚乳不能向胚供应养料，致使胚营养不良，饥饿而死；有时胚乳的功能失常引起外围珠心或珠被组织过度增生，发生第4章中曾经说过的"反客为主"、"鹊巢鸠占"现象，加速胚的败育。例子不胜枚举。找到问题的症结之后，也就有了对策，办法很简单：在幼胚开始败育之前，将它分离出来，培养在适宜的培养基上，避免"胎死腹中"。这种方法从20世纪20年代开始，一直用于各种植物的远缘杂交育种，挽救了无数杂种胚的生命。

（2）克服种子的自然不育。不少营养繁殖植物如芭蕉、芋以及某些椰子品种产生无生活力的种子。采用胚胎培养方法，可以帮助胚顺利萌发成幼苗。同样的方法也适用于那些自然发育不全的胚，例如，许多兰科植物的种子成熟时，胚尚停留在不分化状态，致使种子萌发十分困难，后来将种子培养在适宜的培养基上，问题就迎刃而解了。

（3）打破种子休眠。许多植物种子成熟时胚的发育是健全的，但为了适应恶劣的外界条件，种子内发生多方面的生理变化，进入休眠状态。一个经典的例子是鸢尾的种子休眠期长达数月至数年。胚胎培养技术可以使胚从休眠状态下"苏醒"，在培养基上萌发，从而使鸢尾的生活周期从两三年缩短到一年以内。蔷薇科的果树品种也是这方面应用成功的例子。

以上三方面的应用，虽然针对性不同，但有一点是共同的，就是通过离体培养帮助幼胚或成熟胚摆脱体内不适宜的生理环境，在体外的新天地中苗壮成长。

合子培养：一个全新的起点

胚胎培养技术进步到几个到几十个细胞的原胚培养，已经是了不起的成就了。但从单细胞合子开始的胚胎发育全程都在玻璃器皿中度过，更是一项令人振奋的新成就。与动物相比，植物在这一点上的优越性显而易见。迄今为止，哺乳动物的体外受精卵还必须移植到母体的子宫中发育，直到胚胎成熟方才呱呱坠地。

说来有趣，植物的合子培养（zygote culture）最初是与离体受精同时在玉米上突破的，是离体受精产物的后续培养过程。后来才在其他不少植物上发展为由体内分离自然合子直接培养。从操作技术难度来看，前者显然比后者麻烦很多，所以近十年来进展不大；而后者已在大麦、小麦、玉米、水稻等禾本科以及双子叶植物烟草上取得成功，从而显示出广阔的发展空间。

玉米离体受精的合子，在培养后42～46h开始第一次分裂。这次分裂的频率相当高，可达85%，并且和体内合子分裂一样，也是一次不对称分裂，产生大小不等的两个细胞。随后，形成极性的多细胞原胚状构造，其一极为富含细胞质的小细胞组成，另一极则含液泡化的大细胞，显示胚和胚柄的分化。原胚继续发育成一团无定形的组织，并分化、出苗。离体受精后5～6周，形成正常的小植株。小植株栽培后，可发育为成熟的植株，开花结果。培养后99～171d，再生植株种子成熟。

玉米离体受精应用于品种间杂交获得成功。从品种间精卵融合而成的28个合子，培养出11个杂种植株，频率高达48%。但以玉米卵细胞与同属禾本科的小麦、大麦、高粱或薏苡的精子分别融合产生的种间杂交合子，只能在培养基中进行少数几次分裂，不再继续发育。玉米卵细胞与更远缘的油菜精子融合后很快死亡，全然不能分裂。这说明亲缘关系愈远，即使强制完成离体受精，合子也不能正常发育。

水稻离体受精的合子在融合15～24h后分裂成两个细胞，48h后发育成15～16个细胞的球形原胚。至此，其发育模式和体内胚胎发生十分相似。但以后原胚不分化，而是形成不规则的团块，最后由愈伤组织团块再生可育植株。

至于自然合子培养，在多种禾本科植物中都是以解剖法从胚珠中分离合子，然后模仿玉米的先例采用微室饲养技术培养合子。例如，大麦合子在微室培养中以大麦小孢子饲养，分

图 5-19　烟草合子培养再生植株

（孙蒙祥教授与何玉池博士赠予照片）

从胚珠中分离出合子，进行微室饲养培养，通过胚胎发生或愈伤组织途径再生了植株。由开始培养到胚萌发成小苗约22d；长成开花植株约100d。

裂频率高达75%，其中约一半胚状体再生了可育植株。

水稻合子采用悬浮细胞作为饲养物，并且每周更换一次新鲜饲养细胞。接种后约48h，分裂为两个细胞；这次分裂有不对称和对称分裂两种情况，二者均能继续发育成小细胞团并长成愈伤组织。然后通过器官发生再生可育植株。自培养开始至成熟植株约需5～6个月。

请注意，以上几个例证，无论是离体受精合子或自然合子，有一个共同的发育特点，就是初期的发育大体上沿袭体内的原胚发育程序，但后期却无一例外地转入类似愈伤组织途径，通过器官发生再生植株，没有一例证明是自始至终的胚胎发育途径。迄今为止，只有在下述烟草合子培养中实现了自始至终的胚胎发育，也只有在烟草合子培养中对影响合子发育模式的内在细胞因素有所阐释。

烟草合子体外发育模式的细胞学解析

烟草自然合子的培养从1996年开始，通过微室饲养启动了第一次分裂。经十多年的摸索和技术改进，到2007年才遵循真正的体外胚胎发育途径再生植株，并且揭示了决定这一发育模式的内在细胞学因素。

2007年，采用微室培养系统而以幼嫩胚珠作为饲养物，使80%的合子启动第一次分裂，接近10%的合子形成愈伤组织并再生可育植株（图5-19）。

以后又进一步对合子发育模式进行详细的细胞学分析，发现：如果接种时合子尚呈圆形，细胞壁尚未完全重建，极性尚未充分建立，以后大多走上愈伤组织发育途径。而授粉后108h，合子已呈长形，核位于合点端，细胞呈极性状态，细胞壁已经重建。此时分离的合子接种后，其体外发育模式便遵循胚胎发生途径，进行非对称分裂，形成包括胚和胚柄的原胚，继而分化为心形胚和具子叶的成熟胚，最后再生了可育植株。由此可见，合子在体内的发育状况决定了其在体外的发育命运。胚胎发育模式只有当合子伸长到足够的程度并且保留原来的完整细胞壁时才有可能实现。如果分离时合子尚未伸长，或者伸长了的合子被酶解去壁变为原生质体，就不能发育成正常的原胚，而只能形成愈伤组织。

合子的转化

合子是个体发育的第一个细胞，应该是基因工程中最自然的转化受体，不像多细胞的组织与器官那样只能转化其中一部分细胞而导致遗传嵌合体。但分离的合子数目有限，不可能采用其他组织与器官常用的农杆菌介导的基因转移，也难以采用基因枪技术。所以当合子培养体系建立以后不久，人们就开始寻求适合合子的转化方法。有两种成功的方法：一为显微注射法，一为电激法。

显微注射的优点是可以将外源基因有针对性地注入指定的合子中，并跟踪观察其在合子发育期间的表达动态。刚分离的玉米合子原生质体易于破裂，要在培养20h以后，当合子细胞壁已经重建时，才能进行显微注射。采用能显示颜色反应的两种报告基因，一是显示浅粉红色的花青素调节基因，二是显示蓝色的GUS基因。共注射了227个合子，其中3.5%（8个合子）呈现颜色反应，表明瞬时表达*（transient expression）成功。将GUS基因注入大麦合子，培养后再生了植株，其中两个株系显示了稳定表达（stable expression），就是说，外源基因已经牢固地整合到合子的基因组中，并且通过无数次细胞繁殖后，依然能持久地表达。

显微注射是一项精细的操作技术，十分费时而成功率不高。如果说，对于玉米、小麦、大麦那样体型较大的合子尚称可行的话，那么，对于更小的烟草、水稻合子就十分困难了。在这种情况下，电激不失为一种有效的转化技术。怎样才能对微量的合子实行电激呢？乍一看来这个任务很难完成，但一旦成功，说起来又很简单。方法是：利用培养合子的微室，加上一个自制的塑料支架和一个有机玻璃电激槽，如此而已。将分离的合子置入微室，安装在支架上；将支架推入盛电激缓冲液的电激槽中；加入外源基因载体，在普通电激仪上进行电激处理。事成后取出微室进行饲养培养。烟草合子经电激处理后第一次分裂频率可达50%以上；形成球形原胚的频率约为3%。用GFP作为报告基因进行试验，303个合子有8个显示绿色荧光，即有2.6%的瞬时表达率。小麦合子应用同样方法也获得高频率的瞬时表达，并且转化的合子分裂成多细胞团后，仍然显示GFP荧光。以上装置制作简单；可以和一般电激仪匹配；合子在微室中通过活动支架随意操作，不致流失；电激后可将微室直接转入饲养系统，有利于合子的存活与发育。这一装置理应也适用于其他微量细胞的转化。

---

*"瞬时表达"又译为"瞬间表达"、"暂时表达"，是和"稳定表达"相对的概念，表示外源基因在受体内细胞中的表达是暂时而不持久的。

第6章

登临绚丽的分子舞台

在参观了巧夺天工的实验宝库之后，我们的游览行程抵达最后一站。展现在面前的是一座宏伟的建筑，它坐落在高山上，益发显得壮观。我们奋力地攀登上去，推开大门，眼前豁然开朗，原来是一所大剧院。舞台上灯光灿烂，绚丽多彩，正在上演一台台热闹非凡的节目。全部节目都围绕一个主题：用分子手段研究植物有性生殖。我们起初看不明白，但不久就看得入神了。

这些节目讲述一段史诗：植物生殖生物学在20世纪80年代末开始分子研究，尽管起步较晚，但近20年来如燎原之火，势不可挡。如今，植物生殖过程中的几乎所有环节，从开花诱导到种子形成，都在不断涌现分子生物学研究的新成果，层出不穷，目不暇接。

分子生物学研究为何有如此大的魔力呢？我们从观看节目中得到的印象有两点：第一，它抓住了发育的真正内因——基因的活动；第二，它采用精密的研究方法，具体而微地解析了发育过程中的基因活动。由此，人类在由"知其然"向"知其所以然"的长征中登上一个前所未有的新高度。

节目表演到最后，分子角色、细胞角色、形态角色、实验角色，还有其他角色纷纷上阵，合演了一出"一条龙"的压台戏，它给观众留下的印象是：植物生殖发育生物学已经由单一学科研究进入多学科综合研究的新阶段，难度愈来愈大了，但离真理也愈来愈近了。

1. 原理与方法浅说

个体发育与生殖过程的分子生物学研究，核心问题是基因及其表达调控。何谓基因？何谓基因表达？基因表达是如何被调节控制的？如何找出在发育的特定时间和特定空间有哪些特殊的基因表达？如何鉴别所找到的基因的真伪及其对发育的确切作用？诸如此类一连串问题的详细阐释，非一部专门的厚书莫能承担，亦非本书的宗旨。在本章中，我们争取以最浅显的文字介绍最基本的内容，旨在为后文谈及生殖发育的分子研究做一铺垫。以下就按上述提问的顺序逐步展开。

何谓基因？何谓基因表达？

基因概念的产生最早要追溯到19世纪的遗传学奠基人、奥地利学者孟德尔（Mendel）所做的著名豌豆杂交实验。他选择具有相对性状（如：红花与白花；圆形种子与皱形种子；黄色种子与绿色种子等）的品种进行杂交，从杂交后代的性状分析中得出结论：每一对相对性状是受一对相对的遗传因子所控制的；这些因子能在前后各代中独立地传递给不同的个体，并由此总结出显隐、分离和自由组合三大遗传定理。后来的学者为应用简便起见，将遗传因子命名为基因（gene）。但在相当长的时期内基因只是作为一种抽象的符号，并不清楚它的本质。到了20世纪，美国学者摩尔根（Morgan）用果蝇做实验材料，发现决定红眼与白眼、长翅与短翅等相对性状的相对基因位于一对同源染色体上的同一位置，故称等位基因（allele）；许多基因在染色体上排列成直线共同遗传，称为连锁；等位基因在减数分裂的同源染色体配对时可以互换位置。这样，从摩尔根起，基因被定位于染色体上，从而开创了细胞遗传学的新纪元。基因由抽象变得具体一些了，但基因究竟为何物，即使在显微镜下仍然无法看见。基因的完全具体化是在分子生物学问世以后。以大肠杆菌的转化和噬菌体的转导等研究为先导，证明染色体的主要成分脱氧核糖核酸（DNA）就是科学家们梦寐以求的遗传物质。1953年4月是现代生物学中一个划时代的时刻。美国的沃森（Watson）和英国的克里克（Crick）等人提出了DNA分子的双螺旋结构模型，打开了洞察DNA结构与基因相互关系的大门。从此，遗传密码的解读、基因的合成、基因的分离、基因的转移、基因的功能分析、基因表达的研究、基因网络的研究等一个个成就如雨后春笋般相继涌现。至此，基因的概念已由细胞遗传学时代的染色体上承载的某种未知的遗传物质，发展到分子生物学时代的DNA分子结构中承载的遗传信息。

DNA分子结构中究竟携带着什么信息，使之够得上基因的称号呢？原来DNA分子既很复杂又极简单。它是由两条互补的核苷酸长链拼成，像麻花一样扭在一起，成为双螺旋结构。核苷酸有4种，它们的特点在于每一种所含的碱基不同，4种碱基分别为腺嘌呤（A）、鸟嘌呤（G）、胞嘧啶（C）与胸腺嘧啶（T）。两条互补链上的嘌呤与嘧啶以氢键互相配对，并且总是A与T配对，G与C配对。DNA分子结构的神妙之处主要有4点。（1）碱基对（A－T或G－C）在长链上的排列顺序有无穷无尽的组合。所谓基因就是含有一定序列的碱基对的一段DNA分子。（2）DNA可以自我复制。在细胞分裂间期染色体复制时，两个链条拆开，每一个旧链条和一个新合成的链条以碱基互补配对的方式，重新组合成双链。这样，如不出现意外，两条双链就和原来那条双链上的碱基排列一模一样。（3）细胞可以DNA为模板，合成RNA（核糖核酸），再以RNA为模板，合成蛋白质分子。换句话说，RNA是基因表达的中间产物，而蛋白质则是基因表达的终产物。（4）DNA分子上的碱基序列可以因各种原因发生错乱，其结果，基因就发生突变。DNA分子结构的特点不止这些，不过以上4点最为重要：第1点决定了基因的本质是DNA分子中隐藏的信息；第2点保证了基因代代相传，稳定遗传；第3点保证了基因决定性状，基因型决定表型；第4点决定了遗传变异的主要根源是DNA分子结构的突变。所以，看起来并不复杂的DNA分子却拥有千变万化的魔力，是生物千变万化之源。

现在着重讲讲第3点：基因表达（gene expression）。前面说过，以DNA为模板合成RNA再合成蛋白质，代表遗传信息的主要流向，通常称为"中心法则"（central dogma）（虽然遗传信息也可以从RNA反向地流向DNA，但由核酸到蛋白质的流向一般是单向的）。其中从DNA到RNA的过程称为"转录"（transcription）；从RNA到蛋白质的过程称为"翻译"（translation）。这两个术语的命名是有深意的，因为前一过程是两种核酸分子间以碱基互配的方式进行信息传递，好比录像一样，所以称为转录；而后一过程是核酸与蛋白质两类分子之间的信息传递，好比从汉语翻译为英语一样。

DNA分子链上有A、G、C、T 4种碱基；RNA分子链也由4种碱基组成，但除A、G、C相同外，没有T而以U（尿嘧啶）替代，因此在转录时，DNA分子中以A和RNA分子中的U配对，其余仍按T－A、G－C、C－G方式配对。这样，DNA上的碱基序列就转录为RNA上的碱基序列了。转录产物产生几种不同的RNA：mRNA（messenger RNA，信使RNA）是制造蛋白质的模板；rRNA（ribosome RNA，核糖体RNA）是核糖体的重要组分，制造蛋白质的"车间"；tRNA(transfer RNA，转运RNA)是将氨基酸转运到核糖体上的"搬运工"。几种RNA各司其责，其中mRNA是中心法则信息流的中心环节。

mRNA携带的信息如何翻译到蛋白质分子上呢？这归功于科学家们对"遗传密码"（genetic code）的破译。原来，mRNA的4种碱基U、C、A、G每3个成一组，称为"密码子"（codon），对应一种氨基酸。由于密码子有60多种组合，而氨基酸只有20种，所以有些氨基酸可被几种密码子所编码。mRNA由细胞核转运到细胞质中以后，在核糖体上，通过tRNA的帮助，按照密码子的序列，合成相应氨基酸序列的多肽链。结果，核酸"语言"便被译成蛋白质"语言"。

说起来简单，实际情况复杂得多，而且越研究越复杂。复杂性在于，在基因表达这场演出中，除了基因、mRNA和蛋白质产物等"主角"以外，还有许多"配角"参与调度的作用。调度得当，基因表达便顺利；调度不当，演出便会流产。这就是分子生物学中常讲的基因表达的调控。

基因表达的调控

在转录与翻译两个阶段，都有许多因素起调控作用。其中，有些起正调控作用，即促进基因表达，有些起负调控作用，即抑制基因表达。基因表达的顺利与否，依赖于发挥正调控因素的作用，抑制负调控因素的作用。每一调控因素又受另一些因素的制约，构成繁复的"关系网"。首先，我们要知道，高等生物的DNA分子链中，基因只占一小部分；大部分是不能表达的序列。有人认为，这些没有表达价值的DNA序列可能起源于病毒或其他因子插入宿主的DNA分子并在其中复制成大量的重复序列，但在进化中被保存下来，并且被宿主染色质以某种方式使其失去表达能力。但非转录区域的DNA并非无用的，它们对转录过程有重要的调节功能。

这里还要谈到，染色质分为常染色质与异染色质。常染色质的DNA链在细胞分裂间期松开，在分裂期浓缩。异染色质则始终保持浓缩状态。什么是"浓缩"呢？一条染色体中的DNA分子如果完全伸展开来，其长度可达染色体长度的成千上万倍，所以DNA分子是以螺旋状态存在于染色质中的，并且呈现大螺旋中套小螺旋的结构，就像弹簧一样，可以压缩得很紧（异染色质），也可以比较松散（常染色质）。常染色质中的DNA序列，有一部分可以表达，就是基因。异染色质中的DNA序列由于高度浓缩，无法伸展，因此无法转录。

基因要能转录，需要许多因素参与。其中起关键作用的是一类蛋白质，称为"转录因子"（transcription factor）。当DNA分子松开以后，转录因子结合到基因上游的一段叫做"启动子"（promoter）的DNA序列上。同时，还有一种在转录中起关键作用的酶——RNA聚合酶（RNA polymerase），也和启动子结合。在它们的共同作用下，基因转录才得以开始。启动子有各种类型，其中有些是有特异功能的，例如花粉中特异的启动子与体细胞启动子有所不同。所以，启动子虽然本身不能转录，却为基因表达所不可或缺。RNA聚合酶也有各种类型，其中有的帮助制造mRNA，有的帮助制造tRNA，有的帮助制造rRNA等等。转录过程由基因上游开始，顺序往下游推进。当转录作用达到基因末端时，RNA聚合酶识别此处的一段终止区段，转录便告终止。除了以上列举的几种主要因素以外，还有层出不穷的参与者被发现，多数是蛋白质。其中，有些是起促进作用的正调控因子；有些是起抑制作用的负调控因子。有些被其他因子影响的因子，又对另外的因子起影响作用。其关系之微妙，使有的学者惊叹，在这里所发生的究竟是"鸡生蛋"？还是"蛋生鸡"？

在转录调控中还有一个必须提到的现象，即DNA的"甲基化"（methylation）。在DNA分子中的C－G碱基上加进一个甲基（－CH₃），会阻遏基因的转录，从而调控基因表达。甲基化可以引起单个基因、多个基因，甚至整条染色体上的基因表达失活，这在分子生物学中称为"沉默"（silencing）。沉默的后果是多方面的。例如，导致DNA高度浓缩，成为前文提过的异染色质。异染色质阻碍转录因子和RNA聚合酶与DNA分子接触，从而阻碍转录。在生殖过程中，由于DNA甲基化或其他原因，导致双亲一方的基因沉默而只表达另一方的基因，称为"印记"。后文谈到胚和胚乳发育时还会回到这个议题上来。甲基化还是引起"表观遗传变异"（epigenetic variation）的重要因素之一。表观遗传变异是指基因的核苷酸序列不变而因甲基化等因素的修饰，致使基因表达发生改变，这种表型的变异可以在少数世代中传递。在遗传学中有一个分支学科"表观遗传学"（epigenetics），现在受到越来越大的重视，这里不再赘言。

基因制造mRNA是一个复杂的过程，并非基因的全部序列都保留下来。由碱基配对产生的初级产物必须经过"剪接"（splicing），删除无意义的部分，只保留有翻译功能的部分。基因的序列中包括两个互相间隔的部分，一部分称为"外显子"（exon），另一部分称为"内含子"（intron）。转录的初级RNA产物中包括与以上两部分相对应的序列，但只有与外显子对应的序列能编码蛋白质，而与内含子对应的序列没有编码意义，所以要加以剪除，这样才制造出mRNA。由于剪接的方式不同，可以产生多种形式的RNA，以后翻译成不同形式的蛋白质。

mRNA制造出来以后，从细胞核转运到细胞质中，与核糖体结合，行使翻译为蛋白质的功能。多余的mRNA必须清除。清除mRNA的任务由RNA酶（ribonuclease, RNAse）承担。它的破坏力极强，使mRNA的寿命只有短短几分钟。顺便提到，在人工提取mRNA的操作中，如何防止RNA酶的破坏作用是一个必须加以注意的问题。

mRNA翻译为蛋白质受很多因素干扰，其中RNA干扰（RNA interference）需要一提。RNA通常是单链的，但有一种双链的RNA，它可以被酶切成小段序列。这些双链RNA片段与蛋白质形成复合体后，可以与mRNA结合，从而使mRNA遭到降解。有人认为，RNA干扰是进化过程中宿主抵御入侵病毒的手段。

细胞内还有一种微小RNA（micro RNA, miRNA）。这是一类具有调节作用的短小单链RNA片段，它和mRNA的某些序列结合后，会抑制其翻译。现在可以利用这一现象人工合成类似miRNA的产物，用以降解目标RNA或抑制其翻译功能。

翻译的终产物是蛋白质。蛋白质的分子结构极为多样，功能也极为多样。大体说来，蛋白质可以归为4类。第一类是结构蛋白，它们构成生物体内多种"骨架"物质，例如微管的成分微管蛋白、肌肉的成分肌红蛋白等。第二类是酶，它们是生物体中各种代谢的"催化剂"。由于酶的活动才会合成各种代谢产物，也才会使代谢产物分解。可以说，酶是由基因到性状的复杂环节中最重要的中介者。第三类是调节蛋白，它们在转录和翻译中起调控作用，前面已经约略提到。第四类是转运蛋白，它们大多位于生物膜上，帮助细胞内外的物质交流，负责将养料运入细胞，也将废物运出细胞。总之，从分子的角度看来，蛋白质就代表性状。

基因是怎样分离出来的？

我们由前文已经知道，基因是DNA分子链中的某种序列，它通过中心法则的信息流决定蛋白质分子的氨基酸序列，间接地决定性状表现。然而，怎样才知道哪种基因决定哪种性状呢？只有将基因从它所隐藏的DNA分子汪洋大海中分离出来，才能回答这一问题。

概括地说，分离基因有两条思路：一条思路是由表型到基因型，不妨叫做"由表及里"；另一条思路是由基因型到表型，不妨叫做"由里及表"。前一思路是从性状差异的比较入手，去探索导致某种性状差异的基因根源。后一思路是从DNA分子差异的比较入手，找出可能决定某种性状的基因。打一个不太确切但较易懂的比方：在法医学中，可以从相貌与指纹特征寻找嫌疑人（由表及里），也可以从DNA分子鉴定寻找嫌疑人（由里及表）。

先说"由表及里"的研究策略。在这方面，突变体功不可没。突变体（mutant）是正常的个体（野生型）中的某种基因发生突变所产生的遗传变异类型。自然界中本就广泛存在突变体；用多种人工方法可以加速突变体的发生。由于多数突变是隐性的，只有少数是显性的，所以在二倍体中一般只有一对同源染色体上的两个等位基因都是突变基因，性状变异才会表现出来。因此，突变体的筛选是一项繁重的工作，特别是有些突变体只有用显微镜才能检查出来（生殖过程中许多突变体就是如此），工作难度更大。很多突变体是畸形的，有点"缺胳膊少腿"的样子，但在基因分离的研究中却是价值连城的。为什么呢？因为，突变体好似一把锋利的"手术刀"，能够用来解剖出想要找到的基因。比如，假若你想知道决定子叶形成的基因，就要设法筛选出缺乏子叶的突变体，然后比较该突变体和野生型的DNA序列，发现差异所在，便可以挑选发生变化的序列作为假定的突变基因，作为进一步验证的起点。后文将会提到，这种决定子叶有无的基因事实上已经找到。同理，只要拥有生殖过程任何环节上发生变异的突变体，便可以由此入手去解析决定这一性状的基因。

这里有必要说明和基因有关的名称与缩写符号。在学术文献中有一套公认的规定，即用英文的斜体表示基因，其中野生型采用大写，突变型采用小写；用正体表示基因产物蛋白质。现以决定胚的存在与缺失的基因为例：*embryoless*是缺乏胚的突变体，缩写符号为*eml*；与其对应的有胚的野生型基因是*EMBRYOLESS*（*EML*）。由于只有先找到突变体才能知道决定突变的基因，所以野生型的基因通常是按照突变基因改为大写。例如，*EMBRYOLESS*的含义是和"无胚"相反的"有胚"，余类推。看起来相当别扭，但在读文献时却是必备的知识，后文中这类例子很多。

"由里及表"的研究策略是从分子分析入手。这种策略常常适用于那些难以找到突变体的场合。例如，假使我们想知道受精前后基因表达发生了哪些变化，怎么办呢？最主要的方法是从建立cDNA文库（cDNA library）着手。所谓cDNA（complementary DNA，互补DNA），是指从mRNA制造的基因拷贝。有一种反转录酶（亦称逆转录酶，reverse transcriptase），可以将mRNA作为模板，反转录出相应的DNA序列。反转录的DNA序列恰好和基因的DNA编码序列互补，这便是cDNA。由于mRNA是按照基因外显子的序列转录的，所以cDNA的序列中仅含外显子而无内含子，这是cDNA相对于原始DNA的优点。所谓cDNA文库，是指供试样品中全部cDNA的总称，就像一所典藏了成千成万册书籍的图书馆。有了这个文库，便可以测出其中包含的cDNA的核苷酸序列，然后拿来和另一文库中的cDNA进行比较，从中筛选出二者在基因表达谱上的差别。

构建cDNA文库，要对其中包含的成千上万的序列进行分析，工作相当繁重；而且在了解了基因表达谱的差异后，要想找到其中关键的功能基因，还得很费一番工夫。有没有更简捷的办法呢？"扣除杂交"（又称差减杂交，subtractive hybrization）便是一种简捷的方法。比如说，将一个样品的cDNA与另一个样品的mRNA进行分子杂交。杂交产物中能配对的双链分子代表两个样品共有的，可以设法除去，而剩下来不能配对的单链分子代表只在一个样品中表达的，即我们想寻找的特异基因。这一方法省略了构建cDNA文库以及对文库全部基因的分析，只聚焦于有差异的基因分析上，不失为直截了当的途径之一。

从mRNA制取cDNA曾经遇到一个恼人的难题，就是如果从微量样品中提取mRNA及由此反转录cDNA的量太小，便不足以进行后续的分析。自从20世纪80年代发明了PCR以后，这一困难迎刃而解了。目前，甚至从一个单细胞便可以获得大量的cDNA拷贝。PCR是polymerase chain reaction（聚合酶链反应）的缩写。它的基本原理是以短核苷酸链作为引物，以目标DNA为模板，通过多轮的循环反应，使之反复扩增。每一轮循环包括热处理使互补链分离，继之以新链的复制。在合成新链时要加入耐热的DNA聚合酶。循环过程要按一定程序变换温度，所以PCR仪实际上是一种热循环仪。PCR的问世摆脱了以往通过细菌培养反复扩增DNA的繁重工作，是分子生物学研究中的一大技术革命。PCR技术不仅用于cDNA文库构建与扣除杂交，而且也用于其他很多方面。并且不断涌现新的变型。它不仅用于研究基因表达，而且还用于基因鉴定与基因工程。这使我们联想到科幻影片《侏罗纪公园》。科学家从埋藏在琥珀中的吸血昆虫体内提取恐龙DNA，并通过PCR加以扩增，复活为恐龙。尽管现时尚无法实现这一构想，但从早已绝灭的生物化石或遗体中扩增DNA的方法确实可行，并且已是研究生物的分子进化的成熟技术了。

近年来，芯片技术在研究基因表达上的应用日益广泛。所谓芯片（chip），即事先将大量的单链DNA探针固定在一个方阵上，然后将荧光标记的供测DNA或RNA与之杂交，通过激光扫描同时检测与鉴定出其差异片段。这种方阵式的芯片称为微阵列（microarray）。

基因的确认

从突变体或cDNA文库分离的基因是否确为我们所想找到的基因，还很难说，因为在复杂的分离过程中可能出现一些不确定因素，影响结果的真伪。所以在这以后还有不少疑团需要解析：这个基因的核苷酸序列究竟是怎样的？在其他生物尤其是模式生物中是否存在和它类似的已知基因？这个基因在研究材料中是否确实表达？在哪些部位和哪些时期表达？将它转移到野生型个体后，会引起后者出现什么性状变异？（如果性状变异符合预期，那就确证了它符合预期的功能；但常常会出现不合预期的表型，这种意外结果也可能引出有价值的新研究线索）。假若设法除掉这个基因，或阻碍它的表达，会引起什么后果？只有上述疑问中的大部分获得解答，确认这个基因的整篇文章才算完成。下面简略介绍基因鉴定的主要方法。

（1）基因测序（sequencing）。大多采用DNA自动测序仪，应用4种颜色的荧光染料分别对应4种碱基，供测的DNA片段通过凝胶泳道时，用激光扫描读取DNA的序列。除了对DNA测序外，也可以应用质谱仪（mass spectrometer）对翻译产物蛋白质的氨基酸序列进行分析，然后反过来推定其DNA碱基序列。

（2）印迹分析（blotting）。利用分子杂交或抗原－抗体反应鉴定DNA、RNA与蛋白质的常用技术。最早发明DNA－DNA杂交技术的专家姓Southern，由此命名为Southern印迹（Southern blotting）。以后类推，就将RNA－DNA杂交称为Northern印迹，将蛋白质的检测称为Western印迹。这只是借用第一发明者的姓氏类推，完全没有东、西、南、北的意思，不过使用起来非常方便。当获得一种候选基因后，为了查知它在已知模式生物基因组中是否存在同源的（homologous）的序列，可以进行Southern杂交，利用放射性标记后者的DNA作为探针，和供测的DNA杂交，在X光片上曝光显出杂交带。为了查明候选基因的转录产物在植物体中各部分是否存在，可以进行Northern杂交，将植物各部分的总RNA与DNA探针杂交。Western印迹则是将翻译产物蛋白质作为抗原，和带放射性标记或酶标记的特定抗体进行免疫学反应。

（3）原位杂交（in situ hybridization）。这是鉴定基因在植物体内时空分布状态的常用技术。在以石蜡切片或半薄切片制作的器官与组织切片上，用标记的核酸探针，使之与组织中可能存在的mRNA杂交，以显示后者在某一部位和某一时期的分布与消长情况，因此此法称为"RNA原位杂交"。在植物学中常用的探针标记有地高辛（digoxigenin，洋地黄毒苷），其特点是不像放射性同位素标记时那样对人有毒。

（4）异位表达（ectopic expression）。这是利用转基因技术将一种生物的基因转移到另一种生物中，以观察其表达情况的常用方法。例如，假若在一种植物中分离出一个新基因，可以将它转移到模式植物拟南芥甚至动物或酵母中，看其结果如何，由此验证该基因的功能。

基因工程

按照人的愿望定向改变生物的遗传性，创造全新的品种，是长久以来科学家的梦想。杂交育种只是将现有品种进行遗传重组；诱变育种可以诱发新的变异，但不能做到定向变异；细胞工程与染色体工程部分地达到这一目的，但不够精确。只有在分子水平上将目的基因定向地转移到受体细胞的基因组中"安家落户"，才算真正实现了这一梦想。基因工程的威力如此之大，以致现在已能任意实行品种间的基因转移，而且可以实现种间的，甚至植物、动物与微生物之间的基因转移，从而塑造出自然界从未有过的人造生物。不过，基因工程像是一柄"双刃剑"，不仅能够为人类创造极大的财富，而且也会造出对人类极为有害的"怪物"，并且打乱自然的生态平衡，造成不可收拾的局面。除上述明显的应用目的外，基因工程同时也是研究基因表达的有力手段。后一点正是本章的主旨。

　　首先需要谈谈"转座子"（transposon）的概念。基因在染色体中的位置并非固定不变，有些基因可以由一个位置（称为基因座，locus）跳到另一个位置。这可以形象化地称为"跳跃基因"（jumping gene），也就是"转座子"。说起来，基因转座现象是在20世纪40年代，早于DNA双螺旋结构发现之前，由一位女科学家在玉米杂交实验中发现的。当时她发表的这一观点无人置信，直到多年以后才被证实。在此基础上，人们设法利用转座子插入基因组中开展基因工程；也利用转座子插入造成特定基因丧失表达功能。

　　但是转座子不能直接从一株植物转到另一株植物，而是要通过一个中介的载体（vector）。载体的作用好比运输车辆，装载目的基因并将其运至目的地。细菌的质粒是最常用的载体，而就植物来说，Ti质粒又是其中的佼佼者。什么是Ti质粒？原来有一种生活在土壤中的细菌，叫做根癌农杆菌，它体内含有一种"根瘤诱导质粒"（tumor-inducing plasmid，简称Ti plasmid）。这种质粒的独特之处在于含有一段能够转移到植物染色体内的DNA，称为T-DNA*。当农杆菌侵染到植物体中以后，Ti质粒中的T-DNA可以插入宿主细胞的染色体，并产生大量生长素与细胞分裂素，刺激该处细胞分裂形成肿瘤（冠瘿瘤）。利用这一自然现象，人工改造Ti质粒，保留T-DNA的可转移特性，除去多余的部分，代之以目的基因与标记基因或报告基因。经过改造的质粒，已经"旧瓶装新酒"，面目全非了。随着细菌的不断繁殖，质粒也不断复制，克隆出大量的人工质粒。这样便可以利用它们作为运载工具，将基因插入受体植物。为了使农杆菌高效地侵染植物，多采用组织培养的外植体作为受体，通过与农杆菌的共培养实现基因转移。也可以采用整株植物作为受体进行转化。

　　为了改造细菌质粒，需要酶的帮助。首先要用"限制性内切核酸酶"（restriction endonuclease）切割特定位点的DNA，然后用"DNA连接酶"（DNA ligase）将DNA片段互相连接起来，这样才能将目的基因、标记基因以及特异启动子一同插入载体质粒中。这个过程说得形象化一点，有些像电脑操作中经常使用的剪切、复制与粘贴。其实，整个基因工程何尝不是一个复制与粘贴的过程呢？

　　农杆菌介导的基因转移主要在双子叶植物中有效，而在禾谷类植物中，由于禾谷类植

---

　　*关于"T-DNA"一词的全称，多数现行的说法是"Transfer DNA"（转移DNA），但美国D. Clark教授所著 *Molecular Biology* 一书第二版（2005）中认为是"Tumor-DNA"（肿瘤DNA）。

图 6-1 拟南芥植株的外貌
（郭荆哲博士提供照片）

拟南芥植株形小,发育周期短,是分子遗传学和发育生物学中的模式植物。图示拟南芥的幼年莲座状植株 (1) 与开花植株 (2、3)。

物不是农杆菌的天然宿主,应用效果一般较差。再者,对于生殖系统中的微量受体细胞,农杆菌介导显然不适用。因此,研究者们还建立了其他一些直接的转基因技术。在这些方法中,目的基因同样要装载到质粒中才能实现转移。第5章已经介绍过基因枪、电激、显微注射等方法,这里不再重复。总之,选用哪种方法要视具体情况而定,不可拘于一格。

模式植物拟南芥

在结束本节时,我们还有必要介绍植物分子生物学中的主要模式材料——拟南芥（*Arabidopsis*）。这是一种十字花科的矮小野草,貌不惊人,但被誉为"植物果蝇"（图6-1）。它之所以被选中作为模式植物,是由于拥有以下优点。（1）基因组较小。一般讲,有花植物的基因组在生物界中是最大的,一株植物所含基因总数甚至超过一只哺乳动物。但拟南芥仅含大约2.5万个基因,比水稻（4万～5万个基因）和人类（约3万个基因）更少。这些基因分布在5对染色体上,比水稻（10对）和小鼠（20对）少得多。这都是解析基因组的有利条件。（2）生活周期很短,仅6～10周,加之体形较小,可在室内生长,虽然还比不上果蝇（约2周）,但比一年只能繁殖1～2代、且占地较广的其他有花植物繁殖率大得多,在突变体分析中的优点显而易见。（3）胚胎发育时期较短,仅10d之久;胚胎发育模式也很清楚（见本章第7节）,因此是研究生殖发育的好材料。唯一不足之处是性细胞过于微小,限制了性细胞的实验操作。迄今,拟南芥已成为研究双子叶植物发育生物学与生殖生物学的最主要的模式材料,并且由它所取得的基因分析成果,已经影响到单子叶植物。例如,单子叶植物中的模式材料水稻,不少基因的结构与功能分析需以拟南芥为参照。

终植物一生,基因表达不是同时发生的,而是有序进行的。合子中蕴藏着个体的全部基因,它们随发育的推进,在不同时段、不同部位依序表达,好似演员一样,"你方唱罢我登场",由此控制着发育进程。研究基因表达,离不开对各种发育事件中各种基因角色在一定时间与空间坐标上的活动。以下言归正传。

2. 成花诱导与花器官发育

植物的一生划分为营养生长与生殖发育两大阶段。在营养生长阶段，由胚胎发育时期奠基的茎生长点（苗尖分生组织）不断分裂，产生新枝与新叶；由根生长点（根尖分生组织）不断产生新根。随着根、茎、叶的不断生长，幼苗长成成株。然后，苗尖分生组织突然启动生殖发育，形成花芽。这是植物一生中最剧烈的发育转折点，称为"成花诱导"（floral induction），亦称"开花诱导"（flower induction）。一年生与二年生植物，一生只开一次花，成花诱导既意味着传宗接代的开始，也意味着个体生命行将告终。多年生植物一生中可以开花多次，成花诱导以后营养生长和生殖发育交替进行。

成花诱导是基因对于内外条件的应答反应。诱导成花的主要因素是光周期、温度及植物激素。这些刺激传达到苗尖分生组织，引发其中一系列有关基因的表达，终致形成花芽。根据迄今的研究，成花诱导分为光周期（photoperiod）、春化（vernalization）、赤霉素（gibberellin）和自主（autonomous）4条调控途径。同一种植物（例如拟南芥）中可能存在几种调控途径，也可能只有部分途径起主导作用。其中光周期途径研究最为深入，下文着重谈谈。

长日照植物和短日照植物

地球自转一周为24h，不因地理位置或季节而变化。但24h以内的昼夜相对长度（即光期与暗期）却非固定不变的。赤道地区一年四季的昼夜长度基本相等；愈往地球两极，昼夜差别愈大。就北半球而言，一年中夏至日照最长，冬至日照最短，春分与秋分昼夜接近平分；但不同纬度地区的同一节令，日照长度各异，呈现由南往北，夏季白昼愈来愈长，冬季日照愈来愈短的规律性变化。到了北极圈，夏季几乎整天为白昼，冬季几乎整天为黑夜。外界昼夜节律的变化，对植物的生理活动有多方面的深刻影响，包括成花诱导中的"光周期反应"。根据植物对光周期的反应，可以划分为长日照植物（long-day plant）、短日照植物（short-day plant）和对光周期不敏感的日照中性植物（day-neutral plant）三类。

所谓长日照植物，只有在日照长度超过一定界限时才能成花。例如，许多二年生植物秋季播种，在漫长的冬季度过营养生长期，到了来春日照延长之后才能开花。它们的成花诱导是受一天中光期的长度决定的。短日照植物只有在日照长度短于一定界限时才能成花；但进一步研究发现，它们实质上并非依赖一天中光期的长度，而是依赖一天中暗期的长度，也就是说，只要在暗期超过一定长度时，无论光期多长都能开花。若是用人工闪光将暗期短暂地打断，便可以神奇地消除成花诱导的作用。所以短日照植物实质上可称为"长夜植物"（图6-2）。

以水稻为例：北温带地区的水稻品种大体上分为晚稻、中稻和早稻三类。晚稻品种多原产低纬度地区，当地夏季白昼较短（黑夜较长），可顺利度过由营养生长向生殖的转换期；但引种到纬度较高地区后，夏季白昼较长，只有进入秋季才能遇到白昼较短（黑夜较长）的条件，从而抽穗开花。若是想要使晚稻提前抽穗，最好的方法是施以人工短日照处理（即在暗室中延长其暗期），便可促其缩短营养生长期，与早稻一样在夏季抽穗。所以晚稻属于典型的短日照植物。早稻则不同，它们对光周期要求不严，只要气温达到一定高度便能抽穗开花，所以原产北方且在当地晚季结实的品种引种到南方后，在高温条件下可以成为早稻品种。

叶片中有光周期的"传感器"和控制中心

外界的光周期变化是如何诱导植物成花的呢？这是一条极为复杂的感应与传输途径。简单说来，这条途径中有如下几个关键环节：首先是对光周期的感受，地点是叶片；接着是根据感受的信号对内在的生理运转进行调控，地点也在叶中；再后来是将经过调控的信号传输到茎尖；最后在茎尖引发一系列基因表达的变化，结局是形成花的器官（图6-3）。下面就从头说起。

叶片中存在感受光周期刺激的分子，称为"光受体"（photoreceptor）。这是细胞质中所含的一类色素蛋白质，称为"光敏素"（phytochrome）。光敏素对光谱中的红光区段与远红光区段有不同的吸收形式，而且两种吸收形式可以互变。这样，一个光周期内的光期和暗期的交替便转化成光敏素两种形式昼夜交替的变化。除光敏素外，叶中还有另一种隐花色素，是蓝光的受体。通过拟南芥突变体分析，已知有多个光敏素基因，分别编码不同的蛋白质，

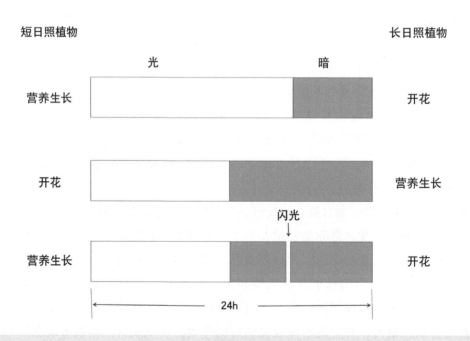

图 6-2 短日照植物与长日照植物对光周期的反应（改绘自Galston and Davies 1970）

在24h内光期与暗期的长度随纬度与季节而异。短日照植物在长光期条件下只进行营养生长而不开花；只有暗期达到一定长度才开花。长日照植物相反，只在长光期条件下开花，而在短光期下只进行营养生长。若以闪光（即使很短暂）打断暗期，则导致相反结果。

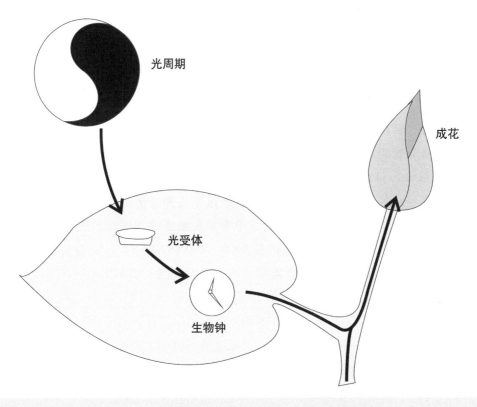

图 6-3 光周期诱导成花的信号如何在植物体内传输

外界的光周期信号被叶中的光受体（光敏色素等蛋白分子）接受，传达到由一系列分子组成的生物钟，经过调整转化为体内的生理节律，然后将转换后的信号经由输导组织传递到茎尖，再通过复杂的分子相互作用，诱导茎尖生长点形成花芽。

例如：*PHYA*编码远红光受体，对成花起促进作用；*PHYB*编码红光受体，对成花起抑制作用；等等。它们的缺失导致相反的结果，例如，*PHYB*的突变体*phyB*解除了对成花的抑制，导致提前开花。

光受体接受了光周期刺激以后，将信号转给叶片中的"生物钟"（biological clock）。生物钟并非真实的钟，而是由一系列分子组成的控制体内生理节律的定时系统，它控制着光受体远红光与红光两种形式互变的节律。生物钟不仅控制成花诱导，而且在植物其他许多有节律的生命活动中也起定时功能，如叶的定时开合、气孔的开闭、下胚轴的生长等。生物钟接受来自光受体的信号后，经过调整，重新定时为体内的节律，然后再将信号传递给下游过程的分子。生物钟每天将对环境信号的感受转变为自身的节律周期，一旦环境信号不再存在，生物钟将继续维持自动运转一段短的时间。因此，必须每天输入新的信号以保持体内与外界节律合拍。生物钟的中央处理器包括*LHY(LATE ELONGATED HYPOCOTYL)*、*CCA1(CIRCADIAN CLOCK ASSOCIATED 1)*、*TOC1(TIMING OF CAB 1)*等。

信号如何从叶片传递到茎尖，一直以来为学者们关心。早在20世纪30年代，有人用嫁接实验证明，诱导成花的信息可以在接穗与砧木间传递。例如，将光周期诱导的紫苏叶片嫁接到正在营养生长的茎端，可以诱导腋芽成花；再将后者的叶片嫁接到第3株上，同样有诱导作用；这样连续嫁接下去，一片叶子竟可以接连诱导7株植物开花。这类十分有趣的经典实验启示，一定有某种物质负责将光周期信号转输到苗尖分生组织。研究者将这种假定的物质称为"成花素"（florigen）而进行长期的寻找，但是始终没有找到单一的"成花素"。大量研究表明，一个多因子的系统与信息传递有关，其中包括赤霉素、细胞分裂素、蔗糖、多胺等，目前还不甚明了。最近，有研究者声称发现一种起关键作用的蛋白质，认为它就是寻找多年的成花素。这些成分通过韧皮部转运到苗尖，激活苗尖分生组织中一系列相关基因的表达。现在知道拟南芥中有多条激活的支路，组成错综复杂的基因关系网。例如，其中一个支路中有一个关键基因CO（CONSTANS），它激活另一个下游基因FT（FLOWERING LOCUS T），后者再激活更下游的基因，如AP1（APETALA1），最终导致苗尖分化成花芽。

水稻的光周期诱导途径，总体上有许多和拟南芥相似之处，有不少与拟南芥中同源的基因控制着光周期诱导过程，但也有不同甚至相反之处。例如，在水稻光周期途径的下游，也有一个与CO同源的基因，但它不激活与FT同源的基因，相反地却抑制后者的表达。因此，同样是在长日照条件下，长日照植物拟南芥中与短日照植物水稻中的同一套基因在调控结局上的作用是相反的。

2008年，我国研究者在水稻中发现了一个在已知4条成花诱导途径之外的新基因RID1（Rice Indeterminate1），在由营养生长转向生殖发育中起开关作用。这个基因的突变体rid1在无论任何已知诱导条件下（包括短日照），始终不能开花，直至生育期长达500d以上仍然处于营养生长阶段，只分蘖长叶而不抽穗，表现出"永不开花"的表型。RID1在幼叶中表达后，将信号传递给成熟叶中的光周期诱导途径，最后再传给苗尖分生组织，导致成花。迄今为止，在拟南芥及其他植物中尚未发现这一基因的存在。

以上所述只是成花诱导整个复杂体系中的冰山一角。实际上，随着研究的深入，各条途径之间呈现出错综复杂的相互作用，构成犹如迷宫式的网络，决定着某种植物在什么条件下该开花，什么条件下不开花。

花器官发育的基因控制

前文提过，成花诱导的信号由叶输往苗尖以后，促进了苗尖分生组织中一系列基因的表达，其结果决定了分生组织由产生营养芽转变为产生花芽。这些基因统称为"花分生组织特性决定基因"（floral meristem identity gene）。细分起来，这些基因大体上又可以分为两类：一类在早期起作用，决定花序的形成；另一类在后期起作用，决定花的形成。这里不必一一列出这些基因的名称。举例说明：在拟南芥中有一个基因LFY（LEAFY），其突变体lfy，表现出无限生长的花枝，而LFY通过转基因异位表达后，就使无限生长变为有限生长，提早成花。另一个基因TFl1（TERMINAL FLOWER 1）的作用与LFY相拮抗，其突变体tfl1的苗尖提早转变为有限生长而成花。还有其他一些基因分别起增强上述基因的作用。

有趣的是，与拟南芥亲缘关系甚远的水稻，在控制花序形成方面也有与拟南芥相似的同源基因。水稻中有一种基因称为*RCN*（*RICE TFL1/CEN HOMOLOGS*）[*]，是与拟南芥中的*TFL1*以及金鱼草中的*CEN*同源的。将*RCN*转移到拟南芥中异位表达，会引起拟南芥植株大量分枝并延迟成花。*RCN*在水稻植株中过量表达，也会导致抽穗推迟和穗的分枝大增。三种亲缘甚远的植物中存在着分子结构与功能上十分相似的控制花序形成的基因，说明花分生组织特性决定基因是在进化过程中颇为保守的一类基因。

拟南芥的花，在形态构造上可以代表被子植物典型的花。它由4种不同的花器官组成，它们是萼片、花瓣、雄蕊和雌蕊（心皮）。它们由外至内排列成4轮。这4种花器官尽管形态差异很大，但都是叶的变态，可以互相转变。人们早就知道，月季花和其他植物的重瓣花，是由原来的单瓣花中的雄蕊变成花瓣而来。同样，花瓣也可以变成类似萼片的构造。在金鱼草和拟南芥中通过这类突变体的分子分析，发现4种花器官主要由几种"同源异型基因"（homeotic gene）的共同作用所决定。它们分别是*APETALA*（*AP1*、*AP2*、*AP3*）、*AGAMOUS*（*AG*）与*PISTILLATA*（*PI*）。它们属于在真核生物中广泛存在的"同源异型框"（或称"同源异型盒"，homeobox）基因家族，它们的蛋白质产物都包括一个高度保守的结构域，叫做"MADS框"^{**}。同源异型框调控许多生物的发育，决定许多器官的命运。例如，在果蝇胚胎发育期间，同源异型框中有一个负责触角形成的基因，突变后导致原本长触角的地方长出腿来。植物中的上述同源异型基因，在花器官发育中起决定作用，所以统称为花器官特性决定基因（floral organ identity gene）。

同源异型基因与花器官发育的关系，并不是一种基因对应一轮花器官的关系，而是呈现互相交叠的关系。为此，研究者提出了一个"ABC模型"，其大意是将这些基因归纳成A、B、C三个功能区：A区控制第1、2轮器官（萼片与花瓣）；B区控制第2、3轮花器官（花瓣与雄蕊）；C区控制第3、4轮花器官（雄蕊与心皮）。*AP2*执行A区的功能；*AP3*与*PI*共同执行B区的功能；*AG*执行C区的功能。

在野生型植株中，正常的基因表达导致4轮器官的正常发育。如果其中某个基因发生了突变，就会引起功能的改变，结果出现器官之间的互变，在原来应当产生某种特定花器官的部位出现另一种花器官。例如，由于*AG*突变成*ag*，从而丧失了C区的功能，雄蕊就被花瓣所代替，心皮就被萼片所代替。又如，由于*AP2*突变成*ap2*，丧失了A区的功能，则萼片被心皮所取代，花瓣被雄蕊所取代（图6-4）。"ABC模型"是最初提出的一个假说，本身已经够复杂了。后来经过实验验证，做了修改补充，又提出更为复杂的新模型，本书就不详细介绍了。

禾本科的花以水稻为代表，外表上看与典型的花相差很大，它没有典型的萼片与花瓣，却有外稃（外颖）、内稃（内颖）、浆片等器官。但通过突变体分析，在水稻中也找到了不少与拟南芥中结构同源和功能相近的基因，执行A、B、C的功能，从而控制花器官的发育。

第6章　登临绚丽的分子舞台

---

[*] *RICE TFL1/CEN HOMOLOGS*的含义是水稻中与*TFL1*和*CEN*同源的基因。从命名上可以看出三者之间的同源关系。
^{**} "MADS框"的词源来自4种真核生物下列基因的首字母缩略词，即酵母菌的*MCM1*，拟南芥的*AGAMOUS*，金鱼草的*DEFICIENS*和人类的*SRF*。

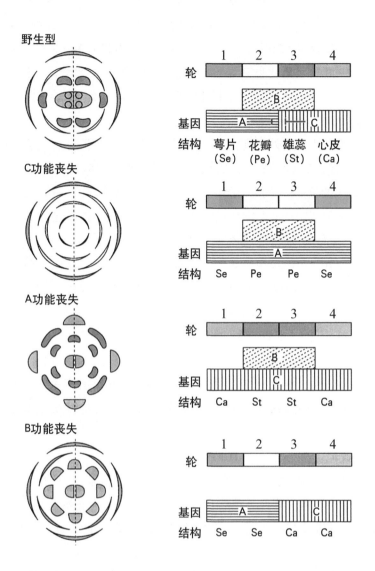

图 6-4 拟南芥花器官发育的ABC模型

（引自布坎南等 2004）

拟南芥的花由萼片（第1轮）、花瓣（第2轮）、雄蕊（第3轮）与心皮（第4轮）组成。根据突变体分析提出了ABC模型，即A区基因决定1、2轮，B区基因决定2、3轮，C区基因决定3、4轮。各区基因功能的丧失导致各轮花器官的改变。

通过分子生物学研究，对于内稃、外稃与浆片的属性，也给予了一定的澄清，认为外稃与内稃是萼片的同源器官，浆片是花瓣的同源器官。换句话说，禾本科的花也有和典型花一致的4轮花器官。

3. 雄性细胞发育的基因控制

在雌、雄性细胞的发育的分子机理研究方面，雄性细胞较为深入。这主要是由于技术上的原因：和雌性伙伴相比，雄性细胞数量较多，较易观察，在突变体筛选和构建cDNA文库方面均较方便。下面就讲与雄性细胞发育有关的基因。由于在本书第2、4章中已经交代过发育的基本过程与细胞生物学事件，所以凡是前文交代过的本章不再复述，只在必要时作些补充。读者在了解分子事件的时空关系时不妨回顾先前的描述。

哪些基因角色在小孢子发生过程中表演？

故事还得从孢原细胞（archesporium）说起。孢原细胞是在幼小花药内最初分化出来的一群细胞，由它分裂，向内产生初生造孢细胞（primary sporogenous cell），以后继续发育形成小孢子母细胞；向外产生初生壁细胞（初生周缘细胞，primary parietal cell），以后连续分裂，形成药壁的各个层次：

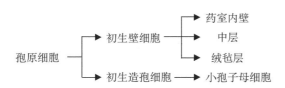

在拟南芥中发现一种突变体，取名*spl*（*sporocyteless*），意为"无孢子母细胞"。它的孢原细胞能够分裂产生初生造孢细胞，但以后不再继续发育成小孢子母细胞；连带地，初生壁细胞以后也不再发育。这说明*SPL*的正常表达是迄今所发现的、启动小孢子发生程序的最初事件之一。有趣的是，设法激活*SPL*在花瓣中的异位表达，竟可以诱导花瓣中形成小孢子，可见该基因在雄性细胞发生中的重要作用。

在玉米、水稻、拟南芥中分别发现几种突变体*mac1*（*multiple archesporial cells 1*）、*msp1*（*multiple sporocyte 1*）和*bam1/bam2*（*barely any meristem*）。它们的相似特点是产生超额的小孢子母细胞，而这些额外的小孢子母细胞是由绒毡层细胞转化而成的，即以牺牲绒毡层为代价。结果由于缺少绒毡层的哺育，最终花粉败育。这告诉我们：在幼小花药内部，有一些基因保证着小孢子母细胞和药壁组织二者发育的平衡；倘若这些基因的功能缺失，平衡被打破，药壁便不能正常发育，反过来也妨碍雄性生殖细胞的发育。谈到绒毡层与小孢子发育的关系，还要提及在油菜和拟南芥中发现的*Bcp1*基因。*Bcp1*在绒毡层和小孢子中都表达。倘若应用反义RNA（antisence RNA）技术减量调节**Bcp1*在绒毡层中的表达，就会最终引起花粉的败育。以上两例说明，小孢子的发育和药壁组织的发育息息相关，它们受多种基因的控制，可谓"牵一发而动全身"。

小孢子母细胞通过减数分裂产生小孢子，是小孢子发生过程的中心环节。减数分裂不仅实现由孢子体世代向配子体世代和由2n向1n的转变，而且通过染色体互换，实现父母本双亲的遗传重组，其重要性不遑多论。在减数分裂的各个步骤中，只要有一步发生异常，就会造成灾难性的后果。在玉米与拟南芥中已经发现了许多突变体，分别涉及减数分裂的不同步骤：有的不启动减数分裂而代之以有丝分裂；有的表现为染色体粘连；有的阻碍同源染色体配对；诸如此类，不胜枚举。这里只讲一个有趣的例子：在拟南芥中有两个突变体*stud*和*tes*，它们的成熟花粉中有多至4对精细胞。追根溯源，原来这是由于小孢子母细胞减数分裂Ⅱ的胞质分裂反常，致使4个小孢子缺乏胼胝质壁而处于一个共质体中，成为多核花粉；结果4个小孢子核分别发育，产生4对精细胞。

---

*"减量调节"（down regulation），亦称"下调"，意指通过调控使基因表达量下降；其相对名词为"增量调节"（up regulation），亦称"上调"。

雄配子体发育过程中众多基因依次登台

小孢子的继续发育，是经过先后两次有丝分裂形成雄配子体。这个过程看起来简单，却是"一步一景，风光绮丽"。在雄配子发生途中，有几处主要的"景点"：一是小孢子进行不对称分裂产生生殖细胞和营养细胞；二是生殖细胞脱离花粉壁迁移到营养细胞之中；三是生殖细胞分裂为一对精细胞，并且完成雄配子的分化。整个发育过程还包括许多小的"景点"。重要的是，每个"景点"同时也是一个"检票站"，必须依序通过；无论哪个站口出现障碍，便会步入歧途。在每一个站口，都有相关的基因把关，以维持发育的有序进行。

在拟南芥中有几个基因的突变可以影响小孢子分裂的模式（图6-5）：有一个基因*SCP*（*SIDECAR POLLEN*）[*]影响这次分裂的对称性，突变体*scp*的小孢子进行一次对称的分裂，产生两个均等的细胞；然后其中一个子细胞再进行一次非对称分裂，产生一大一小两个细胞，其中小细胞类似生殖细胞，可以分裂成一对精子。另一个基因*GEM1*（*GEMINI POLLEN 1*）影响小孢子的极性，其突变体*gem1*的小孢子核不能顺利迁移到靠边的位置，分裂产物可以是两个均等的细胞，也可以是两个大小有一定差异的细胞，但无论在哪种情况下都不能继续分裂产生精细胞。还有一个突变体*tio*（*two-in-one pollen*）的小孢子极性是正常的，但胞质分

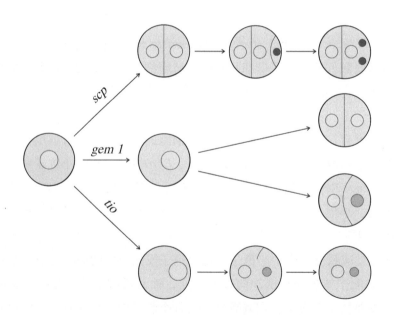

图 6-5　控制小孢子分裂行为的基因（改绘自Twell 2002）

通过突变体筛选，发现拟南芥小孢子的分裂行为受几个基因控制。其中*SCP*的突变导致第一次分裂变为对称分裂，但随后两个子细胞之一进行不对称分裂，分化出生殖细胞与精细胞（红色）。暗示该基因在小孢子分裂前即已决定极性。*GEM1*的突变导致小孢子极性建立不充分，结果导致分裂的非对称性发生完全的或不完全的改变。*TIO*突变后，小孢子极性不受影响，但胞质分裂发生缺陷，产生两个略有分化的子核。在*gem1*与*tio*中，分化不完全的生殖核以浅红色表示。

---

[*] sidecar: 边车，即三轮摩托车一侧的小车。sidecar pollen突变体使用这一名称形容其花粉结构的形貌。

裂发生缺陷，结果产生的生殖核与营养核之间缺乏细胞壁，二者游离于共同的细胞质中。以上三例表明，看似简单的小孢子不对称分裂蕴含着多么复杂的分子机理。

在显微镜下，营养细胞与生殖细胞不仅大小悬殊，而且在细胞核状态上也有很大差别：通常营养核显得比较疏松，染色较浅；生殖核则较致密，染色较深（参看第2章图2-5）。这种外貌其实是由它们各自的内在特性所决定的。营养核的转录活性较强，并且其核膜上的核孔密度较大，有利于mRNA由核内向细胞质输送。生殖核则处于染色质高度浓缩状态。有一种花粉特异性启动子*LAT52*，特异地驱动营养核的基因表达。在烟草中进行了一个有说服力的实验：应用低剂量的秋水仙碱诱导小孢子进行均等分裂，产生两个大小相等的细胞，结果两个细胞核中都显示*LAT52*。应用高剂量的秋水仙素抑制细胞分裂，小孢子停留在单核状态，但却也显示营养核特有的*LAT52*（图6-6）。这个实验说明，生殖核的命运有赖于非对称分裂，而营养核中的特异基因激活则不依赖分裂的非对称性，也不依赖于分裂是否进行。

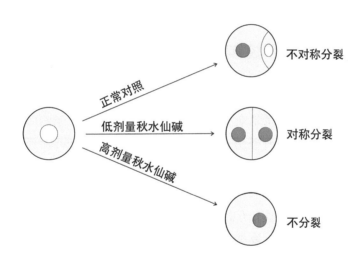

图 6-6　*LAT52*启动子在烟草花粉中表达的实验（改绘自Twell 2002）

*LAT52*是在花粉营养细胞中特异表达的启动子，在正常情况下，只在小孢子不对称分裂后的营养细胞中表达，而在生殖细胞中不表达。图示*LAT52-gus*在营养核中表达呈现的蓝色反应。若以低剂量秋水仙碱诱导小孢子对称分裂，所产生的两个子细胞中均呈蓝色反应。以高剂量秋水仙碱处理抑制胞质分裂，产生的单核花粉也呈蓝色反应。这一实验结果说明，不对称分裂是生殖细胞分化的前提，但营养细胞的基因表达并不依赖于分裂方式。

生殖核的高度浓缩状态植根于染色质的组装特点。在本章第 1 节中提过，DNA分子在染色体中是像被压紧的弹簧一样组装的，而与DNA组装相关的蛋白质最主要是组蛋白（histone）。在百合中发现了几种生殖核特有的组蛋白。应用分离的百合生殖细胞构建cDNA文库，还筛选出一个仅在生殖细胞与精细胞中特异表达的基因*LGC1*（*LILY GENERATIVE CELL SPECIFIC 1*）。该基因编码生殖细胞中特有的组蛋白，与生殖核及精核的染色质浓缩有关。

生殖细胞分裂成一对精细胞是雄配子发生的最终步骤。从总体上看，精细胞继承了生殖细胞的大部分特征。精核同样染色质浓缩，染色很深，含有生殖细胞的特异组蛋白；精核中也同样有*LGC1*和其他生殖细胞特异基因的表达。在拟南芥中发现至少有两种基因控制生殖细胞的分裂。它们的突变导致这次分裂的阻断，结果成熟花粉中只有一个精细胞而非正常花粉的两个精细胞。单个精细胞能与雌配子融合，说明精细胞的受精功能并不依赖生殖细胞的分裂。但有意思的是，其中一种突变生成的单个精细胞既可与卵细胞，又可与中央细胞受精，而另一种突变生成的单个精细胞只能与卵细胞受精。这种细致的差别令人叫绝。此外，有的研究者利用白花丹精子二型性的特点（第4章中已交代过），用显微操作器从分离的精子群体中分别挑选、收集两类精子，并由此分别构建cDNA文库，旨在比较两类精子的分子特点。初步研究结果显示它们的表达产物既有共同性，也有某些特殊性。这不失为一个别出心裁的设计。

4. 雌性细胞发育的基因控制

胚囊发育的复杂性

胚囊与花粉的雌雄对应关系是众所周知的：前者是产生雌配子的雌配子体，后者是产生雄配子的雄配子体。和花粉发育经历小孢子发生与雄配子发生两个阶段一样，胚囊发育也经历大孢子发生与雌配子发生两个阶段。但是胚囊在整个生殖过程中所起的作用，都比花粉更长更广：它不仅是产生雌配子的发源地与受精的场所，而且是孕育胚和胚乳的"温床"，不像花粉在完成受精使命以后便退出历史舞台。

胚囊的发育也比花粉发育复杂多样，包括许多类型。最常见的蓼型（Polygonum type）只是其中一种发育模式，属于单孢子（monosporic）类型之一，此外还有双孢子（bisporic）与四孢子（tetrasporic）两类中的各种模式[*]，此处不一一列举。这种多样性必然取决于不同的基因控制机理，可惜迄今除蓼型胚囊外，对其他各种发育模式分子机理的认识仍然一片空白。

还有，和雄配子体发育只经过2次有丝分裂相比，雌配子体发育要经过3次有丝分裂，并且是游离核分裂，然后才形成细胞。最后，成熟雄配子体只有3个细胞，而成熟雌配子体的细胞数目较多，结构较为多样：蓼型胚囊的典型状态是7个细胞，而其他胚囊型的细胞数目少则4个，多则达10余个，细胞的排布更是五花八门（第1章图1-3列举了其中几种类型，可供参考）。即使同属于蓼型胚囊，7个细胞的发育结局也各有千秋，例如：拟南芥成熟胚囊中反足细胞完全退化；而禾本科植物则相反，反足细胞由3个继续分裂成多个。

---

[*] 单孢子胚囊是由减数分裂产生的4个大孢子中只有1个发育为胚囊，其余3个退化。双孢子胚囊是减数分裂 I 产生的2个细胞中，1个细胞完成减数分裂 II，产生2个大孢子核，发育为胚囊；另1个细胞退化。4孢子胚囊是4个大孢子核均参与胚囊形成。

上述一切，说明研究胚囊的基因控制远较研究花粉困难。更大的困难还在于，胚囊深藏于胚珠组织中，较难观察，也较难分离。因此，无论从哪个角度看，胚囊研究落后于花粉研究是可以想见的。尽管如此，研究者们克服多重困难，运用多种技术，特别是突变体筛选这把锋利的"解剖刀"，在洞悉胚囊发育分子机理的征途中已经取得了不小的进展。

控制大孢子发生与雌配子体发育的基因纷纷显露

在大孢子发生与雌配子体发育的所有环节都发现了阻碍发育向前推进的突变体。有人将从大孢子到成熟胚囊的全部过程划分为7个时期，而将控制各期之间发育环节的基因突变体分为6类。总的情景和花粉发育相似，也是各种角色纷至沓来，只不过换了另一套基因。如果说，在大孢子发生早期还有一部分基因兼控雌、雄双方的发育，那么，到了雌配子体发育阶段，就很少相同的基因控制了。以下按发育顺序简介。

在幼小胚珠中和在幼小花药中一样，最初也是从孢原细胞起始发育的。不同的是，在花药中形成多个孢原细胞，而在胚珠中通常只形成一个孢原细胞。由这个孢原细胞直接或间接地（通过分裂）分化成一个大孢子母细胞。上一节已经提过一个*SPL*（*SPOROCYTELESS*）基因，决定花药中孢原细胞的形成。在胚珠中，*SPL*也决定大孢子母细胞的形成，其突变当然也就阻断了以后的发育进程。上一节也已讲过，有几个基因，它们之中任一个突变后产生超额小孢子。同样地，突变体*mac1*、*msp1*也在胚珠中产生多个大孢子母细胞，不过*mac1*在花药中最终导致花粉败育，而在胚珠中导致产生多个胚囊。可见同一基因在雌、雄双方的表达效果有同有异。

大孢子母细胞的减数分裂和小孢子母细胞减数分裂相似，同样经历一系列环环相扣的事件，其中每个环节均受一定的基因调控。现已发现不少突变体在相关的环节上发生缺陷，阻碍分裂的进行。例如，有的突变体的大孢子母细胞不能进入减数分裂Ⅱ，以致产生未减数的胚囊。无融合生殖中有一类"二倍体孢子生殖"，就是由于大孢子母细胞减数分裂异常，导致产生二倍体的大孢子与胚囊。有关的基因名称就不一一列举了。

减数分裂产生的4个大孢子组成大孢子四分体。就蓼型胚囊来说，大孢子四分体是沿着胚珠纵轴排成一线的4个细胞。其中只有合点端的一个大孢子发育成"功能大孢子"，其他全数死亡。现在只知道这种大孢子之间发育命运的差异，早在减数分裂期间即由细胞的极性与胞质分裂的非对称性所决定，即合点端的细胞接受了较多的细胞质"遗产"，而珠孔端的细胞则瓜分"遗产"较少。但是还不清楚有关的基因控制。

功能大孢子生长到一定程度便进入3次游离核分裂，形成8个游离核，分别位于胚囊的两极，而在胚囊中央则形成一个大液泡。这3次游离核分裂都受相关的基因调控。在拟南芥和玉米中，已经发现分别调控各次分裂的基因，它们的突变引起发育分别停滞在单核、2核、4核状态；有的基因突变则相反地导致分裂次数的增加，结果产生多于8核的胚囊，以致一个胚囊中可能含有额外的卵细胞与极核。

8核胚囊的进一步发育是围绕细胞核形成细胞，即通常所说的"细胞化"（cellularization）。这时，珠孔端的4个核中，2个形成助细胞，1个形成卵细胞，而另1个核沿细胞质索向胚囊中央移动，成为1个极核（由于它来自胚囊的上端，故称为"上极核"）。

合点端的4个核，其中3个组成反足细胞，另1个向胚囊中央移动，成为另1个极核（"下极核"）。两个极核相向汇合于胚囊中央，互相贴合，或融合成1个二倍体的"次生核"（secondary nucleus）。极核或次生核被细胞质索悬挂在中央大液泡中，直至受精前夕才向珠孔端迁移，靠近卵细胞，以便接受精子受精。现在开始知晓，这些与胚囊细胞化过程相关的步骤，受某些特定的基因控制，例如，有的基因控制核的迁移，有的控制极核的融合，有的控制中央液泡的形成，有的控制助细胞的发育，等等。随着新的突变体不断涌现，胚囊发育的隐秘面目正在日益显露出来。

5. 自交不亲和：从生理、遗传到分子研究

我们在第3章中已经讲过，被子植物为了避免自花受精的有害性，进化出多种防止自交、促进异交的策略，其中最主要的策略是"自交不亲和"。和动物界中进化出雌雄异体现象防止自体受精不同，植物进化走的是另一条道路：大多数植物是雌雄同株，即同一株甚至同一花中既有雌蕊也有雄蕊。这样，自交不亲和便成为从生理上拒绝相同基因型花粉受精而欢迎不同基因型花粉受精的有力手段。在被子植物中，估计有一半以上的物种拥有自交不亲和的手段，对于被子植物的繁荣所起的作用不可估量。

自交不亲和现象早在18世纪即已发现，到达尔文时代更有丰富的记载。20世纪早期，研究开始从生理与遗传两方面深入，并逐渐交汇，在20世纪后期深入到自交不亲和分子机理的探索。要想将近一个世纪的研究成果浓缩到一节短文中是不可能做到的，这里只想概略地谈谈研究的思路和主要进展。

两个经典假说

自交不亲和的研究，总体看来遵循由表型（生理）到基因型（遗传、分子）的趋势，其中互相交汇、彼此印证，才发展到今天的地步。

早在20世纪50年代，有学者总结早期的生理学研究结果，提出两个假说来解释自交不亲和的生理机制：一曰"对立抑制"（oppositional inhibition）；二曰"补偿刺激"（complementary stimulation）。所谓"对立抑制"，是说不亲和的原因在于雌蕊分泌某种成分，抑制不亲和花粉管的生长。所谓"补偿刺激"，是说花粉管的正常生长要求雌蕊分泌某种成分，后者能够刺激亲和花粉的生长，或者消除花粉中存在的某种抑制自身生长的物质；而对于不亲和花粉，雌蕊缺乏这种补偿刺激的能力，因而不能促进其生长。这两种思路，实际上反映了研究者在面临其他许多更广泛的问题时，必然会提出的两种设想。例如，当我们在栽种植物时，如果遇到植株生长不良的现象，那么，其原因究竟是土壤中存在某种有害成分抑制了它的生长？还是土壤中缺乏刺激其生长的必需成分呢？又如，在组织培养时，如果遇到外植体生长不良的现象，究竟是由于培养基中存在某种有害成分，还是由于缺乏某种有利成分呢？广言之，包括动物、植物、微生物的所有生物，当遇到生长发育不良时，也都可以从这两种角度来寻求其缘由。

然而，"对立抑制"与"补偿刺激"仅仅是两种设想，还是有其科学实验依据呢？

先谈"对立抑制假说"的实验根据。有人将自交不亲和植物矮牵牛的花粉播种在培养基上，当在培养基中加入异株的雌蕊提取物时，花粉顺利萌发；而当加入自株的雌蕊物质时则抑制花粉萌发。这类简单的实验似乎轻易地支持了"对立抑制"假说。有一种月见草，自花授粉时花粉管生长对温度非常敏感：在30℃高温下只维持30min，花粉管长度仅及2mm；而在15℃低温下可持续生长24h以上，管长达50mm。这一事实使研究者认为，不亲和反应是一种抑制性反应，它与其他生化反应一样随温度升高而加剧。"补偿刺激"似乎难以解释这一事实。早在20世纪20年代末，即有学者指出：不亲和反应的实质类似抗原－抗体反应中"一把钥匙开一把锁"的关系，花粉管在雌蕊组织中，犹如菌丝在宿主组织中的生长。后来的血清学实验证明，花粉中的确存在与不亲和基因相关的专一的抗原。

"补偿刺激"假说也有一定的实验根据。根据主要来自异型花柱的植物类型。第3章曾提过有些物种存在花柱异长现象，即有些个体具有长的花柱和短的雄蕊（长柱花），有些则具有短的花柱和长的雄蕊（短柱花）。亲和交配只在异型花之间进行（长花柱vs长雄蕊，短花柱vs短雄蕊），而同型花之间的交配是不亲和的。大花亚麻就是这种情况。有趣的是，它的长柱花与短柱花的花粉和花柱细胞具有不同的渗透压：长柱花的花粉渗透压相当于50%蔗糖浓度，花柱渗透压相当于20%蔗糖浓度；短柱花的花粉与花柱渗透压则

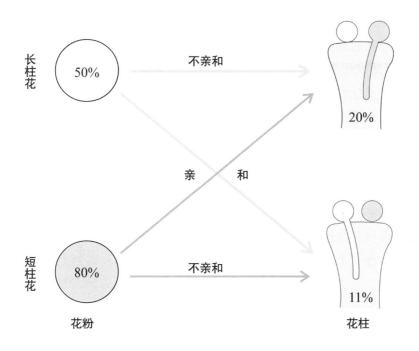

图 6-7　大花亚麻自交不亲和的生理机制（根据Lewis 1949文字说明绘制）

大花亚麻是一种花柱异长植物，同型花间的交配不亲和，异型花间的交配亲和。亲和与否与花粉和花柱组织的渗透压相关。图中以蔗糖浓度（%）代表渗透压值。当花粉与花柱的渗透压之比为4∶1时，交配是亲和的，而当这一比例大于或小于4∶1时，则不亲和。

分别相当于80%和11%蔗糖浓度。在异型花的亲和交配下，无论正交或反交，花粉与花柱渗透压之比均接近4∶1。同型花之间的交配，花粉与花柱渗透压之比在长柱花×长柱花的场合为5∶2，花粉不能从花柱吸收水分，不能萌发；而在短柱花×短柱花的场合则为7∶1，花粉管吸水过多以致破裂。两者均导致不亲和（图6-7）。这一例证符合"补偿刺激"的原理。

遗传学与生理学研究的交汇

与生理研究几乎同时，自交不亲和现象的遗传学研究得出结论：自交不亲和是由自交不亲和基因（S－基因）所决定的。S－基因是复等位基因，它存在于染色体的同一位点上，呈现S_1、S_2、S_3……等多态性。二倍体植株，包括其雌蕊细胞，具有两个S－基因，如S_1S_2、S_1S_3、S_3S_4等等；单倍体花粉则具一个S－基因。交配是否亲和，决定于雌蕊与花粉中的S－基因：不同S－基因之间交配为亲和；相同S－基因之间的交配为不亲和。问题的复杂性在于雌蕊和花粉的情况不同。就雌蕊一方来说，亲和性决定于其亲本的二倍体基因型；而就花粉一方来说，却有两种情况：一种情况是，亲和与否由花粉本身的基因型决定，称为"配子体自交不亲和"（gametophytic self-incompatibility，GSI）；另一种情况是决定于花粉二倍体亲本的基因型。称为"孢子体自交不亲和"（sporophytic self-incompatibility，SSI）。这两类雌雄双方的识别反应，可以用图6-8表示。在所研究过的植物中，配子体不亲和见于茄科、蔷薇科、玄参科、豆科中的一些种类，孢子体不亲和见于十字花科、菊科、旋花科等，可见其在物种中的分布有一定的规律性。

遗传学研究是以传统的方法，通过杂交后代表型的分析，来推断决定性状的基因；生理学研究则着眼于性状表现在生理与结构上的特点。二者的研究结果是否相符呢？令人惊讶的是，在自交不亲和问题上，这两个研究方向殊途同归，互相交汇，达到相当一致的地步。

先说"孢子体不亲和"，这本是难以理解的：为何交配的雄性伙伴花粉不按自己的基因型，却按亲本（孢子体）的基因型来决定亲和性呢？这个难题在20世纪70年代即已突破。原来根源就在花粉的外壁蛋白。第5章曾经讲过，通过花粉蒙导作用追究到花粉壁蛋白。其中外壁蛋白是由绒毡层制造并转移而来的，属于孢子体起源，因而表达孢子体基因型的特异性。在十字花科植物上的研究发现：花粉与柱头接触后，几秒钟内便释放外壁蛋白，它和柱头乳突表面的一种"感受器"——蛋白质薄膜（蛋白表膜）发生相互识别作用。如若二者是亲和的，随后几分钟内由花粉内壁释放的角质酶前体成分便被柱头蛋白表膜活化成角质酶，溶解表膜下方的角质层，使花粉管得以穿进柱头。这叫"开门纳客"。如若二者不亲和，柱头乳突立即产生胼胝质，阻碍花粉管穿透。这叫"闭门谢客"。实验证明，由不亲和花粉提取的蛋白质或绒毡层的分离碎片均可诱导柱头出现胼胝质，为"孢子体不亲和"的机理提供了直接的佐证。这样，由遗传学分析所得出的孢子体基因控制结论，和由生理学研究所得出的孢子体起源的外壁蛋白执行识别功能的结论，达到了相当完美的统一。

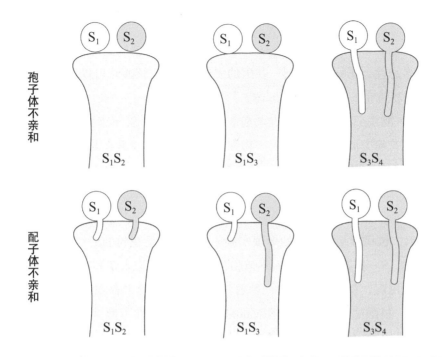

図 6-8　孢子体不亲和与配子体不亲和的基因控制

自交不亲和受一系列复等位的自交不亲和基因（S－基因）决定。在孢子体不亲和系统中，亲和性决定于花粉亲本（孢子体）基因型与雌蕊基因型的相互作用。当二者的S－基因型不同时，花粉便能在柱头上萌发，花粉管进入雌蕊实现受精；否则花粉不能进入柱头。在配子体不亲和系统中，亲和性决定于花粉本身（配子体）基因型与雌蕊基因型的相互作用，当二者不一致时，花粉管便能顺利生长；否则花粉管在花柱中生长受抑。

　　"配子体不亲和"的生理机制，乍一看来应当很简单，似乎应当由花粉原生质体制造的某种蛋白质来执行识别功能。也许通过外壁蛋白在"孢子体不亲和"中的作用来推理，是由内壁蛋白来执行识别功能？然而事实并非如此简单。内壁蛋白看来并非识别蛋白，并且"配子体不亲和"并非以柱头表面为识别场所，而是当花粉管在花柱中生长时被抑制。为了查明个中机理，研究者们探索了很长时间，直到分子研究进展到一定程度后才获得初步的答案。

自交不亲和反应中的分子角色

　　遗传学研究确定了S－基因的配子体控制与孢子体控制两大系统；生理学研究确定了这两大系统的生理表现，从而达成基因型与表现型的一致。但S－基因及其表达产物是什么？什么分子"扮演"了这场由基因型到表型的剧目"角色"？有关分子生物学研究是从配子体系统的雌性组织开始取得突破，然后才逐渐扩及花粉。

　　20世纪80年代，在茄科植物花烟草的花柱中第一次分离到参与自交不亲和反应的花柱S－基因，以后又在其他茄科、蔷薇科、玄参科植物中得到类似的结果。这些研究结果揭示，花柱S－基因的表达产物S－蛋白与真菌的核酸酶在结构和功能上很相似，并且转基因实验证明，转基因植物的花柱也能排斥具有相关S－基因的花粉管。这就确认了花柱S－蛋白就是S－

核酸酶（S-RNAse）。S－核酸酶在花柱中大量制造，并被运送到引导组织的细胞外基质中，主要分布在花柱的上部1/3区段，那里也正是不亲和花粉管被抑制的区域。S－核酸酶具有高度的分子序列多态性，正好对应于S－基因的多态性。S－核酸酶可以进入花粉管内，像细胞毒素一样导致花粉管生长的抑制乃至解体。

　　但是，S－核酸酶只针对不亲和花粉管，而对亲和花粉管不起有害作用，这又如何解释呢？这需要也从花粉方面探寻S－基因产物究竟是什么分子及其在与S－核酸酶相互识别中扮演的角色。这方面的探索直到21世纪初才有初步的结论。我国研究者在金鱼草（玄参科的自交不亲和植物）中分离出一个*AhSLF-S₂* (*Antirrhinum hispanicum S- Locus F-box S₂*) 基因，它在花粉中特异表达，并与同型S－核酸酶基因紧密连锁。以后，在蔷薇科植物中也分离出大同小异的*SLF*基因。包括转基因在内的多项实验表明，*SLF*是花粉的S－基因。花粉管在花柱引导组织中生长时，S－核酸酶既能进入不亲和花粉管，又能进入亲和花粉管，为什么仅对前者起特异的抑制作用呢？初步研究得出一种看法，认为花粉管内存在某种抑制机制，它能抑制亲和花粉管的S－核酸酶活性，而对不亲和的S－核酸酶毒性不起抑制作用；*SLF*－蛋白质可能是这一抑制机制中起关键作用的因素之一。

　　关于孢子体不亲和系统，经过多年研究，在芸薹属柱头中分离出自交不亲和特异的S－糖蛋白（S locus glycoprotein）基因*SLG*及另一种相关基因*SRK* (*S locus receptor kinase*)。S－糖蛋白特异地分布在柱头乳突的细胞壁和胞间隙中。*SRK*编码一种蛋白激酶，存在于柱头乳突表面。这两种基因共同决定着雌蕊S特异性。转基因实验表明，*SRK*可以单独地使转基因植株排斥相应的不亲和花粉，而*SLG*的功能是促进不亲和反应的进行。

　　与配子体不亲和系统相似，在孢子体不亲和系统中寻找花粉S－基因的工作相对地滞后，但最终也有了结果。在芸薹属植物花粉中分离到一种花粉鞘蛋白PCP（pollen coat protein）以及一种富含半胱氨酸的S－蛋白SCR（S locus cysteine rich protein）。这两种基因产物都与S－不亲和有关。新的相关基因还在不断发现。至于花粉S－基因产物与柱头S－基因产物之间的识别具体情节，也在探索之中。

　　自交不亲和的研究，撇开19世纪宏观层次的历史不谈，从生理学研究算起，至今经历了近一个世纪。现在回首当年提出的两种经典假说，和现时分子生物学研究的结果相对照，在思路上颇有前后呼应之妙。就配子体不亲和系统来说，花粉中的S－核酸对不亲和花粉管的抑制，乍一看来似乎符合"对立抑制"假说，深入推敲起来却又不尽然。S－核酸酶不分彼此地进入花粉管，亲和花粉管通过某种复杂机制消除S－核酸酶的毒性，而不亲和花粉管则无抵制能力。这一点是否又暗合"补偿刺激"假说呢？科学发展的曲径通幽、趣味横生，于此略见一斑。

6. 受精过程的分子解析

　　被子植物受精过程的概念，有狭义与广义之分：狭义的受精是指精子与卵细胞以及与极核融合的双受精行为；广义的受精则尚包括从花粉落在柱头上以后到双受精之前的"配合前期"（progamic phase），即花粉萌发、花粉管在雌蕊组织中的生长，直到进入胚囊释放精子的全过程。第4章曾经叙说过，这个过程是在雌蕊组织的质外体中进行的，并且也约略提过钙和阿拉伯半乳聚糖（AGP）在其中的作用。但是，花粉管在雌蕊中的定向生长是极为复杂的，究竟有哪些分子在起"导游"的作用？一对精子被释放到胚囊以后，如何识别卵细胞和中央细胞，分别与之融合？这些谜底在分子生物学方法切入之前是难以彻底揭晓的。另外，卵细胞受精前后发生了什么基因表达的变化，对于探究由配子体世代向孢子体世代的转换机制，也是非分子研究莫能及。由于受精过程的复杂深奥，加之受到研究技术手段的限制，上述各种问题主要是在21世纪开始以后才理出一些眉目。

哪些分子导引花粉管的定向生长？

花粉管在雌蕊组织中的生长，在正常状态下是定向的。为了解释个中缘由，历史上曾提出过各种假说：向化性、向水性、向电性、向触性等。其中关注最多的是向化性；而在向化性方面关注最多的是钙。的确，钙对花粉管生长有重要意义，但它是否充当花粉管在雌蕊中定向生长"主导游"的角色尚有疑问，也许它只是其中的参与者之一。经过最近几年的研究，认为花粉管在雌蕊中的生长，分为"孢子体导向"（sporophytic guidance）和"配子体导向"（gametophytic guidance）两个阶段。请注意，这里讲的两类导向，和前节叙说的"孢子体不亲和"、"配子体不亲和"是不同的概念。"孢子体导向"是指花粉管在柱头、花柱、子房中生长时受某些因子的导引，这种导引是长距离的。"配子体导向"是花粉管受雌配子体的吸引，由胎座转向珠柄，再经由珠孔进入胚囊，这种导引是短距离的。此外，精子被释放到助细胞中以后，如何经过更短的距离到达双受精的靶区，则是一个更为微妙的过程，所以有人提出还存在第三个阶段的导向——雌配子控制花粉管进入胚囊后的行为。

先谈"孢子体导向"。在雌蕊组织中发现了几种候选的"导游"分子。例如，在烟草花柱中有一种引导组织特异（TTS）的阿拉伯半乳聚糖蛋白，被认为有导引花粉管的功能。拟南芥的一种突变体不具引导组织，花粉管在雌蕊中生长很差，受精率显著降低。百合柱头与花柱中有一种称为chemocyanin的化合物，对花粉管的定向起明显作用。与此类似，拟南芥的花柱引导组织中也有一种和上述成分同属花青苷一类蛋白质的化合物plantacyanin，它的过量表达导致花粉在柱头上畸态地卷曲。但其提纯物并未显示对离体生长花粉管的吸引。因此，在百合与拟南芥中的这两种物质是否确实决定花粉管的定向生长还有待澄清。拟南芥中还发现另一种候选因子GABA（γ-aminobutyric acid，γ-氨基丁酸），在雌蕊中呈现自上而下递增的浓度梯度，在近珠孔端的内珠被处浓度最高。在一个突变体的雌蕊组织中GABA含量过于增高，致使花粉管在子房中不能正常生长到达胚珠。不过，GABA的导引作用尚不能体外模拟，所以迄今它与前述几种成分一样也仅仅是"候选"因子而已。

再谈"配子体导向"。当花粉管在子房中生长接近胚珠时，胚囊中的助细胞释放某些成分，导引花粉管继续向最终目的地前进。第4章曾讲过，助细胞作为吸引花粉管的向化性物质之源已得到多方面的旁证，而最有力的证明来自用激光切除技术（laser ablation，或译激光腐蚀）定点摧毁胚囊细胞的实验。在具有半裸露胚囊的蓝猪耳上所做的实验结果表明，摧毁卵细胞或中央细胞不影响花粉管由胚珠进入胚囊，摧毁一个助细胞也没有影响，只有两个助细胞均被摧毁，胚囊才失去吸引花粉管的能力。

有人进一步将"配子体导向"划分为珠柄导向和珠孔导向两个阶段，两者的导引因子不同。例如，拟南芥突变体maa（magamata）的花粉管可以在珠柄上正常生长，但在距珠孔约100μm时迷失方向，不能进入珠孔，意味着珠柄导向正常而珠孔导向缺失。为什么珠孔导向的势力范围大概在100μm的距离范围内呢？这可以从蓝猪耳的体外实验看出一些端倪。蓝猪耳的胚珠在培养基上最多只能吸引100～200μm范围内的花粉管向它生长，超过这一距离则无效；具两个助细胞的胚囊比仅剩一个助细胞的胚囊能吸引更多的花粉管。可见，是助细胞分泌某种信号物质，短距离地传达到花粉管尖端，引起后者发生向化性感应。

第4章已经说过助细胞可能分泌向化性物质吸引花粉管。但那只是推测，还缺乏具体的论证。最近掌握了一些拟南芥突变体，它们或者表现在助细胞丝状器有缺陷，从而失去吸引花粉管的能力；或者助细胞不退化，致使受精后仍能吸引其他花粉管进入胚囊；或者能吸引花粉管进入胚囊但阻碍其释放精子。通过对功能各异的突变体深入解析，今后将会进一步阐明控制配子体导向的分子机理。在玉米中分离出一个基因ZmEA1（Zea mays EGG APPARATUS 1），其表达产物是一种仅含94个氨基酸的小蛋白质分子，定位于助细胞丝状器的质膜上。减少该基因的表达量，显著妨碍花粉管由珠孔进入胚囊，因而它被认为是禾本科植物中执行"配子体导向"功能的重要候选因子，但在双子叶植物中尚未发现该蛋白的同源序列，这表明花粉管导向具有种属特异性。

双受精中的配子识别

我们多次提到过"识别"这个名词。识别无所不在，它可以在群体、个体、细胞、细胞器、分子等不同层次上发生。例如，根瘤菌对豆科植物根的侵染、减数分裂时的同源染色体配对，都是基于识别反应。就广义的受精过程而言，从花粉与柱头开始到双受精为止，每一环节都发生雌雄双方相互识别的反应。然后，"识别"有多种含义：不亲和反应中的识别含义是辨别异种或本株的基因型；花粉管导向中的识别含义是向性反应；而下面要讲的双受精所发生的识别的含义，则专指两个精细胞分别趋向卵细胞与中央细胞并与之融合，即雌雄配子之间的识别。

"配子识别"的概念本身也包含两种含义。一种含义是辨别异种配子。在远缘杂交时，即使花粉萌发与花粉管生长通过了重重关口，花粉管进入胚囊得以释放雄配子，但异种的配子之间是否融合这最后一关能否通过尚未得知。更进一步，即使配子融合成功，但胚胎发育以及后来植株发育是否会出现夭折和不育，也未可知。这涉及双亲染色体之间的识别（能否正常配对），不在本书讨论的范围。

另一种含义就是本节讨论的"精细胞-卵细胞"与"精细胞-中央细胞"之间的识别。回忆一下第4章曾讲过的"精细胞二型性"与"倾向受精"。在白花丹这一典型例证中，富含线粒体的精子倾向与中央细胞融合，而富含质体的精子倾向与卵细胞融合，表明双受精时配子之间确有偏好。但像白花丹这样具有细胞器二型性的精细胞在植物界中属于凤毛麟角，因而"倾向受精"是否普遍还很难说。早在20世纪40年代，发现玉米中有些品系的细胞具有超数染色体，即在正常二倍数染色体之外还有一套小型的B染色体。在细胞分裂时，B染色体分配不均，因此所产生的精细胞中，只有一部分具有B染色体。有趣的是，从后代分析判断，双受精时具B染色体的精子大多倾向与卵融合。这是倾向受精的另一例证。

因为倾向受精的细胞学与遗传学例证太少，从分子生物学角度探索配子识别的疑团便备受关注。有两种观点：一种观点认为精子与卵或中央细胞融合是随机的，并不存在特异的识别；另一种观点认为两个精子的质膜表面可能有差异，卵和中央细胞的质膜也可能有异，因而它们之间可能存在识别反应。多年来，用生化与免疫学方法试图寻找配子表面的特异分子，陆续发现存在某些糖蛋白与凝集素受体，但都没有证实这类分子与配子识别的关联。最近，在百合中鉴定出一个基因*GCS1（GENERATIVE CELL SPECIFIC 1）*，其表达产物是特异地定位于生殖细胞和精细胞表面的膜蛋白。在拟南芥中也发现*GCS1*的同源基因。其突变体*gcs1*的花粉管能进入卵细胞，但精细胞不能与卵和中央细胞融合，暗示该基因编码的膜蛋白的缺失也许是阻碍配子识别的原因所在。总之，配子识别的探索已经初现曙光，但离最后破解谜团尚有不小的距离。

受精前后基因表达的变化

受精，在生物的生殖与个体发育中占有中心的位置。就整个生物界而言，受精是联系亲代与子代的"桥梁"；就植物界而言，由于存在世代交替现象，受精又是由配子体世代通向孢子体世代的"转折点"；就被子植物而言，由于存在双受精现象，受精还是胚和胚乳两种歧异产物的"始发站"。成熟的卵细胞与中央细胞受精前均处于发育停滞状态；受精后就像休眠被打破一样，生长发育被激活起来。那么，在受精期间，卵细胞及中央细胞发生了什么基因表达的剧变，导致胚和胚乳发育的启动？要解析这一谜团，当然非依靠分子生物学研究不可。但是，受精前后基因表达的研究在整个生殖过程基因表达研究中是最迟和迄今最不成熟的，原因何在呢？这有几方面原因：首先，受精（指狭义的受精）的时间极为短暂，期间基因表达的变化可说瞬息万变，难以捕捉；第二，受精发生在被孢子体组织重重包围的胚囊之中，卵细胞与中央细胞又很微小，这使突变体鉴定相当困难；另一方面，以胚珠为样品的分子分析实际上是"眉毛胡子一把抓"。因此，只有当研究技术发展到很高的程度，这项探索才有起色。近十几年来，以玉米为主要模式材料的性细胞与合子的分离以及离体受精技术的进步，开辟了直接以卵细胞、中央细胞及其受精产物为起点进行分子研究的新天地；分子分析的日益精密化拓宽了从微量细胞构建cDNA文库与后继分析工作的空间。与此同时，拟南芥突变体的筛选逐渐进入研究受精与早期胚胎发育的领地，其中，将整体透明技术用于拟南芥的微小胚珠，使观察胚囊内的细胞变化较为容易，大大方便了与受精有关的突变体鉴定工作。不过，相形之下，在受精研究上，通过分离细胞构建cDNA文库及开展其他分子研究，迄今比通过突变体筛选更为有效。

1994年，德国研究者从128个分离的玉米卵细胞和104个离体受精后的合子分别构建了cDNA文库，并通过差异筛选分离出若干受精前后特异表达的序列。从那时起，又陆续分离出一些可能和受精过程中某些功能有关的基因。例如，通过离体受精后基因表达的分析，确定了与细胞周期调节有关的基因在受精后重新转录，从而第一次证明，植物胚胎基因是在合子发育期间就开始激活的。这一点有重要意义，因为在动物中，早期胚胎发生的时间主要依赖事先贮存在卵细胞中的mRNA；而在植物中，在合子期间即有部分基因开始转录活动，比动物中发生的要早得多。

近几年来，有几方面的发展趋势：

一是由依靠离体受精系统研究受精前后的基因表达，发展到采用从体内直接分离的细胞开展有关研究。其原因除了离体受精操作程序过于复杂外，还由于体外发生的过程毕竟不能完全反映体内发生的自然受精状况，在这一点上，由体内直接分离的合子更为优越。

二是随着实验技术的进一步精确化，可以从少数几个甚至单个细胞提取mRNA，用于RT-PCR、构建cDNA文库，以及进行精密的差减杂交等分子分析。

三是研究对象除玉米外，逐渐扩及其他植物，例如，我国研究者首次以双子叶植物烟草为材料，研究卵细胞与合子基因表达的差异。

四是除了纵向地比较卵细胞和合子的差异外，还横向地比较了卵与中央细胞这两种雌性细胞之间在基因表达上的差异，以求从根源上寻找双受精产物胚和胚乳开始分化的线索。对雄配子（精细胞）、雌配子（卵细胞）及其受精产物（合子）三者之间的分子差异也在探索之中。此外，对合子第一次分裂的产物顶细胞与基细胞，也进行了类似的比较以探寻二者分化的分子机理。

五是基因表达的研究从转录层面深入到翻译层面，即应用双相电泳、质谱分析、蛋白质芯片等技术手段研究卵细胞的蛋白质特点。例如：在玉米卵细胞中已鉴定出5种与能量代谢有关的蛋白质和1种与受精后合子壁建造有关的蛋白质；在水稻卵细胞中鉴定出丰富的热激蛋白和抗氧化酶。

纵观十多年来这一研究方向的进展，可以看出已经由以往一无所知达到知之不少的境地，令人振奋。但毕竟由于起步较晚，可开发的潜力还很大。预期今后在这片待开垦的处女地上，研究前景更会大放异彩。

7. 胚胎发育：形态发生的分子机理

高等动、植物的个体发育从合子开始，经过在母体内的"胚胎发育"阶段和脱离母体以后的"胚后发育"阶段，形成成体，大致是相似的。然而它们又有明显的区别：动物在胚胎发育期间已经完成了个体的全部形态发生（morphogenesis）任务；而植物的胚胎发育在种子成熟前只奠定了未来个体形态的基础，至于营养器官与生殖器官的发育则留待种子萌发以后很长的时期才逐渐完成，无怪有人夸张地将植物的大部分胚后发育过程比拟为动物的胚胎发育。简单地说，从形态发生角度看，植物胚胎期间的发育过程，只到胚器官形成为止。动、植物之间的这一差别对于它们各自采取的适应环境的策略有重要意义。因为动物的胎儿必须具备个体的全部重要器官，才能在呱呱坠地后迅速开始独立的运动与生活，就像小鸡破壳后马上就能蹒跚迈步和学会啄食一样。植物则不同，它们离开母株后依然经历一段种子的保护与营养，然后扎根土壤，伸展枝叶，过着定居的生活。这样，植物的胚在成熟时的结构只包括简单的苗尖、子叶、下胚轴和胚根几部分。其中，最重要的莫过于苗尖与根尖各有一团分生组织细胞具有持续分裂和分别产生地上及地下新器官的神奇能力，这一特点是动物望尘莫及的。这里顺便指出，过去描述植物的胚器官常有"胚芽"一词。这个说法是不够全面的。有些植物，例如禾本科，成熟胚的确具有胚芽；但另一些植物，例如拟南芥，成熟胚只有苗尖，而尚未形成胚芽的结构，所以准确的概括是苗尖、子叶、下胚轴和胚根四部分。

　　植物胚胎发育过程中发生一系列重要事件，首先是受精后合子的激活。接着是合子极性的建立和不对称分裂，由此展开后续一连串细胞的"分道扬镳"，并进而建立幼胚的两个轴向：一是纵向的"顶基轴"，二是横向的"辐射轴"，使各种细胞在这两个轴向上"安身立命"，最后构建出胚的各个器官。总之，经过合子激活→极性建立→不对称分裂→模式建成（顶基模式与辐射模式）→器官发生等有序的发育过程，一个单细胞的合子便成为一个结构完美的胚胎。至于胚的成熟，由于与形态发生无关，就在本书中从略了。

　　下面，我们就以拟南芥的胚胎发育为代表，系统地讲讲这个故事。

拟南芥的胚胎发育故事

　　在植物胚胎学的经典书籍和多数植物学读物中，都把荠菜作为双子叶植物胚胎发育的典型。自从拟南芥成为分子生物学的模式材料以后，人们对拟南芥的胚胎发育过程进行了详细研究，发现它与荠菜有惊人的相似。二者均属"十字花"胚型，其最大的特点是可以将胚各个部分的起源追溯到早期的个别细胞。这就如同人们追踪家族的谱系一样，

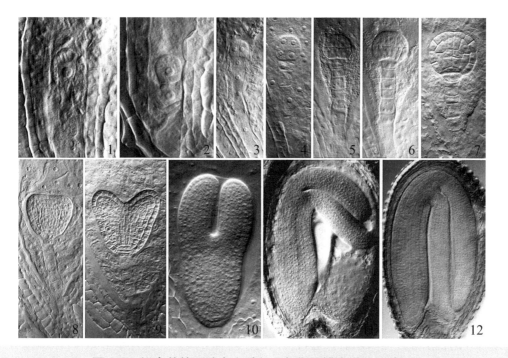

图 6-9　拟南芥的胚胎发育过程（郭荆哲博士赠予照片）

拟南芥胚珠体积微小，用透明法可无需切片透视其中的胚胎发育过程，方便显微观察与突变体鉴定。

1.合子。2.二细胞原胚。3.四分胚及胚柄。4.八分胚及胚柄。5.16细胞胚及胚柄。6.32细胞胚及胚柄。
7.球形胚及胚柄。8.转型期胚及胚柄。9.心形胚及胚柄。10.早鱼雷形胚。11.手杖形胚。12.倒U形胚。

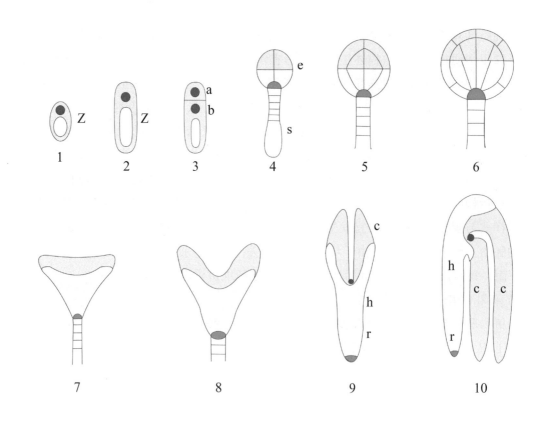

图 6-10　拟南芥胚胎发育中的细胞谱系

合子（z）伸长与极性建立（1、2）导致不对称分裂，产生顶细胞（a）与基细胞（s）(3)。顶细胞分裂形成胚（e），基细胞分裂形成胚柄（s），但其最顶部的胚根原（蓝色表示）参加胚的形成。在八分胚期（4），奠定了胚的顶基轴：其顶端4个细胞（绿色表示）以后发育为苗尖与子叶大部分；基部4个细胞（黄色表示）以后发育为子叶一部分、下胚轴与胚根大部分（4～10）。从16细胞期（5）起，开始建立胚的辐射轴。随着子叶原基的产生，胚由球形（6）变为倒三角形，标志着胚分化的转型期（7）。子叶继续生长，胚由心形（8）变为鱼雷形（9）。此时苗尖（红色表示）、子叶（c）、下胚轴（h）与胚根已经具备。胚根的尖端由胚根原分裂发育为根尖分生组织与根冠（蓝色表示）。子叶继续伸长，弯曲，致使成熟胚呈倒 U 字型（10）。

追踪出"细胞谱系"（cell lineage）。这是"倒叙"。如果"顺叙"，那就可以从胚胎发育的最早期预知某个细胞今后的发育前途，即"细胞命运"（cell fate）。图6-9是拟南芥胚胎发育过程的真实写照；图6-10示这一过程中细胞命运的追踪。此外，拟南芥还有胚细胞数较少、发育时间较短、组织较简单等优点，为获得并鉴定大量突变体提供了极为有利的的条件。

　　拟南芥的合子经过伸长以后，进行横向的不对称分裂，产生位于上方（合点端）的一个较小的顶细胞和位于下方（珠孔端）的一个较大的基细胞。请记住我们曾在第2章与图2-11 中强调过的"顶"、"基"、"上"、"下"的概念，这对理解胚胎发育中各个细胞的空间位置十分必要。

　　接着，顶细胞进行两次分裂。这两次分裂都是纵向的，但却是互相垂直的，就如人们用水果刀切橙子分成4瓣一样。这样产生的4个细胞构成胚体的主要部分，称为"四分胚"（四分体，tetrad）。这时的胚，虽然包含4个细胞，但从纵切片上看，一不小心，会误认为只有2个细胞，只有根据连续切片观察才能做出正确的判断。与此同时，基细胞进行了几次横向分裂，产生一系列纵行的细胞，它们大部分组成胚柄，但最顶端一个细胞却发育成"胚根原"（hypophysis），参加胚体中胚根的构成。你看，这便是命运的作弄：在基细胞的所有"儿孙"中，只有紧邻顶细胞的一个加入长寿的胚体，而其余都沦为短命的胚柄！

四分胚的下一次分裂是横向的，将胚体分成上下两层，共8个细胞（在纵向切片上通常只看到4个细胞），称为"八分胚"（八分体，octant）。八分胚时期各个细胞的命运是：上层4个细胞注定将形成苗尖与子叶的大部分；下层4个细胞的衍生物比较复杂，包括子叶的一部分、胚根及大部分根尖分生组织。根尖分生组织的另一部分与根冠则起源于来自基细胞的胚根原。这样，在八分胚时期已经奠定了成熟胚的顶基模式。

八分胚进行一次切向分裂（平周分裂），产生的16个细胞分成内外两部分，其中，8个外周细胞成为表皮的前身；8个内部细胞则成为维管束与皮层组织的前身。所以，从16个细胞时期起，胚开始建立自己的辐射模式。接着继续进行细胞分裂，胚体外貌呈球形。这时，胚的组织分化已经大体确立，而形态上的器官发生尚未开始。球形胚连同其下方的胚柄，仍处于原胚阶段。

球形胚的进一步发育是顶部中央成为苗尖分生组织，其两侧细胞加速分裂形成子叶原基，使胚整体上略呈倒三角形。这时的胚处于"早心形期"或"转型期"（transition stage），意味着器官发生的开始。随着子叶的伸长，苗尖所在部位相对凹陷，胚呈心形。不久，胚的外形进一步拉长成为鱼雷形。此时胚的组织分化和器官分化基本完成，苗尖、子叶、下胚轴和胚根4大部分均已显现，胚柄渐趋死亡，而此时在胚的早期发育中功不可没的胚乳，也完成了历史使命，逐渐被胚消化吸收。

在原胚阶段，胚以细胞分裂为重，细胞总数目不断增多而总体积变化不大。胚的分化开始以后，细胞生长加速，胚体迅速增大伸长。鱼雷期以后，胚囊的空间限制了继续伸长的子叶，于是两枚子叶被迫向一侧弯曲，直至子叶顶端由合点端转向珠孔端，使胚变成倒U字形。至此胚的形态发生宣告结束。

由上可见，拟南芥的胚胎发育过程自始至终按严格的规定，在时间与空间格局上有序地推进，其中每一点均受相关基因的精巧调节。如果某一基因发生突变，就会引发基因表达的异常，结果表现出相应的表型畸态。从这些突变体可以推断出是哪些基因控制哪些过程，由于这架发育调控机器非常复杂，下面只选几个重点环节谈谈其分子机理。

合子的激活启动了胚胎发生机器的运转

卵细胞受精前处于静止状态，受精后才像有些动物从冬眠中苏醒过来似的，被激发出新的活力，导致胚胎发生的启动。当然，受精作为胚胎发生乃至个体发育的原初动力，在正常有性生殖过程中的主导作用无可置疑，但受精是否胚胎发生的必要前提？合子是否启动胚胎发生的特殊细胞？从植物的孤雌生殖、花粉胚胎发生和体细胞胚胎发生等大量事例来看，答案显然是否定的。所以，早在20世纪60年代，一位学者从胡萝卜体细胞培养中所呈现的全能性中即已悟出，合子不是一种"独特"的细胞，它其实是十分一般的细胞。卵细胞、花粉或体细胞在特定環境中也能被激活、脱分化、恢复分裂机能，走上胚胎发生道路。多少年来，研究者们试图从非合子胚胎发生中寻求操纵激活机理的基因，也找到某些线索，但仍未能够将它们与合子激活的机理挂钩。从合子本身探索激活的分子机理也刚刚获得一些初步的可喜苗头。

第4、5章中曾经提到，根据玉米离体受精的实验，受精引发卵细胞内胞质游离钙的急剧升高。这种现象广泛发生在低等与高等动物、低等植物墨角藻和被子植物中，可以确认为合子激活的最显著的、当然绝非唯一的信号。但是控制钙波形成的基因是什么？受精后钙信号传递过程的上、下游分子事态如何？迄今还没有十分清楚的回答。

现在知道有一个基因FAC1（EMBRYONIC FACTOR 1）参与合子的激活，这个基因突变后，合子不能启动胚胎发生。FAC1的表达可能促进合子细胞内ATP的势能，使之为合子激活提供能量；它也还可能通过其他途径参与激活的信号转导过程。这里有一个有趣的关联：FAC1是一个在合子期表达的来自父体的基因。这就不得不牵连出一个顺带的话题，即"亲体印记"（parental imprinting），简称"印记"。原来，受精带给合子的是来自父体和母体双方的等位基因，按理它们应当在合子与胚胎早期有同等表达的"权利"。然而遗传学分析告诉我们事实并非如此。许多在胚胎及胚乳早期表达的基因来自单亲，主要是母体。所谓亲体印记即是指来自父、母体的等位基因具有不同等的表型效应：若是母体基因压倒父体基因，就表现母体印记；反之，若是父体基因压倒母体基因，就表现父体印记。动物胚胎发生早期主要依赖于事先贮存于卵中的mRNA，而来自父体的等位基因则处于"沉默"（silencing）状态*。但在植物中有证据表明，受精后早期便有少数父体基因开始表达。回头来看上文提到的FAC1基因，既然在合子期即已表达，又和合子激活有关，那么，至少这一例子证明，来自精细胞的基因以某种方式起推动合子胚胎发生的作用。

合子的极性与不对称分裂

不对称分裂现象在植物体中相当普遍，已见于第4章的一般介绍以及本章第3节关于花粉发育的个案讨论。现在着重谈谈合子的不对称分裂问题。就一般情况而言，正是这次分裂的不对称性，决定了它所产生的两个细胞及其细胞后代的命运，实在至关重要。

和小孢子的不对称分裂起因于小孢子的极性相似，合子的不对称分裂也是由它的极性决定的。第5章讲到合子培养时提过，烟草合子在早期还没有充分极性化，因而离体培养后不按不对称分裂行事，也就不能导致典型的胚胎发生；只有充分伸长并极性化的晚期合子才在培养后遵循典型的胚胎发生途径。

在拟南芥的众多突变体中，有的突变体合子不能正常伸长，致使分裂的不对称性发生改变，结果本来注定要形成胚柄的基细胞转变角色，其分裂产生的部分细胞形成了胚体。但在有些情况下合子的不对称分裂并非导致顶基分化的必要前提，可见问题的复杂性。

合子的极性在细胞形态学上的表现很明显，即合点端集中分布细胞核与浓厚的细胞质，而珠孔端分布大液泡与稀薄的细胞质。但在生理上的表现如何呢？其中一个重要表现是，在二细胞原胚内，生长素呈现由基向顶递升的梯度分布，换言之，存在着由基向顶的生长素流向。生长素极性分布的后果是，顶细胞比基细胞拥有较多的生长素。这样一种

---

* 基因的沉默主要起因于DNA的甲基化，结果导致其表达被关闭。本章第1节中对此有所解释。

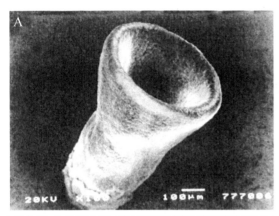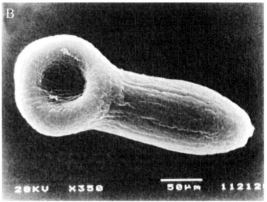

图 6-11　生长素的极性运输对子叶分化的作用（引自Liu et al. 1993）

扫描电镜图像显示，芥菜与拟南芥幼胚的子叶分化畸态有惊人的相似。A：芥菜幼胚，由于生长素极性运输抑制剂反式肉桂酸（trans-cinnamic acid）处理，子叶融合成为杯状。B：拟南芥*pin1-1*突变体的幼胚，子叶呈杯状。该突变体有生长素极性运输障碍。以上两种植物中的子叶畸态，分别起因于病理学实验与遗传变异，但均与生长素极性受阻有关。

生长素的运输模式受基因调控。*PIN7*（*PINFORMED 7*）便是调节生长素流向的一个基因。*PIN*在基细胞中特异表达，而另一基因*WOX2*（*WUSCHEL –rulated homebox 2*）在此过程中也有重要关联。它们的突变扰乱了生长素的极性，导致分裂产物的异常。有趣的是，生长素的流向在球形胚期发生逆转，即改由顶部向基部流动，在胚根原处达到最大浓度。以后生长素流又指向子叶尖；如若这种流向受到干扰，子叶便不能分化，导致形成畸态的杯状子叶（图6-11）。

苗尖与根尖分生组织的活动

　　前文讲过胚胎形态发生过程中两个轴向（顶基轴与辐射轴）的形成。顶基轴究其起源发端于合子的极性，而其奠基则在八分胚期。辐射轴形成则自较迟的16细胞胚期方才开始。沿着这两个轴向，胚的内部组织不断地区域化，最后塑造出苗尖、子叶、下胚轴、胚根四部分及其内部各种组织。这个过程从组织学上看相当复杂，从分子机理上看更是乱麻一团，难以在本书中详加叙述。不过，涉及苗尖与根尖的活动却有交代的必要。这是因为，苗尖与根尖实在太重要了，它们在胚胎发育中的两极结构，为胚后发育的两极结构（地上的苗系和地下的根系）奠定了基础。植物的全部个体发育中都贯穿着它们的活动；正是由于它们的持续活动，参天大树才能拔地而起，并可维持长达千年的寿命！

　　先讲苗尖。以往认为，苗尖生长点是一团均一的分生组织，始终维持细胞分裂活性。后来知道实际情况并非如此简单。它是一个多层次的组织复合体：从纵切面上看，苗尖由3层构成；从横切面上看，它包括中央与周围两个区域。为了便于理解，这里不详加介绍这些层次，只着重介绍一个概念，即"干细胞"（stem cell）。

　　"干细胞"在动物中已经是一个普及的概念，即动物体内存在的一类具有自我更新能力的潜能细胞，它们在一定条件下可以分化成多种功能细胞。根据干细胞所处的发育阶段，可分为胚胎干细胞与成体干细胞；根据发育潜能的大小，可分为全能干细胞、多能干细胞和单能干细胞。由于干细胞的存在，所以尽管哺乳动物包括人类总体上缺乏再生能力，但仍有局部的再生能力。植物拥有细胞全能性，原则上任何分化程度不太高的生活细胞（胚性细胞，embryonic cell）均可再生完整植株。因此，广义地看，可以将植物的胚性细胞比拟为动物的胚胎干细胞或全能干细胞。不过，植物成熟组织中的一般生活细胞只有在特定条件诱导下（例如创伤、离体培养）才能成为胚性细胞，唯一无需条件诱导而具备自然胚性能力的是合子、早期胚以及苗尖与根尖分生组织中的干细胞。

回头讲苗尖分生组织中的干细胞。苗尖的中央区域有一小群细胞，分裂活动较慢，此即干细胞。干细胞的分裂产物，一部分留在中央，保持干细胞特性；一部分向周围推移，加速分裂活动，并衍生出侧生的子叶原基。现在知道，有一套基因调控苗尖分生组织的有序活动。其中，WUS（$WUSCHEL$）的功能是维持中央区的干细胞群体，同时激活另一组基因CLV（$CLAVATA$）在周围区的表达。反过来，CLV表达后又限制WUS的表达，使后者局限于中央区。这是一种生命活动中常见的反馈（feed back）调节机制：$WUS - CLV - WUS$，维持着苗尖中央区与周围区的动态平衡。干细胞身兼自我复制和制造其他细胞的双重神奇功能，就是源于这种动态平衡的调控机制。植物毕其一生，从胚胎期到漫长的植株生长期，都受惠于干细胞这架微妙的"永动机"。

再简单讲讲根尖，根尖与苗尖在起源和活动上有所不同。苗尖起源于八分胚的4个顶部细胞，根尖则一部分来自八分胚的4个基细胞，另一部分来自胚柄最顶部的胚根原。苗尖的分裂活动只有一个中心，即由干细胞向周围增生细胞组织。根尖却是一个两极结构，分别向远端方向产生根冠和向近端方向产生表皮、皮层、中柱鞘、维管束等成熟组织。与此相应，根尖有两个相当于干细胞的细胞群体：一个负责远端方向上的细胞增生，另一个负责近端方向上的细胞增生。前者称为"远端干细胞"或"根冠干细胞"；后者称为"近端干细胞"。它们定位于解剖学上早已熟知的根尖"静止中心"（quiecent center）附近。根尖的活动受一系列基因的调控，其中与生长素相关的基因占重要位置。有实验表明，这类基因的突变会扰乱根尖的生长平衡，阻碍根尖的活动。

8. 胚乳发育的细胞与分子历程

胚乳是被子植物的独特构造，它之所以独特，在于它是双受精的产物，可以看作胚的孪生姐妹，而这个孪生姐妹，却承担着哺育幼胚的重任，"鞠躬尽瘁，死而后已"，属于地地道道的短命组织。包括拟南芥在内的许多"无胚乳种子"，其实是有胚乳的，只不过它在种子成熟前就被胚消化吸收殆尽*。而像禾本科的"有胚乳种子"，胚乳非常发达，占据成熟种子的大部分空间，其功能一直持续到种子萌发时为胚供养料。人类对胚乳的重视，也就在于

---

* "无胚乳种子"（exalbuminous seed）与"有胚乳种子"（albuminous seed）的译称不甚贴切。albumen 的原意是蛋清，从营养价值角度转用于成熟种子中的胚乳，和endosperm的含义有本质区别。

它是粮食的主要来源。

胚乳发育的历程包括以下几个阶段：首先是胚乳发育的启动；其次，就核型胚乳（拟南芥与禾本科植物均属此型）来说，先进行游离核分裂，再转变为细胞；接下来是胚乳的组织分化，在"有胚乳种子"中还有养料的储存；最后是胚乳的衰亡。本节从这个历程中选择胚乳的启动、细胞形成与组织分化三个环节谈谈相关的细胞学和分子生物学问题。关于胚乳中养料的积累如何被动员供应给胚的问题，虽然在实用上很重要，但与胚乳形态发生关系不大，故而从略。

胚乳缘何启动发育？

人们很早就思索：为什么胚囊中央细胞只在受精后才启动分裂发育？在自然条件下，胚乳自主发育是比卵细胞孤雌生殖更为罕见的现象。无融合生殖中有一种叫做"假配合"（又译"假受精"，pseudogamy）的现象，意指依靠传粉的诱导，卵细胞无需受精即可分裂，但只有在中央细胞受精发育为胚乳的条件下，孤雌生殖幼胚才不致夭折。那么，为什么中央细胞只有受精后才启动胚乳发育呢？个中缘由，通过20世纪90年代以来的分子生物学研究，取得了重大的突破。

1996年在拟南芥中发现了一种突变体，中央细胞在不受精的条件下即可启动分裂形成胚乳，取名 fertilization-independent endosperm（fie）。这是第一个胚乳自主发育的突变体。随后又发现了 fis（fertilization-independent seed）系列突变体以及 mea（medea），也具有相似的表型特点。现在知道，至少有3套基因共同控制胚乳的发育，它们是：MEA/FIS1、FIS2、FIE/FIS3。需要强调指出的是：这些基因均具有母体基因的表达模式，即来自母体的印记。在正常情况下，它们的表达抑制了胚乳自主发育，只有当受精解除了这一抑制作用时，才能启动胚乳发育。而当这些基因发生突变以后，抑制作用自动解除，就无需受精了。因此，受精所起的作用与其说是刺激胚乳发育，不如说是解除了母体基因对胚乳发育的抑制。进一步研究查明，这些基因的表达产物均属"多梳蛋白"（polycomb）一族；后者在果蝇与小鼠的胚胎发育中起重要作用。这样追根究底地研究下去，终有一天可以对胚乳启动发育的分子机理彻底解密，从而人工操纵胚乳发育，并且由于胚乳能够自主发育，可以间接地施惠于无融合生殖的人工诱导。

从多核体到细胞

从进化的眼光看，胚乳应当先有细胞型，然后才演变出核型。细胞型胚乳的特点是，初生胚乳细胞第一次分裂便是细胞分裂；而核型胚乳则先经一段游离核分裂，成为多核体或合胞体状态，再转变为细胞状态。游离核分裂是由于在这一发育阶段激活了有丝分裂细胞周期的障碍，表现为胞质分裂（cytokinesis）受抑制，因而不形成细胞壁。在大麦中发现，游离核分裂时期的RNA合成活性剧增，所以设想某些基因的转录激活导致了游离核分裂，但详情知之甚少。有趣的是，在大麦胚乳游离核分裂过程中，子核之间依旧产生成膜体；在小麦中甚至偶尔出现雏形的细胞壁。由此推测，在进化过程中，细胞型胚乳由于基因突变致使已经起始的胞质分裂功能受抑，从而演变成核型胚乳。看来，核型胚乳游离核阶段的基因控制机理应从细胞周期调节基因的线索入手进一步探讨。

随着游离核的增多，它们在胚囊的周边薄层细胞质中铺成一层，然后开始形成细胞。这个过程称作"细胞化"。胚乳的细胞化与普通细胞分裂的情景大不相同：起先，在相邻游离核之间，以向心的方向形成垂周壁，致使在游离核的周围形成杯状的壁，即每个游离核的四周被外切向壁和垂周壁包围，仅余内切向面无壁。由于所有游离核的细胞化是同步进行的，所以这许多杯状结构在胚囊周边连成一片，外貌很像蜜蜂的巢，也就被研究者们形象地称为"蜂巢"。第二步，胚乳核进行分裂，产生内外两层细胞核。两层之间形成平周壁，将外层"蜂巢"封闭起来，内层又呈现"蜂巢"结构。如此由外向内作向心方向推进，细胞层次逐渐增多，但最内一层始终保持"蜂巢"状态，直至胚乳细胞充满整个胚囊内部空间，细胞化方告完成。全部过程如图6-12所示。

胚乳细胞壁形成的特殊方式是和微管系统的特殊组建方式相联系的。这个微管格局的变化过程比较复杂，这里不必赘述。既然胚乳细胞化受制于微管组建，那么，调控微管与胞质分裂的基因理所当然会影响胚乳的细胞形成。拟南芥中已发现一些基因，突变后会影响胞质分裂中的细胞学过程，从而推迟或阻碍胚乳的细胞化过程，使胚乳停留在多核体阶段。

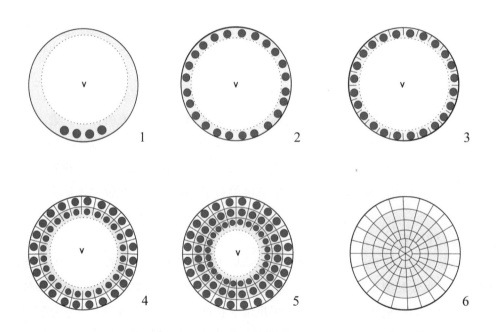

图 6-12　禾本科植物核型胚乳的发育过程
初生胚乳核进行游离核分裂（1）；随着游离核增多，在胚囊周边细胞质中分布成一层，中央为大液泡（v）占据（2）。接着开始细胞化进程，在游离核之间以垂周壁形成类似蜂巢的构造（3）。当最外一层形成细胞以后，核分裂与细胞化继续逐层沿向心方向推进（4，5），最终填满整个胚囊空间。胚乳最外一至数层细胞分化为糊粉层（黄色表示），内部为淀粉胚乳（6）。

胚乳的组织分化与功能演替

禾本科植物的成熟胚乳包含4个区域，它们是在细胞化完成以后逐渐分化出来的，以下分别叙述。

覆盖胚乳表面的是"糊粉层"（aleurone layer），含1层或数层细胞。糊粉层与内部的胚乳细胞区别很大，具有以下特点：细胞排列很紧；壁较厚；胞质浓密；贮存大量糊粉粒（一种蛋白质体）而缺乏淀粉粒。实质上，糊粉层不属于贮藏养料的组织，而是在种子萌发时起分泌组织的作用。此时，胚产生赤霉素，刺激糊粉层制造水解酶类，并运输到内部的胚乳细胞，分解其中贮藏的淀粉与蛋白质，分解产物再被胚利用于萌发幼苗。在这个"胚→糊粉层→淀粉胚乳→胚"的代谢途径中，糊粉层起着重要的中介作用。已经陆续找到了一些影响糊粉层命运的基因，它们或者控制糊粉层的分化，或者影响它的层数，或者影响它的细胞形态构造。例如，玉米中有些突变体，原本命定出现糊粉层的部分被淀粉胚乳所取代；与此相反，有些突变体中产生额外的糊粉层层次等等；不一而足。

糊粉层以内的大部分胚乳领地属于淀粉胚乳（starchy endosperm），这也是禾谷类种子贮存淀粉和蛋白质等养分的主要组织。关于淀粉胚乳中的贮藏物质类型、生理生化特征及相关基因，由于与人类的国计民生息息相关，研究颇丰，读者欲知其详，请查阅其他著作。

除了以上两部分外，胚乳还分化出两种特殊组织。其一是位于胚周围的"胚周区"（embryo-surrounding region），其细胞特征与淀粉胚乳有所不同，具有供应幼胚营养，以及充当胚和胚乳之间的物理屏障和通讯区带等功能。其二是位于胚乳合点端的"传递细胞"（transfer cell）区，负责将营养物质从合点端的维管束转到胚乳。在玉米中，已经鉴定出不少分别在胚周区与传递细胞区中特异表达的基因。

拟南芥的胚乳在细胞形成后逐渐被生长着的胚消化吸收，到种子成熟时整个空间被贮藏养料的子叶充满，只留下周边一层薄薄的胚乳细胞。有人认为这层残余胚乳细胞相当于禾谷类的糊粉层，但其功能尚不清楚。此外，在合点区域也余留一团多核体，其功能可能类似禾谷类胚乳的传递细胞。像拟南芥这类"无胚乳种子"，成熟时大都残留着微不足道的胚乳结构，唯其微不足道，所以其生理功能与基因调控没有引起多大注意。

回头再说禾谷类的胚乳，凡事有始必有终，禾谷类胚乳虽然盛极一时，但作为短命组织终究会由盛而衰，走向死亡。这是由植物体内的自然发育程序决定的，属于第4章中论及的"程序性细胞死亡"。实际上，胚乳的程序性死亡在发育早期即已开始，几乎与养料贮藏的过程相伴发生。到了后期，程序性死亡席卷整个淀粉胚乳，至成熟时后者脱水变干呈"木乃伊"状态，成为仅仅贮藏养料的"仓库"。但糊粉层在种子成熟时依旧保持生活状态，直到种子萌发时期完成了其历史使命后方才归于死亡。程序性死亡一般说来是受基因调控的，不过就胚乳这一特定组织而言，虽然死亡的细胞过程有较详细的研究，但具体有哪些基因行使功能尚不清楚，这可能是因为没有发现长生不死的胚乳突变体的缘故吧。

主要参考文献

白书农. 2003. 植物发育生物学. 北京：北京大学出版社

布坎南 BB，格鲁依森姆 W，琼斯 RL. 2004. 植物生物化学与分子生物学. 瞿礼嘉，顾红雅，白书农等主译. 北京：科学出版社. 792～797，810～856

达尔文. 1959. 植物界异花受精和自花受精的效果. 肖辅，季道藩，刘祖洞译. 北京：科学出版社. 1～14，180～242（译自1916年原文第2版）

戴伦焰. 1965. 植物学（上册）. 北京：高等教育出版社. 260～264

董健，杨弘远. 1989. 水稻胚囊超微结构的研究. 植物学报，31：81～88

龚燕兵，黄双全. 2007. 传粉昆虫行为的研究方法探讨. 生物多样性，2007，15：576～583

郭友好. 1994. 传粉生物学与植物进化. 见：陈家宽，杨继. 植物进化生物学. 武汉：武汉大学出版社. 232～280

何才平，杨弘远. 1987. 毒莠定作为外源激素促进水稻子房培养中的胚状体分化. 实验生物学报，20：283～291

何才平，杨弘远. 1991. 向日葵胚珠中ATP酶活性的超微细胞化学定位. 植物学报，33：574～580

何玉池，孙蒙祥，杨弘远. 2004. 烟草合子培养再生可育植株. 科学通报，49：457～461

黄炳权. 2007. 冰冻显微免疫标记技术. 北京：化学工业出版社

黄双全. 2007. 植物与传粉者相互作用的研究及其意义. 生物多样性，2007，15：569～575

黄双全. 2008. 植物的传粉谋略. 生命世界，（5）：12～15

黄双全，郭友好. 2000. 传粉生物学的研究进展. 科学通报，45：225～237

胡适宜. 2005. 被子植物生殖生物学. 北京：高等教育出版社

胡适宜. 2002. 被子植物受精作用研究的历史及双受精的起源. 见：胡适宜，杨弘远. 被子植物受精生物学. 北京：科学出版社. 1～15

蒋丽，齐兴云，龚化勤等. 2007. 被子植物胚胎发育的分子调控. 植物学通报，34：389～398

廖万金，王峥媚，谢丽娜等. 2007. 草乌传粉过程中的广告效应与回报物质研究. 生物多样性，2007，15：618～625

雷加文. 2007. 双受精——有花植物的胚和胚乳发育. 杨弘远译. 北京：科学出版社

李昌功，周嫦，杨弘远. 1994. 芸薹属花粉下胚轴原生质体融合再生杂种小植株. 植物学报，36：905～910

李国民，杨弘远. 1986. 水稻无配子生殖的进一步胚胎学研究. 植物学报，28：229～234

萝赛. 2004. 花朵的秘密生命. 钟友珊译. 桂林：广西师范大学出版社

莫永胜，杨弘远. 1992. 几种具二细胞型花粉植物精细胞的分离和融合. 植物学报，34：688～697

彭雄波，孙蒙祥. 2007. 被子植物受精作用的分子和细胞生物学机制. 植物学通报，34：355～371

秦源，赵洁. 2004. 阿拉伯半乳糖蛋白在被子植物有性生殖中的作用. 植物生理与分子生物学学报，30：371～378

孙蒙祥，杨弘远，周嫦. 1994. 用聚乙二醇诱导选定的成对原生质体间的融合. 植物学报，36：489～493

田惠桥，杨弘远. 1983. 水稻子房培养时助细胞的无配子生殖和卵细胞的异常分裂. 植物学报，25：403～408

田惠桥，杨弘远. 1984. 水稻子房培养中的胚状体与愈伤组织的形态发生特点. 植物学报，26：372～375

王劲，夏惠君，周嫦等. 1997. 烟草脱外壁花粉人工萌发与离体授粉实验系统的建立. 植物学报，39：405～410

王晓华，郝怀庆，王钦丽等. 2007. 花粉管细胞结构与生长机制研究进展. 植物学通报，34：340～354

吴新莉，周嫦. 1991. 多种被子植物花粉生殖细胞大量分离技术的比较研究. 实验生物学报，24：15～23

杨弘远，周嫦. 1975. 花粉数量对芝麻受精结实、胚胎发育和后代的作用. 遗传学报，2：322～331

杨弘远. 1986. 用整体染色技术观察胚囊、胚、胚乳和胚状体. 植物学报，28：575～581

杨弘远. 1998. 植物离体受精与合子培养研究概述. 植物学报，40：95～101

杨弘远. 1999. 钙在植物受精中的作用. 植物学报，41：1027～1035

杨弘远，周嫦. 2001. 植物有性生殖实验研究. 武汉：武汉大学出版社

杨弘远. 2005. 水稻生殖生物学. 杭州：浙江大学出版社

杨弘远. 2007. 植物生殖生物学的来龙去脉. 植物学通报，24：272～274

闫华，董健，周嫦等. 1987. 几种因素对向日葵离体孤雌生殖和体细胞增生的调节作用. 植物学报，29：580～587

闫华，杨弘远，Jensen WA. 1990. 向日葵胚囊的超微结构和"雌性生殖单位"问题. 植物学报，32：165～171

杨克珍，叶德. 2007. 植物雄配子体发生和发育的遗传调控. 植物学通报，24：293～301

杨维才，石东乔. 2007. 植物雌配子体发育研究进展. 植物学通报，24：302～310

张劲松，杨弘远，朱绫等. 1995. 向日葵柱头、花柱和珠孔中钙分布的超微细胞化学定位. 植物学报，37：691～696

张一婧，薛勇彪. 2007. 基于S-核酸酶的自交不亲和性的分子机制. 植物学通报，34：372～388

周嫦，杨弘远. 1982. 被子植物胚囊酶法分离的研究：固定材料的分离技术与显微观察. 植物学报，24：403～407

周嫦，吴新莉. 1990. 花粉生殖细胞的大量分离与纯化. 植物学报，32：404～406

朱至清. 2003. 植物细胞工程. 北京：化学工业出版社

Barrett SCH. 1988. 植物的拟态. 孙祥燮译. 科学，113（1）34-42

Bhojwani SS, Soh WY. 2001. Current trends in the embryology of angiosperms. Dordrecht: Kluwer Academic Publishers

Clark D. 2005. Molecular Biology（影印本）. 北京：科学出版社

Cox PA. 1994. 水传粉植物. 赵裕卿译. 科学，186（2）：34～41

Curtis MD, Grossniklaus U. 2008. Molecular control of autonomous embryo and endosperm development. Sex Plant Reprod, 21: 79～88

Digonnet C, Aldon D, Leduc N et al. 1997. First evidence of a calcium transient in flowering plants at fertilization. Development, 124: 2867～2874

He YC, He YQ, Qu LH et al. 2007. Tobacco zygotic embryogenesis in vitro: the origin cell wall of the zygote is essential for maintenance of cell polarity, the apical-basal axis and typical suspensor formation. Plant Journal, 49: 515～527

Higashiyama T, Hamamura Y. 2008. Gametophytic pollen tube guidance. Sex Plant Reprod, 21: 17～26

Holm PB, Knudsen S, Mouritzen P et al. 1994. Regeneration of fertile barley plants from mechanically isolated protoplasts of the fertilized egg cell. Plant Cell, 6: 531～543

主要参考文献

173

Hu H, Yang HY. 1986. Haploids of higher plants in vitro. Berlin: China Acad Publ, Springer-Verlag

Jack T. 2004. Molecular and genetic mechanisms of floral control. Plant Cell, 16: s1-s17

Kranz E, Bautor J, Lörz H. 1991. In vitro fertilization of single isolated gametes of maize mediated by electrofusion. Sex Plant Reprod, 4: 12～16

Kranz E, Lörz H. 1993. In vitro fertilization with isolated, single gametes results in zygote embryogenesis and fertile maize plant. Plant Cell, 5: 739～746

Kranz E, Scholten S. 2008. In vitro fertilization: analysis of early post-fertilization development using cytological and molecular techniques. Sex Plant Reprod, 21: 67～77

Laux T, Würshum T, Breuninger H. 2004. Genetic regulation of embryonic pattern formation. Plant Cell, 16: s190～s202

Leduc N, Matthys-Rochon E, Rougier M et al. 1996. Isolated maize zygotes mimic in vivo embryonic development and express microinjected genes when cultured in vitro. Dev Biol, 177: 190～203

Lewis D. 1949. Incompatibility in flowering plants. Biol Rev, 24: 472～496

Li QJ, Xu ZF, Xia YM et al. 2001. Flexible style that encourages outcrossing. Nature, 410: 432

Li ST, Yang HY. 2000. Gene transfer into isolated and cultured tobacco zygotes by a specially designed device for electroporation. Plant Cell Reports, 19: 1184～1187

Liu CM, Xu ZH, Chua NH. 1993. Auxin polar transport is essential for the establishment of bilateral symmetry during early plant embryogenesis. Plant Cell, 5: 621～630

Liu CM, Xu ZH, Chua NH. 1993. Proembryo culture: in vitro development of early globular-stage zygotic embryos from *Brassica juncea*. Plant Journal, 3: 291～300

Liu KW, Liu ZJ, Huang LQ et al. 2006. Pollination: self-fertilization strategy in an orchid. Nature, 441: 945～946

Maheshwari P. 1950. An introduction to the embryology of angiosperms. New York: McGraw-Hill Book Co.

Mc Cormich S. 2004. Control of male gametophyte development. Plant Cell, 16: s142～s153

Olsen OA. 2004. Nuclear endosperm development in cereals and *Arabidopsis thaliana*. Plant Cell, 16: s214～s227

O' Neil S, Roberts JA. 2002. Plant reproduction. Sheffield: Academic Press

Peng XB, Sun MX, Yang HY. 2005. A novel in vitro system for gamete fusion in maize. Cell Research, 15: 734～738

Pettitt J, Ducher S. Knox B. 1981.海洋传粉.张玉龙译. 科学, （7）：54～62

Punwani J, Drews GN. 2008. Development and function of the synergid cell. Sex Plant Reprod, 21: 7～15

Raghavan V. 1997. Molecular embryology of flowering plants. Cambridge: Cambridge University Press

Russell SD. 1984. Ultrastructure of the sperm of *Plumbago zeylanica*. II. Quantitative cytology and three-dimensional organization. Planta, 162: 385～391

Russell SD, Dumas C. 1992. Sexual reproduction in flowering plants. San Diego: Academic Press

Scott RJ, Spielman M, Dickinson HG. 2004. Stamen structure and function. Plant Cell, 16: s46-s60

Seymour R. 1997. 自暖植物.冉隆华译. 科学, 227（7）：52～57

Singh M, Bhalla P, Russell S. 2008. Molecular repertoire of flowering plant male germ cells. Sex Plant Reprod, 21: 27～36

Spielman M, Scott RJ. 2008. Polyspermy barriers in plants: from preventing to promoting fertilization. Sex Plant Reprod, 21: 53～65

Stanley RG, Linskens HF. 1974. Pollen: biology biochemistry and management. Berlin: Springer Verlag

Sun MX, Yang HY. 2002. In vitro fertilization of angiosperms—10-year effort in China. Acta Bot Sin, 44: 1011~1021

Twell D. 2002. The development biology of pollen. In: O' Neil D and Roberts JA. Plant Reproduction. Sheffield: Sheffield Academic Press. 86~153

Weterings K, Russell S. 2004. Experimental analysis of the fertilization process. Plant Cell, 16: s107~s118

Wu C, You C, Li C et al. 2008. RIDI, encoding a Cys2/His2-type zinc finger transcription factor, acts as a master switch from vegetative to floral development in rice. PNAS, 105: 12915~12920

Yadegari R, Drews G. 2004. Female gametophyte development. Plant Cell, 16: s133~s141

Yakovlev MS, Yoffe MD.1957.On some peculiar features in the emdryology of *Peonia* L. Phytomorphology, 7: 74~82

Yang HY. 2001. Apoplastic system of the gynoecium and embryo sac in relation to function. Acta Botanica Cracoviensia Series Botanica, 43: 7~14

Yang HY, Zhou C. 1982. In vitro induction of haploid plants from unpollinated ovaries and ovules. Theor App Genetics, 63: 97~104

Yang HY, Zhou C. 1989. Isolation of viable sperms from pollen of *Brassica napus, Zea mays* and *Secale cereal.* Chinese J Bot, 1: 80~84

Yang HY, Zhou C. 1992. Experimental plant reproductive biology and reproductive cell manipulation in higher plants: now and the future. Amer J Bot, 79: 354~363

Yan H, Yang HY, Jensen WA. 1991. Ultrastructure of the micropyle and its relationship to pollen tube growth and synergid degeneration in sunflower. Sex Plant Reprod, 4: 166~175

Zhao J, Yang HY, Lord EM. 2004. Calcium levels increase in the lily stylar transmitting tract after pollination. Sex Plant Reprod, 16: 259~263

Zhou C. 1989. A study on isolation and culture of pollen protoplasts. Plant Science, 59: 101~108

Zhou C. 1989. Cell divisions in pollen protoplasts culture *of Hemerocallis fulva* L. Plant Science, 62: 229~235

Zhou C, Orndorff K, Daghlian CP et al. 1988. Isolated generative cells in angiosperms: a further study. Sex Plant Reprod, 1: 97~102

Zhou C, Yang HY. 1981. Induction of haploid rice plantlets by ovary culture. Plant Sci Lett, 20: 231~237

Zhou C, Yang HY. 1985. Observations on enzymatically isolated living and fixed embryo sacs in several angiosperm species. Planta, 165: 225~231

Zhou C,Yang HY. 1991. Microtubule changes during the development of generative cells in *Hippeastrum vittatum* pollen. Sex Plant Reprod, 4:293~297

这趟旅游已经到达终点。从"自然景观"到"人文景观",从"古迹名胜"到"现代园林",观众们匆匆游历了植物生殖生物学的各个大小"景点",对这门学问包含些什么(what),为何要研究(why),如何去研究(how),留下了印象。

观众们意犹未尽,感到行程太紧,有些地方盘桓得还比较久,导游讲解得尚称如意,但有些地方一晃而过,甚至绕道而行,没看出个究竟,听出个明白,留下不少疑团与悬念。总之,是不满足。

有兴趣而不满足?那就对了!这次游览的主要目的是为了激起兴趣,启发思考。如果主要目的达到了,那么留下疑团与悬念就是应有之义。不满足,可以参加下一次游览计划。相信再过几年、十几年,定有后来人会组织更高水平的游览活动。到那时,你若仍有兴趣参加,定会觉得前一次活动中所领略到的太过肤浅。当然,旧的疑团解决了,新的悬念又将选生。

科学研究有似大江东去,后浪推前浪,永无止息。与其站在岸边感叹"逝者如斯乎",不如投身长江大河,扬帆击水,做一名科学的"弄潮儿"。这样你的喜悦才难以名状!

索　引

ABC模型　147

BSA　126

cDNA　139

cDNA文库　139，161

DNA　135

DNA连接酶　141

GABA　159

GFP　111

GUS　111

MADS框　147

microRNA　137

miRNA　137

mRNA　136

Northern印迹　140

PCR　139

PEG　125

RNA干扰　137

RNA聚合酶　136

RNA酶　137

rRNA　136

Southern印迹　140

S-核酸酶　158

T-DNA　141

Ti plasmid　141

tRNA　136

Western印迹　140

阿拉伯半乳糖蛋白　78

阿米齐(Amici)　6

暗视野显微镜　56

八分胚　165

白花丹　63

百合　7，67，151，161

半薄切片　54

孢粉素　81

孢原细胞　149

孢子体导向　159

孢子体自交不亲和　156

胞质游离钙　72，76

报告基因　111

贝母　7

比较胚胎学　10

闭花受精　39

壁内突　83

表观遗传变异　137

补偿刺激　154

哺育组织　80

不对称分裂　27，60，166

蚕豆　70

差减杂交　139

长日照植物　143

常染色质　136

常异交作物　39

超薄切片　54

超低温保存　96

沉默　137，166

成花素　146

成花诱导　143

程序性细胞死亡　85

虫媒传粉　41

初生壁细胞　149

初生胚乳细胞　31

初生造孢细胞　149

初生周缘细胞　149

传递细胞　83，171

传粉生物学　4

纯合二倍体　103

雌配子发生　152

雌性生殖单位　64

雌雄异熟　40

达尔文(Darwin)　5

大孢子发生　152

大孢子母细胞　29

大孢子四分体　29

大量元素　91

大麻　4

大王花　42

单倍体　103

单倍体育种　103

单性结实　98

蛋白表膜　156

蛋白质　138

倒置显微镜　56

电穿孔　111

电激　111

淀粉胚乳　171

顶细胞　32，62，164

豆科　12

短日照植物　143

对立抑制　154

盾片　32

多倍体　85

多核体　85

多精入卵　99

多精受精　99

多梳蛋白　169

多细胞花粉　106

多线染色体　83

二细胞花粉　27

翻译　135

反转录酶　139

反足细胞　29，81

分化培养基　92

分子胚胎学　16

风媒传粉　47

风雨花　109

蜂巢　170

钙波　73，76

钙调蛋白　72

钙调素　72

钙振荡　73，76

干涉差显微镜　56

干细胞　167

根癌农杆菌　141

根尖分生组织　32

根瘤诱导质粒　141

珙桐　37

共聚焦激光扫描显微镜　57

共培养　93

孤雌生殖　117

固定　53

光敏素　144

光受体　144

光周期　143

海蛹　50

海枣　3

合点　29

合子　30，62，21

合子激活　166

合子培养　130

核内再复制　84

核型胚乳　169

糊粉层　171

花分生组织特性决定基因　146

花粉储存　95

花粉二型性　107

花粉管轨道　74，77

花粉母细胞　27

花粉胚囊　105

花粉鞘　81

花粉生活力　94

花粉四分体　27

花粉－体细胞杂交　112

花粉原生质体　108

花器官特性决定基因　147

花药培养　103，104

花柱异长　40，155

活体－离体技术　114

肌动蛋白－肌球蛋白运动系统　68，69

肌动蛋白纤维　66

肌动蛋白冠　69

基细胞　32，62，164

基因　134

基因表达　135

基因测序　140

基因工程　111，141

基因枪　111

激光切除　159

吉纳(Guignard)　7

极核　29

继代培养　92

甲基化　137

减数分裂　58

剪接　137

芥菜　129，167

金鱼草　147，158

精细胞　27，70，114

精细胞二型性　63

巨魔芋　43，44，46

克里克(Crick)　135

克隆　89

扣除杂交　139

兰花　42

蓝猪耳　68，76，160

冷却式CCD　57

离体雌核发育　115

离体合子　125

离体受精　122

离体授粉　122

蓼型胚囊　29，30

卵的激活　75

卵式生殖　21

卵细胞　29，120

马兜铃　44

马赫胥瓦里 (Maheshwari) 9，15，88

买麻藤目　11

曼陀罗　105，127

蒙导花粉　101

孟德尔(Mendel)　8，134

米丘林(Michurin)　101

苗尖分生组织　32，168

描述胚胎学　9

模式材料　8

模式建成　163

摩尔根(Morgan)　8，134

内壁　81

内壁蛋白　102

内含子　137

纳瓦申(Nawaschin)　7

拟交配　43

拟南芥　142，147，149，150，163，167

逆转录酶　139

胚柄　12，82

胚根　32

胚根鞘　32

胚根原　165

胚囊　119

胚囊母细胞　29，30

胚乳　86

胚乳的细胞化　170

胚胎发育　162

胚胎培养　127

胚性细胞　168

胚芽　32

胚芽鞘　32

胚周区　171

胚状体　90

培养基　91

培养能力　116

配合前期　158

配子识别　160

配子体导向　159

配子－体细胞杂交　112

配子体自交不亲和　156

配子原生质体　72，112

偏光显微镜　56

胼胝质　27，59，67

索引

179

胼胝质塞　66

启动子　136

器官发生　90

切片机　54

亲体印记　166

倾向受精　64，160

去分化　90

群体效应　93

染色体消失　104

热激蛋白　108

人工赝象　58

日照中性植物　143

绒毡层　80，86，149

三细胞花粉　27

扫描电镜　57

渗透压调节剂　91

生长素流向　166

生物钟　145

生殖生态学　6

生殖细胞　27，61，70，114

石蜡切片　54

识别　160

实验胚胎学　13，88

世代交替　21

受精　161

鼠尾草　44

双受精　7，25

水稻　32，117，130，143，149

水媒传粉　49

瞬时表达　132

丝状器　80

四分胚　165

饲养法　93

体外实验　15

体细胞胚胎发生　90

跳跃基因　141

同配生殖　20

同源异型盒　147

同源异型基因　26，147

同源异型框　147

透射电镜　57

突变体　138

徒手切片　54

退化助细胞　65

脱分化　90

脱外壁花粉　109，111

外壁　81

外壁蛋白　81，102，156

外显子　137

外源激素　91

外植体　89

豌豆　134

微弹轰击　111

微电融合　125

微管　66，70

微量培养　93

微量元素　91

微丝　66

微小RNA　137

微阵列　140

维生素　91

未传粉子房与胚珠培养　115

稳定表达　132

沃森(Watson)　135

无胚乳种子　168

无配子生殖　117

无丝分裂　85

无性（繁殖）系　89

无子结实　98

喜林芋　45

细胞命运　164

细胞胚胎学　16

细胞培养　92

细胞谱系　164

细胞外基质　77

细胞型胚乳　169

细胞质改组　59，108

细胞质流动　67

下胚轴　32

显微描绘器　56

显微照相机　57

限量授粉　97

限制性内切核酸酶　141

相差显微镜　56

向化性　74

向日葵　75，79，117

小孢子　61

小孢子发生　149

小孢子母细胞　27

小孢子四分体　27

协同进化　47

芯片　139

信号分子　72

信号转导　72

性细胞　24

雄核发育　105

雄配子发生　150

雄性生殖单位　63

悬浮培养　92

亚麻　155

烟草　107，120，131，151

椰乳　127

遗传腐蚀　86

遗传密码　136

遗传切除　86

异花传粉　38

异花受精　5

异配生殖　21

异染色质　136

异位表达　140

异雄核受精　100

引导组织　77

印迹分析　140

印记　169

荧光素二醋酸酯　95

荧光显微镜　56

营养细胞　27，61

油菜　108，149

游离花粉培养　107

有胚乳种子　168

诱导培养基　92

玉米　76，100，124，130，149，160

郁金香　71

愈伤组织　90

原胚　32

原位杂交　140

芸薹属　158

杂交不亲和　40

载体　141

再分化　90

早熟萌发　129

整体封藏　54

整体染色　54

芝麻　97

植物实验生殖生物学　90

植物细胞全能性　90

质外体　77

中心法则　135

中央细胞　29，121

朱顶红　71

珠孔　29，79

助细胞　29，64，75，160

转录　135

转录因子　136

转座子　141

子房内授粉　122

子叶　32

紫苏　146

自花传粉　38

自花受精　5

自交不亲和　40,154

自暖植物　45

组织培养　89

索引